微视频系列
学工控

西门子

PLC

零基础
入门到精通

蔡杏山 编著

中国电力出版社
CHINA ELECTRIC POWER PRESS

内 容 提 要

本书介绍了西门子 S7-200、S7-200 SMART 和 S7-300/400 系列 PLC 技术，主要内容包括 PLC 基础、S7-200 PLC 编程与仿真软件的使用、基本指令及应用、顺序控制指令及应用、功能指令及应用、PLC 通信、数字量与模拟量扩展模块的使用、西门子 S7-200 SMART PLC 介绍、S7-200 SMART PLC 编程软件的使用、S7-200 SMART PLC 的以太网通信、西门子 S7-300 PLC 介绍、S7-300/400 编程仿真软件（STEP7）的使用、S7-300/400 PLC 应用系统的开发举例等。

本书具有起点低、由浅入深、语言通俗易懂等特点，并且内容结构安排符合学习认知规律，本书还配有二维码教学视频，可以帮助读者更快、更直观地掌握相关技能。本书适合作为西门子 PLC 技术的自学图书使用，也适合作为职业院校电类专业的 PLC 教材使用。

图书在版编目（CIP）数据

西门子 PLC 零基础入门到精通/蔡杏山编著 . —北京：中国电力出版社，2020.6
（微视频学工控系列）
ISBN 978-7-5198-4489-9

Ⅰ.①西… Ⅱ.①蔡… Ⅲ.①PLC 技术 Ⅳ.①TM571.61

中国版本图书馆 CIP 数据核字（2020）第 041281 号

出版发行：中国电力出版社
地　　址：北京市东城区北京站西街 19 号（邮政编码 100005）
网　　址：http：//www.cepp.sgcc.com.cn
责任编辑：杨　扬（y-y@sgcc.com.cn）
责任校对：黄　蓓　郝军燕
装帧设计：王红柳
责任印制：杨晓东

印　　刷：三河市航远印刷有限公司
版　　次：2020 年 6 月第一版
印　　次：2020 年 6 月北京第一次印刷
开　　本：787 毫米×1092 毫米　16 开本
印　　张：22
字　　数：628 千字
定　　价：88.00 元

前　言

工控是指工业自动化控制，主要利用电子电气、机械、软件组合来实现工厂自动化控制，使工厂的生产和制造过程更加自动化、效率化、精确化，并具有可控性及可视性。工控技术的出现和推广带来了第三次工业革命，使工厂的生产速度和效率提高了 300% 以上。20 世纪 80 年代初，国外先进的工控设备和技术进入我国，这些设备和技术大大推动了我国的制造业自动化进程，为我国现代化的建设作出了巨大的贡献。目前广泛使用的工业控制设备有 PLC、变频器和触摸屏等。

PLC 又称可编程序控制器，其外形像一只有很多接线端子和一些接口的箱子，接线端子分为输入端子、输出端子和电源端子，接口分为通信接口和扩展接口。通信接口用于连接计算机、变频器或触摸屏等设备，扩展接口用于连接一些特殊功能模块，增强 PLC 的控制功能。当用户从输入端子给 PLC 发送命令（如按下输入端子外接的开关）时，PLC 内部的程序运行，再从输出端子输出控制信号，去驱动外围的执行部件（如接触器线圈），从而完成控制要求。PLC 输出怎样的控制信号由内部的程序决定，该程序一般是在计算机中用专门的编程软件编写，再下载到 PLC。

变频器是一种电动机驱动设备，在工作时，先将工频（50Hz 或 60Hz）交流电源转换成频率可变的交流电源并提供给电动机，只要改变输出交流电源的频率，就能改变电动机的转速。由于变频器输出电源的频率可连续变化，故电动机的转速也可连续变化，从而实现电动机无级变速调节。

触摸屏是一种带触摸显示功能的数字输入/输出设备，又称人机界面（HMI）。当触摸屏与 PLC 连接起来后，在触摸屏上不但可以对 PLC 进行操作，还可在触摸屏上实时监视 PLC 内部一些软元件的工作状态。要使用触摸屏操作和监视 PLC，须在计算机中用专门的组态软件为触摸屏制作（又称组态）相应的操作和监视画面项目，再把画面项目下载到触摸屏。

为了让读者能更快更容易掌握工控技术，我们推出了"微视频学工控"丛书，首批图书包括《西门子 PLC、变频器与触摸屏组态技术零基础入门到精通》《西门子 PLC 零基础入门到精通》《三菱 PLC、变频器与触摸屏组态技术零基础入门到精通》和《三菱 PLC 零基础入门到精通》。

本丛书主要有以下特点：

◆**起点低**。读者只需具有初中文化程度即可阅读本套丛书。

◆**语言通俗易懂**。书中少用专业化的术语，遇到较难理解的内容用形象比喻说明，尽量避免复杂的理论分析和烦琐的公式推导，阅读起来会感觉十分顺畅。

◆**内容解说详细**。考虑到读者自学时一般无人指导，因此在编写过程中对书中的知识技能进行详细解说，让读者能轻松理解所学内容。

◆**图文并茂的表现方式**。书中大量采用读者喜欢的直观、形象的图表方式表现内容，使阅读变得非常轻松，不易产生阅读疲劳。

◆**内容安排符合认知规律**。本书按照循序渐进、由浅入深的原则来确定各章节内容的先后顺序，读者只需从前往后阅读图书，便会水到渠成。

◆**突出显示知识要点**。为了帮助读者掌握书中的知识要点，书中用阴影和文字加粗的方法突出显示知识要点，指示学习重点。

◆**配套教学视频**。扫码观看重要知识点讲解和操作视频，便于读者更快、更直观地掌握相关技能。

◆**网络免费辅导**。读者在阅读时遇到难理解的问题，可登录易天电学网：www. xxITee. com，观看有关辅导材料或向老师提问进行学习，读者也可以在该网站了解本套丛书的新书信息。

本书在编写过程中得到了许多教师的支持，在此一并表示感谢。由于编者水平有限，书中的错误和疏漏在所难免，望广大读者和同仁予以批评指正。

编者

目 录

第1章

PLC 基础

1.1 概　述

PLC 是英文 Programmable Logic Controller 的缩写，意为可编程序逻辑控制器，是一种专为工业应用而设计的控制器。世界上第一台 PLC 于 1969 年由美国数字设备公司（DEC）研制成功，随着技术的发展，PLC 的功能越来越强大，不再仅限于逻辑控制，因此美国电气制造协会于 1980 年对它进行重命名，称其为可编程控制器（Programmable Controller），简称 PC，但由于 PC 容易和个人计算机 PC（Personal Computer）混淆，故人们仍习惯将 PLC 当作可编程控制器的缩写。

1.1.1 两种形式的 PLC

按硬件的结构形式不同，PLC 可分为整体式和模块式。整体式 PLC 又称箱式 PLC，其外形像一个长方形的箱体，如图 1-1（a）所示，这种 PLC 的 CPU、存储器、I/O 接口等都安装在一个箱体内。整体式 PLC 的结构简单、体积小、价格低。小型 PLC 一般采用整体式结构。

PLC 介绍

模块式 PLC 有一个总线基板，基板上有很多总线插槽，其中由 CPU、存储器和电源构成的一个模块通常固定安装在某个插槽中，其他功能模块可随意安装在其他不同的插槽，如图 1-1（b）所示。模块式 PLC 配置灵活，可通过增减模块来组成不同规模的系统，安装维修方便，但价格较贵。大、中型 PLC 一般采用模块式结构。

图 1-1　两种类型的 PLC

(a) 整体式；(b) 模块式

1.1.2 PLC 控制与继电器控制的比较

PLC 控制是在继电器控制基础上发展起来的，了解两者的异同有助于学好 PLC，这里以电动机正转控制为例对两种控制系统进行比较。

图 1-2　继电器控制电动机正转电路

(a) 控制电路；(b) 主电路

1. 继电器控制电动机正转电路

图 1-2 所示为一种常见的继电器控制电动机正转电路，可以对电动机进行正转和停转控制，图 1-2（b）为主电路，图 1-2（a）为控制电路。按下启动按钮 SB1，接触器 KM 线圈得电，主电路中的 KM 主触点闭合，电动机得电运转，与此同时，控制电路中 KM 的常开自锁触点也闭合，锁定 KM 线圈得电（即 SB1 断开后 KM 线圈仍可得电）。按下停止按钮 SB2，接触器 KM 线圈失电，KM 主触点断开，电动机失电停转，同时 KM 常开自锁触点也断开，解除自锁（即 SB2 闭合后 KM 线圈无法得电）。

2. PLC 控制电动机正转电路

图 1-3 所示为采用 PLC 控制的电动机正转电路，该 PLC 的型号为 CPU222（西门子 S7-200 系列 PLC 中的一种），该线路可以实现图 1-2 所示的继电器控制电动机正转线路相同的功能。PLC 控制电动机正转线路也分作主电路和控制电路两部分，PLC 与外部连接的输入/输出部件构成控制电路，主电路与继电器正转控制的主电路相同。

在组建 PLC 控制系统时，需要给 PLC 提供电源，给 PLC 输入端子接输入部件（如开关）、给输出端子接输出部件。在图 1-3 中，PLC 输入端子连接 SB1（启动）、SB2（停止）按钮和 24V 直流电源（24VDC），输出端子连接接触器 KM 线圈和 220V 交流电源（220VAC），电源端子连接 220V 交流电源供电，在内部由电源电路转换成 5V 和 24V，5V 供给内部电路使用，24V 会送到 L+、M 端子，可以提供给输入端子使用。PLC 硬件连接完成后，在计算机中使用 PLC 编程软件编写梯形图程序，并用专用的编程电缆将电脑与 PLC 连接起来，再将程序写入 PLC。

图 1-3　采用 PLC 控制的电动机正转电路

PLC 控制电动机正转电路工作原理：

当按下启动按钮 SB1 时，24V 电源、SB1 与 PLC 的 I0.0、1M 端子内部的 I0.0 输入电路构成回路，有电流流过 I0.0 输入电路（电流途径是：24V+→SB1→I0.0 端子→I0.0 输入电路→1M 端子→24V−），

I0.0 输入电路有电流流过，马上使程序中的 I0.0 常开触点闭合，程序中左母线的模拟电流（也称能流）经闭合的 I0.0 常开触点、I0.1 常闭触点流经 Q0.0 线圈到达右母线，程序中的 Q0.0 线圈得电，一方面会使程序中的 Q0.0 常开自锁触点闭合，还会控制 Q0.0 输出电路，使之输出电流流过继电器的线圈，继电器触点被吸合，于是有电流流过主电路中的接触器 KM 线圈，KM 主触点闭合，电动机得电运转。

当按下停止按钮 SB2 时，有电流流过 I0.1 端子内部的 I0.1 输入电路，会使程序中的 I0.1 常闭触点断开，程序中的 Q0.0 线圈失电，一方面会使程序中的 Q0.0 常开自锁触点断开，还会控制 Q0.0 输出电路，使之停止输出电流，继电器线圈无电流流过，其触点断开，主电路中的接触器 KM 线圈失电，KM 主触点断开，电动机停转。

1.1.3 PLC 的内部组成

PLC 种类很多，但结构大同小异，典型的 PLC 内部组成框图如图 1-4 所示。在组建 PLC 控制系统时，需要给 PLC 的输入端子接有关的输入设备（如按钮、触点和行程开关等），给输出端子接有关的输出设备（如指示灯、电磁线圈和电磁阀等），另外，还需要将编好的程序通过通信接口输入 PLC 内部存储器，如果希望增强 PLC 的功能，可以将扩展单元通过扩展接口与 PLC 连接。

图 1-4　典型的 PLC 内部组成框图

1.1.4 PLC 的工作方式

PLC 是一种由程序控制运行的设备，其工作方式与微型计算机不同，微型计算机运行到结束指令 END 时，程序运行结束。PLC 运行程序时，会按顺序依次逐条执行存储器中的程序指令，当执行完最后的指令后，并不会马上停止，而是又重新开始再次执行存储器中的程序，如此周而复始，PLC 的这种工作方式称为循环扫描方式。PLC 的工作过程如图 1-5 所示。

PLC 通电后，首先进行系统初始化，将内部电路恢复到起始状态，然后进行自我诊断，检测内部电路是否正常，以确保系统能正常运行，诊断结束后对通信接口进行扫描，若接有外设则与其通信。通信接口无外设或通信完成后，系统开始进行输入采样，检测输入设备（开关、按钮等）的状态，然后根据输入采样结果依次执行用户程序，程序运行结束后对输出进行刷新，即输出程序运行时产生的控制信号。以上过程完成后，系统又

图 1-5　PLC 的工作过程

返回，重新开始自我诊断，以后不断重复上述过程。

　　PLC 有 RUN（运行）状态和 STOP（停止）状态两个工作状态。当 PLC 工作于 RUN 状态时，系统会完整执行图 1-5 所示过程；当 PLC 工作在 STOP 状态时，系统不执行用户程序。PLC 正常工作时应处于 RUN 状态，而在编制和修改程序时，应让 PLC 处于 STOP 状态。PLC 的两种工作状态可通过开关进行切换。PLC 工作在 RUN 状态时，完整执行图 1-5 过程所需的时间称为扫描周期，一般为 1～100ms。扫描周期与用户程序的长短、指令的种类和 CPU 执行指令的速度有很大的关系。

1.1.5　PLC 的编程语言

　　PLC 是一种由软件驱动的控制设备，PLC 软件由系统程序和用户程序组成。系统程序由 PLC 制造厂商设计编制的，并写入 PLC 内部的 ROM 中，用户无法修改。用户程序是由用户根据控制需要编制的程序，再写入 PLC 存储器中。

　　写一篇相同内容的文章，既可以采用中文，也可以采用英文，还可以使用法文。同样地，编制 PLC 用户程序也可以使用多种语言。PLC 常用的编程语言主要有梯形图（LAD）、功能块图（FBD）和指令语句表（STL）等，其中梯形图语言最为常用。

1. 梯形图（LAD）

　　梯形图采用类似传统继电器控制电路的符号来编程，用梯形图编制的程序具有形象、直观、实用的特点，因此这种编程语言成为电气工程人员应用最广泛的 PLC 的编程语言。下面对相同功能的继电器控制电路与梯形图程序进行比较，如图 1-6 所示。

图 1-6　继电器控制电路与梯形图程序的比较

(a) 继电器控制电路；(b) 梯形图程序

　　图 1-6（a）为继电器控制电路，当 SB1 闭合时，继电器 KA0 线圈得电，KA0 自锁触点闭合，锁定 KA0 线圈得电，当 SB2 断开时，KA0 线圈失电，KA0 自锁触点断开，解除锁定，当 SB3 闭合时，继电器 KA1 线圈得电。

　　图 1-6（b）为梯形图程序，当常开触点 I0.1 闭合时，左母线产生的能流（可理解为电流）经 I0.1 和常闭触点 I0.2 流经输出继电器 Q0.0 线圈到达右母线（西门子 PLC 梯形图程序省去右母线），Q0.0 自锁触点闭合，锁定 Q0.0 线圈得电；当常闭触点 I0.2 断开时，Q0.0 线圈失电，Q0.0 自锁触点断开，解除锁定；当常开触点 I0.3 闭合时，继电器 Q0.1 线圈得电。

　　不难看出，两种图的表达方式很相似，不过梯形图使用的继电器是由软件来实现的，使用和修改灵活方便，而继电器控制线路采用硬接线，修改比较麻烦。

2. 功能块图（FBD）

　　功能块图采用了类似数字逻辑电路的符号来编程，对于有数字电路基础的人很容易掌握这种语言。图 1-7 为功能相同的梯形图程序和功能块图程序比较，在功能块图中，左端为输入端，右端为输出端，输入、输出端的小圆圈表示"非运算"。

图 1-7　梯形图程序与功能块图程序的比较

（a）梯形图程序；（b）功能块图程序

3. 指令语句表（STL）

语句表语言与微型计算机采用的汇编语言类似，也采用助记符形式编程。在使用简易编程器对 PLC 进行编程时，一般采用语句表语言，这主要是因为简易编程器显示屏很小，难于采用梯形图语言编程。图 1-8 为功能相同的梯形图程序和指令语句表程序比较。不难看出，指令语句表就像是描述绘制梯形图的文字，指令语句表主要由指令助记符和操作数组成。

图 1-8　梯形图程序与指令语句表程序的比较

（a）梯形图程序；（b）指令语句表程序

1.2　西门子 S7-200 PLC 介绍

1.2.1　S7 系列 PLC

S7 系列 PLC 是西门子生产的可编程控制器，它包括小型机（S7-200、S7-1200 系列）、中大型机（S7-300C、S7-300、S7-400 系列和新推出不久的 S7-1500 系列）。S7 系列 PLC 如图 1-9 所示，图中的 LOGO! 为智能逻辑控制器。

图 1-9　S7 系列 PLC

1.2.2　S7-200 PLC 面板说明

S7-200 是 S7 系列中的小型 PLC，常用在小型自动化设备中。根据使用的 CPU 模块不同，S7-200 PLC 可分为 CPU221、CPU222、CPU224、CPU226 等类型，除 CPU221 无法扩展外，其他类型都可以通过增加扩展模块来增加功能。

1. CPU224XP 型 CPU 模块面板介绍

图 1-10 所示的 CPU224XP 型 CPU 模块是一种常用的 S7-200 PLC，除了具有数字量输入/输出端子（可输入/输出开关信号，也称 1、0 数字信号），还带有模拟量输入/输出端子（有很多型号的 CPU 模块是不带模拟量端子的），可以输入/输出连续变化的电压或电流。

图 1-10　S7-200 PLC 面板部件说明（以 CPU224XP 为例）

2. CPU224XP 型 CPU 模块的接线

CPU224XP 型 CPU 模块的接线如图 1-11 所示。该 CPU 模块采用交流电源（AC）供电，电源端子 L1、N 端接交流 220V（允许范围 85～264V）；CPU 模块的输入端子接线使用 24V 直流电源（DC），输入开关与电源串联后接在输入端子和 nM 端子之间，直流电源正反接均可；CPU 模块输出端子内部为继电器触点（RLY），故外部接线可使用 24V 直流电源或 220V 交流电源（DC）。

CPU224XP 型 CPU 模块自带模拟量处理功能，可输入 2 路模拟量电压（－10～10V）和 1 路模拟量电流（0～20mA）或电压（0～10V）。A＋、B＋端子输入的－10～10V 电压在内部对应转换成－32000～＋32000 数值，分别存放在 AIW0 和 AIW2 寄存器中，CPU 模块内部 AQW0 寄存器中的数值（0～32000）经转换后可从 I 端子对应输出 0～20mA 的电流，或从 V 端子输出 0～10V 的电压，I、V 端子只能选择一种输出，不能同时输出电流和电压。

图 1-11 CPU224XP 型 CPU 模块的接线

1.2.3 S7-200 PLC 输入/输出端子内部电路及接线

1. 输入端子内部电路及接线

S7-200 PLC 输入端子内部电路及接线如图 1-12 所示,由于 PLC 内部采用双向光电耦合器,故外部 24V 直流电源正反接均可,以图 1-12(a)所示的电源负极接 M 端的漏型输入接线方式为例,当 Ix.0 端子外部开关闭合时,有电流流过输入电路,电流途径为 DC24V+→闭合的开关→I0.0 端子→限流电阻→光电耦合器的右正发光二极管→1M 端子→DC24V−,光电耦合器的右正发光二极管发光,光敏管受光导通,给内部电路输入一个 "1" 信号(或称 "ON" 信号)。

图 1-12 S7-200 PLC 输入端子内部电路及接线
(a)方式 1;(b)方式 2

2. 输出端子内部电路及接线

S7-200 PLC 输出电路主要有继电器输出型和晶体管输出型两种，其内部电路与输出端子接线如图 1-13 所示。

图 1-13   S7-200 PLC 输出端子内部电路及接线

(a) 方式 1；(b) 方式 2

图 1-13（a）为继电器输出型 PLC，由于继电器触点没有极性之分，故外部接线可使用交流电源，也可以使用直流电源，当 PLC 内部输出"1"时，有电流流过继电器线圈，继电器触点闭合，有电流流过外部负载，电流途径为电源一端→1L 端子→闭合的继电器触点→Q0.0 端子→外部负载→电源的另一端。继电器输出电路可驱动交流或直流负载，允许通过的电流大，但其响应时间长，通断变化频率低，不能用于输出脉冲信号。

图 1-13（b）为晶体管输出型 PLC，由于晶体管有极性之分，故外部接线只能使用直流电源，当 PLC 内部输出"1"时，内部晶体管导通，有电流流过晶体管，有电流流过外部负载，电流途径为直流电源正极→1L＋端子→导通的晶体管的漏极→源极→Q0.0 端子→外部负载→直流电源负极。晶体管输出电路的反应速度快，通断频率高（可达 20～200kHz），可以输出脉冲信号，但只能用于驱动直流负载，过载能力差（即允许流过的电流小）。

1.2.4   S7-200 PLC 的实际接线

PLC 的接线包括电源接线、输入端接线和输出端接线，这 3 种接线的具体形式可从 S7-200 PLC 型号看出来，如 CPU221 DC/DC/DC 型 PLC 采用直流电源作为工作电源，输入端接直流电源，输出端接直流电源（输出形式为晶体管）；CPU221 AC/DC/继电器型 PLC 采用交流电源作为工作电源，输入端接直流电源，输出形式为继电器，输出端接直流、交流电源均可。

1. DC/DC/DC（晶体管）型 PLC 的接线

图 1-14 为 CPU221 DC/DC/DC 型 PLC 的接线图。CPU221 DC/DC/DC 型 PLC 的电源端子 L＋、M接 24V 的直流电源；输出端负载一端与输出端子 0.0～0.3 连接，另一端连接在一起并与输出端直流电源的负极和 M 端连接，输出端直流电源正极接 L＋端子，输出端直流电源的电压值由输出端负载决定；输入端子分为两组，每组都采用独立的电源，第一组端子（0.0～0.3）的直流电源负极接端子 1M，第二组端子（0.4、0.5）的直流电源负极接端子 2M；PLC 还会从电源输出端子 L＋、M 输出 24V 直流电压，该电压可提供给外接传感器作为电源，也可作为输入端子的电源。

图 1-15 为 CPU226 DC/DC/DC 型 PLC 的接线图，它与 CPU221 DC/DC/DC 型 PLC 的接线方法基

本相同，区别在于 CPU226 DC/DC/DC 输出端采用了两组直流电源，第一组直流电源正极接 1L＋端，负极接 1M 端，第二组直流电源正极接 2L＋端，负极接 2M 端。

图 1-14　CPU221 DC/DC/DC 型 PLC 的接线图

图 1-15　CPU226 DC/DC/DC 型 PLC 的接线图

2. AC/DC/继电器型 PLC 的接线

图 1-16 为 CPU221 AC/DC/继电器型 PLC 的接线图。该型号 PLC 的工作电源采用 120V 或 240V 交流电源供电，该电源电压允许范围为 85～264V，交流电源接在 L1、N 端子上；输出端子分为两组，采用两组电源，由于采用继电器输出形式，故输出端电源既可为交流电源，也可是直流电流，当采用直流电源时，电源的正极分别接 1L、2L 端，采用交流电源时不分极性；输入端子也分为两组，采用两组直流电源，电源的负极分别接 1M、2M 端。图 1-16（a）为输入端子接线使用单独的 24V 电源，如果使用的输入端子较少，也可让 PLC 输出的 24V 直流电压为输入端子供电。在接线时，将 1M、M 端接在一起，L＋与输入设备的一端连接，具体如图 1-16（b）所示。

图 1-17 为 CPU226 AC/DC/继电器型 PLC 的接线图，它与 CPU221AC/DC/继电器型 PLC 的接线方法基本相同。

图 1-16　CPU221 AC/DC/继电器型 PLC 的接线图

（a）输入端子接线使用单独的 24V 电源；（b）输入端子接线使用 PLC 输出的 24V 电压

图 1-17　CPU226 AC/DC/继电器型 PLC 的接线图

1.2.5　技术规范

S7-200 系列 PLC 技术规范见表 1-1。

表 1-1　　　　　　　　　　　　　　S7-200 系列 PLC 的技术规范

技术规范	CPU 221	CPU 222	CPU 224	CPU 224XP	CPU 226
集成的数字量输入/输出	6 入/4 出	8 入/6 出	14 入/10 出	14 入/10 出	24 入/16 出
可连接的扩展模块数量，最大	不可扩展	2 个	7 个	7 个	7 个
最大可扩展的数字量输入/输出	不可扩展	78 点	168 点	168 点	248 点
最大可扩展的模拟量输入/输出	不可扩展	10 点	35 点	38 点	35 点
用户程序区	4KB	4KB	8KB	12KB	16KB
数据存储区	2KB	2KB	8KB	10KB	10KB
数据后备时间（电容）	50 小时	50 小时	100 小时	100 小时	100 小时
后备电池（选件）	200 天	200 天	200 天	200 天	200 天

技术规范	CPU 221	CPU 222	CPU 224	CPU 224XP	CPU 226
编程软件	Step 7-Micro/WIN	Step 7-Micro/WIN	Step 7-Micro/WIN	Step 7-Micro/WIN	Step 7-Micro/WIN
布尔量运算执行时间	0.22μs	0.22μs	0.22μs	0.22μs	0.22μs
标志寄存器/计数器/定时器	256/256/256	256/256/256	256/256/256	256/256/256	256/256/256
高速计数器	4个30kHz	4个30kHz	6个30kHz	6个30kHz	6个30kHz
高速脉冲输出	2个20kHz	2个20kHz	2个20kHz	2个20kHz	2个20kHz
通信接口	1个RS-485	1个RS-485	1个RS-485	2个RS-485	2个RS-485
外部硬件中断	4	4	4	4	4
支持的通信协议	PPI，MPI，自由口	PPI，MPI，自由口 Profibus DP	PPI，MPI，自由口 Profibus DP	PPI，MPI，自由口 Profibus DP	PPI，MPI，自由口 Profibus DP
模拟电位器	1个8位分辨率	1个8位分辨率	2个8位分辨率	2个8位分辨率	2个8位分辨率
实时时钟	可选卡件	可选卡件	内置时钟	内置时钟	内置时钟
外形尺寸 $W \times H \times D$/mm	90×80×62	90×80×62	120.5×80×62	140×80×62	196×80×62

1.2.6 S7-200 PLC 的编程元件（软元件）

PLC 是在继电器控制线路基础上发展起来的，继电器控制线路有时间继电器、中间继电器等，而 PLC 也有类似的器件，称为编程元件，这些元件是由软件来实现的，故又称为软元件。PLC 编程元件主要有输入继电器、输出继电器、辅助继电器、定时器、计数器、数据寄存器和常数寄存器等。

1. 输入继电器（I）

输入继电器又称输入过程映像寄存器，它与 PLC 的输入端子连接，只能受 PLC 外部开关信号驱动，当端子外接开关接通时，该端子内部的输入继电器为 ON（1 状态），反之为 OFF（0 状态）。一个输入继电器可以有很多常闭（动断）触点和常开（动合）触点。输入继电器的表示符号为 I，按八进制方式编址（或称编号），PLC 型号不同，输入继电器个数会有所不同。

表 1-2 中列出了一些常用型号 PLC 的输入/输出继电器编址。

表 1-2　　　　　　　　　　　　常用型号 PLC 的输入/输出继电器编址

型号	CPU221 (6入/4出)	CPU222 (8入/6出)	CPU224 (14入/10出)	CPU226（XM） (24入/16出)
输入断电器	I0.0、I0.1、I0.2、I0.3、I0.4、I0.6	I0.0、I0.1、I0.2、I0.3、I0.4、I0.5、I0.6、I0、7	I0.0、I0.1、I0.2、I0.3、I0.4、I0.5、I0.6、I0.7 I1.0、I1.1、I1.2、I1.3、I1.4、I1.5	I0.0、I0.1、I0.2、I0.3、I0.4、I0.5、I0.6、I0.7 I1.0、I1.1、I1.2、I1.3、I1.4、I1.5、I1.6、I1.7 I2.0、I2.1、I2.2、I2.3、I2.4、I2.5、I2.6、I2.7
输出继电器	Q0.0、Q0.1、Q0.2、Q0.3	Q0.0、Q0.1、Q0.2、Q0.3、Q0.4、Q0.5	Q0.0、Q0.1、Q0.2、Q0.3、Q0.4、Q0.5、Q0.6、Q0.7 Q1.0、Q1.1	Q0.0、Q0.1、Q0.2、Q0.3、Q0.4、Q0.5、Q0.6、Q0.7 Q1.0、Q1.1、Q1.2、Q1.3、Q1.4、Q1.5、Q1.6、Q1.7

2. 输出继电器（Q）

输出继电器又称输出过程映像寄存器，它通过输出模块来驱动输出端子的外接负载，一个输出继电器只有一个与输出端子连接的常开触点（又称硬触点），而内部常开触点和常闭触点可以有很多个。

输出继电器的表示符号为 Q，按八进制方式编址（或称编号），PLC 型号不同，输出继电器个数会有所不同。常用型号 PLC 的输出继电器编址见表 1-2。

3. 通用辅助继电器（M）

通用辅助继电器又称为位存储器，是 PLC 内部继电器，它类似于继电器控制线路中的中间继电器，与输入/输出继电器不同，通用辅助继电器不能接收输入端子送来的信号，也不能驱动输出端子。通用辅助继电器的表示符号为 M。

4. 特殊辅助继电器（SM）

特殊辅助继电器又称特殊标志位存储器，它主要用来存储系统的状态和控制等信息。特殊辅助继电器的表示符号为 SM。一些常用特殊辅助继电器的功能见表 1-3。

表 1-3　　　　　　　　　　　　　一些常用特殊辅助继电器的功能

特殊辅助继电器	功　能
SM0.0	PLC 运行时该位始终为 1，是常 ON 继电器
SM0.1	PLC 首次扫描循环时该位为 "ON"，用途之一是初始化程序
SM0.2	如果保留性数据丢失，该位为一次扫描循环打开，该位可用作错误内存位或激活特殊启动顺序的机制
SM0.3	从电源开启进入 RUN（运行）模式时，该位为一次扫描循环打开，该位可用于在启动操作之前提供机器预热时间
SM0.4	该位提供时钟脉冲，该脉冲在 1min 的周期时间内 OFF（关闭）30s，ON（打开）30s，该位提供便于使用的延迟或 1min 时钟脉冲
SM0.5	该位提供时钟脉冲，该脉冲在 1s 的周期时间内 OFF（关闭）0.5s，ON（打开）0.5s，该位提供便于使用的延迟或 1s 时钟脉冲
SM0.6	该位是扫描循环时钟，本次扫描打开，下一次扫描关闭，该位可用作扫描计数器输入
SM0.7	该位表示 "模式" 开关的当前位置（关闭＝"终止" 位置，打开＝"运行" 位置）。开关位于 RUN（运行）位置时，可以使用该位启用自由端口模式，可使用转换至 "终止" 位置的方法重新启用带 PC/编程设备的正常通信
SM1.0	某些指令的执行时，使操作结果为零时，该位为 "ON"
SM1.1	某些指令的执行时，出现溢出结果或检测到非法数字数值时，该位为 "ON"
SM1.2	某些指令的执行时，数学操作产生负结果时，该位为 "ON"

5. 状态继电器（S）

状态继电器又称顺序控制继电器，是编制顺序控制程序的重要器件，它通常与顺控指令一起使用以实现顺序控制功能。状态继电器的表示符号为 S。

6. 定时器（T）

定时器是一种按时间动作的继电器，相当于继电器控制系统中的时间继电器。一个定时器可有很多常开触点和常闭触点，其定时单位有 1ms、10ms、100ms 三种。定时器的表示符号为 T。

7. 计数器（C）

计数器是一种用来计算输入脉冲个数并产生动作的继电器，一个计数器可以有很多常开触点和常闭触点。计数器可分为递加计数器、递减计数器和双向计数器（又称递加/递减计数器）。计数器的表示符号为 C。

8. 高速计数器（HC）

一般计数器的计数速度受 PLC 扫描周期的影响，不能太快。而高速计数器可以对较 PLC 扫描速度更快的事件进行计数。高速计数器的当前值是一个双字长（32 位）的整数，且为只读值。高速计数器的表示符号为 HC。

9. 累加器（AC）

累加器是用来暂时存储数据的寄存器，可以存储运算数据、中间数据和结果。PLC有4个32位累加器，分别为AC0～AC3。累加器的表示符号为AC。

10. 变量存储器（V）

变量存储器主要用于存储变量。它可以存储程序执行过程中的中间运算结果或设置参数。变量存储器的表示符号为V。

11. 局部变量存储器（L）

局部变量存储器主要用来存储局部变量。局部变量存储器与变量存储器很相似，主要区别在于后者存储的变量全局有效，即全局变量可以被任何程序（主程序、子程序和中断程序）访问，而局部变量只局部有效，局部变量存储器一般用在子程序中。局部变量存储器的表示符号为L。

12. 模拟量输入寄存器（AI）和模拟量输出寄存器（AQ）

S7-200 PLC模拟量输入端子送入的模拟信号经模/数（A/D）转换电路转换成1个字长（16位）的数字量，该数字量存入模拟量输入寄存器。模拟量输入寄存器的表示符号为AI。

模拟量输出寄存器可以存储1个字长的数字量，该数字量经数/模转换电路转换成模拟信号从模拟量输出端子输出。模拟量输出寄存器的表示符号为AQ。

S7-200 CPU的存储器容量及编程元件的编址范围见表1-4。

表 1-4   **S7-200 CPU 的存储器容量及编程元件的编址范围**

描述		CPU 221	CPU 222	CPU 224	CPU 224XP CPU 224XPsi	CPU 226
用户程序 长度	运行模式下编辑	4096B	4096B	8192B	12288B	16384B
	非运行模式下编辑	4096B	4096B	12288B	16384B	24576B
用户数据大小		2048B	2048B	8192B	10240B	10240B
过程映像输入寄存器		I0.0～I15.7	I0.0～I15.7	I0.0～I15.7	I0.0～I15.7	I0.0～I15.7
过程映像输出寄存器		Q0.0～Q15.7	Q0.0～15.7	Q0.0～Q15.7	Q0.0～Q15.7	Q0.0～Q15.7
模拟量输入（只读）		AIW0～AIW30	AIW0～AIW30	AIW0～AIW62	AIW0～AIW62	AIW0～AIW62
模拟量输出（只写）		AQW0～AQW30	AQW0～AQW30	AQW0～AQW62	AQW0～AQW62	AQW0～AQW62
变量存储器（V）		VB0～VB2047	VB0～VB2047	VB0～VB8191	VB0～VB10239	VB0～VB10239
局部存储器（L）		LB0～LB63	LB0～LB63	LB0～LB63	LB0～LB63	LB0～LB63
位存储器（M）		M0.0～M31.7	M0.0～M31.7	M0.0～M31.7	M0.0～M31.7	M0.0～M31.7
特殊存储器（SM）		SM0.0～SM179.7	SM0.0～SM299.7	SM0.0～SM549.7	SM0.0～SM549.7	SM0.0～SM549.7
只读型（SM）		SM0.0～SM29.7	SM0.0～SM29.7	SM0.0～SM29.7	SM0.0～SM29.7	SM0.0～SM29.7
定时器		256（T0～T255）	256（T0～T255）	256（T0～T255）	256（T0～T255）	256（T0～T255）
保持接通延时	1ms	T0，T64	T0，T64	T0，T64	T0，T64	T0，T64
	10ms	T1～T4 T65～T68	T1～T4 T65～T68	T1～T4 T65～T68	T1～T4 T65～T68	T1～T4 T65～T68
	100ms	T5～T31 T69～T95	T5～T31 T69～T95	T5～T31 T69～T95	T5～T31 T69～T95	T5～T31 T69～T95

续表

描述		CPU 221	CPU 222	CPU 224	CPU 224XP CPU 224XPsi	CPU 226
接通/断开延时	1ms	T32, T96	T32, T96	T32, T96	T32, T96	T32, T96
	10ms	T33~T36 T97~T100	T33~T36 T97~T100	T33~T36 T97~T100	T33~T36 T97~T100	T33~T36 T97~T100
	100ms	T37~T63 T101~T255	T37~T63 T101~T255	T37~T63 T101~T255	T37~T63 T101~T255	T37~T63 T101~T255
计数器		C0~C255	C0~C255	C0~C255	C0~C255	C0~C255
高速计数器		HC0~HC5	HC0~HC5	HC0~HC5	HC0~HC5	HC0~HC5
顺序控制继电器（S）		S0.0~S31.7	S0.0~S31.7	S0.0~S31.7	S0.0~S31.7	S0.0~S31.7
累加器寄存器		AC0~AC3	AC0~AC3	AC0~AC3	AC0~AC3	AC0~AC3
跳转/标号		0~255	0~255	0~255	0~255	0~255
调用/子程序		0~63	0~63	0~63	0~63	0~127
中断程序		0~127	0~127	0~127	0~127	0~127
正/负跳变		256	256	256	256	256
PID回路		0~7	0~7	0~7	0~7	0~7
端口		端口0	端口0	端口0	端口0、端口1	端口0、端口1

1.3 PLC 控制双灯亮灭的开发实例

1.3.1 PLC 应用系统开发的一般流程

PLC 应用系统开发的一般流程如图 1-18 所示。

图 1-18 PLC 应用系统开发的一般流程

1.3.2 明确系统的控制要求

PLC 控制双灯亮灭的系统控制要求：用 SB1、SB2 两个按钮开关通过 PLC 控制 A 灯和 B 灯的亮灭，按下 SB1 时，A 灯亮，5s 后 B 灯亮，按下 SB2 时，A、B 灯同时熄灭。

1.3.3 选择 PLC 型号并确定输入/输出设备及 I/O 端子

在选用 PLC 时，应遵循合适够用的原则，不要盲目选择功能强大的 PLC，因为手头正好有一台 CPU224XP DC/DC/继电器型 PLC，故使用该型号的 PLC 作为控制中心，表 1-5 中列出了 PLC 控制双灯的输入/输出设备及对应使用的 PLC 端子。

表 1-5	PLC 控制双灯的输入/输出设备及对应使用的 PLC 端子					
输 入			输 出		
输入设备	对应 PLC 端子	功能说明	输出设备	对应 PLC 端子	功能说明
SB1	I0.0	开灯控制	A 灯	Q0.0	控制 A 灯亮灭
SB2	I0.1	关灯控制	B 灯	Q0.1	控制 B 灯亮灭

1.3.4 绘制 PLC 控制双灯亮灭电路

图 1-19 为 PLC 控制双灯亮灭电路。220V 交流电压经 24V 电源转换成 24V 的直流电压，送到 PLC 的 L＋、M 端，24V 电压除了为 PLC 内部电路供电外，还分作一路从输入端子排的 L＋、M 端输出；在 PLC 输入端，用导线将 M、M1 端子直接连接起来，开灯按钮 SB1、关灯开关 SA 一端分别连接到 PLC 的 I0.0 和 I0.1 端子，另一端均连接到 L＋端子；在 PLC 输出端，A 灯、B 灯一端分别接到 PLC 的 Q0.0 和 Q0.1 端子，另一端均与 220V 交流电压的 N 线连接，220V 电压的 L 线直接接到 PLC 的 1L 端子。为了防止 24V 电源和 PLC 内部电路漏电到外壳，给两者接地端与地线连接，可将漏电引入到大地，一般情况下也可不接地线。

图 1-19 PLC 控制双灯亮灭电路

1.3.5 用编程软件编写 PLC 控制程序

在计算机中安装 STEP 7-Micro/WIN 软件（S7-200 PLC 的编程软件），并使用该软件编写控制双灯亮灭的 PLC 程序，如图 1-20 所示。关于 STEP 7-Micro/WIN 软件的使用在后面的章节会详细介绍。

下面对照图 1-19 线路图来说明图 1-20 梯形图程序的工作原理。

1. 开灯控制

当按下 PLC 的 I0.0 端子外接开灯按钮 SB 时，24V 电压进入 I0.0 端子→PLC 内部的 I0.0 输入继电器得电（即状态变为 1）→程序中的 I0.0 常开触点闭合→T37 定时器和 Q0.0 输出继电器线圈均得电，Q0.0 线圈得电，一方面使程序中的 Q0.0 常开自锁触点闭合，锁定 Q0.0 线圈供电，另一方面使 Q0.0 和 1L 端子间的内部硬件触点（也称物理触点，即继电器触点或晶体管）闭合，有电流流过 A 灯，电流途径为 "220V 电源的 L 线→PLC 的 1L 端子→PLC 的 1L、Q0.0 端子间已闭合的内部硬件触点→Q0.0

图 1-20　控制双灯亮灭的 PLC 梯形图程序

端子→A 灯→220V 电源的 N 线"，A 灯亮。

5s 后，T37 定时器计时时间到而动作（即定时器状态变为 1），程序中的 T37 常开触点闭合，Q0.1 线圈得电，使 Q0.1、1L 端子间的内部硬件触点闭合，有电流流过 B 灯，电流途径为"220V 电源的 L 线→PLC 的 1L 端子→PLC 的 1L、Q0.1 端子间已闭合的内部硬件触点→Q0.1 端子→B 灯→220V 电源的 N 线"，B 灯亮。

2. 关灯控制

当将 PLC 的 I0.1 端子外接关灯开关 SA 闭合时，24V 电压进入 I0.1 端子→PLC 内部的 I0.1 输入继电器得电→程序中的 I0.1 常闭触点断开→T37 定时器和 Q0.0 输出继电器线圈均失电，Q0.0 线圈失电，一方面使程序中的 Q0.0 常开自锁触点断开；另一方面使 Q0.0 和 1L 端子间的内部硬件触点断开，无电流流过 A 灯，A 灯熄灭。T37 定时器失电，状态变为 0，T37 常开触点断开，Q0.1 线圈失电，Q0.1 和 1L 端子间的内部硬件触点断开，无电流流过 B 灯，BB 灯熄灭。

1.3.6　DC24V 电源适配器介绍

在将计算机中编写好的程序下载到 PLC 时，除了要用编程电缆将 PLC 与计算机连接起来外，还要给 PLC 接通工作电源。PLC 供电主要有 24V 直流供电（DC24V）和 220V 交流供电（AC220V）两种类型。对于采用 220V 交流供电的 PLC，内部采用了 AC220V 转 DC24V 的电源电路，由于其内置电源电路，故价格更高。对于采用 DC24V 供电的 PLC，可以在外部连接 24V 的电源适配器，由其将 AC220V 转换成 DC24V 提供给 PLC 的电源端。

24V 电源适配器及接线

图 1-21 是一种常用的 DC24V 电源适配器。电源适配器的 L、N 端为交流电压输入端，L 端接相线（俗称火线），N 端接零线，接地端与接地线（与大地连接的导线）连接，若电源适配器出现漏电使外壳带电，外壳的漏电可以通过接地端和接地线流入大地，这样接触外壳时不会发生触电，当然接地端不接地线，电源适配器仍会正常工作。

−V、+V 端为 24V 直流电压输出端，−V 端为电源负端，+V 端为电源正端。电源适配器上有一个电压调节电位器，可以调节输出电压，使输出电压在 24V 左右变化，在使用时应将输出电压调到 24V。电源指示灯用于指示电源适配器是否已接通电源。在电源适配器上一般会有一个铭牌（标签），在铭牌上会标注型号、额定输入和输出电压电流参数，从铭牌可以看出，该电源适配器输入端可接

100~120V 的交流电压，也可以接 200~240V 的交流电压，输出电压为 24V，输出电流最大为 1.5A。

图 1-21　一种常用的 DC24V 电源适配器
（a）接线端、调压电位器和电源指示灯；（b）铭牌

DC24V 电源适配器输入端一般与三线电源线、插头和插座连接。三线电源线的颜色、插头和插座的极性都有规定标准，如图 1-22 所示。L 线（即相线，俗称火线）可以使用红、黄、绿或棕色导线；N 线（即零线）应使用蓝色线；PE 线（即接地线）应使用黄、绿双色线，插头的插片和插座的插孔极性规定具体如图 1-22 所示，接线时要按标准进行。

1.3.7　用编程电缆连接计算机和 PLC 并下载程序

1. 编程电缆

由于现在的计算机都有 USB 接口，故编程计算机一般使用 USB-PPI 编程电缆与 PLC 连接，USB-PPI 编程电缆如图 1-23 所示，该电缆一端为 USB 接口，与计算机连接，另一端为 COM 端口，与 PLC 连接。

图 1-22　三线电源线的颜色及插头、插座极性标准

图 1-23　USB-PPI 编程电缆

2. PLC 与计算机的通信连接及供电

用编程电缆将计算机与 PLC 连接好后，还需要给 PLC 接通电源，才能将计算机中编写的程序下载到 PLC。PLC 与计算机的通信连接及供电如图 1-24 所示。

3. 下载 PLC 程序

PLC 与计算机用编程电缆连接起来并接通电源后，在 STEP 7-Micro/WIN 软件中打开要下载到 PLC 的程序，再单击工具栏上的 ☑（下载）按钮，可将程序下载到 PLC 中，如图 1-25 所示。

PLC 与电源及编程电缆连接

图 1-24 PLC 与计算机的通信连接及供电

图 1-25 单击工具栏中的下载按钮可将程序下载到 PLC

1.3.8 模拟调试

在给 PLC 接上输入/输出部件前，最好先对 PLC 进行模拟调试，达到预期效果再进行实际安装。

PLC 的模拟调试运行如图 1-26 所示，用导线将 PLC 的 1M、M 端连接在一起，再把 PLC 面板上的 RUN/STOP 开关拨至"RUN"位置，然后用一根导线短接 L＋、I0.0 端子，模拟按下 SB1 按钮，如果程序正确，PLC 的 Q0.0 端子应马上有输出（Q0.0 端子内部的硬件触点闭合），其对应的 Q0.0 指示灯会变亮，5s 后，Q0.1 端子有输出，其对应的 Q0.1 指示灯也会变亮，如果不亮，检查程序和 PLC 外围有关接线是否正确。再用导线短接 L＋、I0.1 端子，模拟将 SA 开关闭合，正常 Q0.0、Q0.1 端子停止输出，两端子对应的指示灯均熄灭。

图 1-26 PLC 的模拟调试运行

1.3.9 实际接线

模拟调试运行通过后，再按照图 1-19 所示的系统控制线路图进行实际接线。PLC 控制双灯亮灭的实际接线如图 1-27 所示。

PLC 接线说明

接线具体如下。

（1）电源接线。电源适配器的输入端接 220V 交流电压，输出端接到 PLC 的 L+、M 端，为 PLC 提供 24V 电压。

（2）输入端接线。在输入端子排的 L+、M 端有直流 24V 电压输出，用导线将输入端子排的 M、M1 端子直接连接起来，开灯按钮 SB1、关灯开关 SA 一端分别与 I0.0 和 I0.1 端子连接，另一端则都连接到 L+端子。

（3）输出端接线。A 灯、B 灯一端分别接到输出端子排的 Q0.0 和 Q0.1 端子，另一端均与 220V 交流电压的 N 线连接，220V 电压的 L 线直接接到输出端子排的 1L 端子。

PLC 实际接线
与操作演示

1.3.10 操作测试

PLC 应用系统实际接线完成后，再通电进行操作测试，如图 1-28 所示。

图 1-27 PLC 控制双灯亮灭的实际接线

图 1-28 PLC 控制双灯亮灭的操作测试

测试操作过程如下：

（1）开灯测试：在测试前，先确保关灯开关处于断开位置，然后按下开灯按钮，A 灯马上亮，5s 后，B 灯也亮。注意：如果在关灯开关处于闭合位置时按下开灯按钮，A 灯和 B 灯是不会亮的。

（2）关灯测试：将关灯开关拨到闭合位置，A 灯、B 灯同时熄灭。

若操作测试与上述不符，则要查明是软件问题，还是硬件或接线问题，排除后再进行测试。

第 2 章

S7-200 PLC编程与仿真软件的使用

2.1　S7-200 PLC 编程软件的使用

STEP 7-Micro/WIN 是 S7-200 PLC 的编程软件，该软件版本较多，本节以 STEP 7-Micro/WIN _ V4.0 _ SP7 版本为例进行说明，这是一个较新的版本，其他 版本的使用方法与它基本相似。STEP 7-Micro/WIN 软件，200～300MB，在购买 S7-200 PLC 时会配有该软件光盘，普通读者可登录易天电学网（www.xxITee.com） 了解该软件有关获取和安装信息。

S7-200 编程
软件的安装

2.1.1　软件的启动和中文界面切换

1. 软件的启动

在计算机 中安装 STEP 7-Micro/WIN 软件后，单击桌面上的"V4.0 STEP 7 MicroWIN SP7"图标，或者执行"开始"菜单中的"Simatic→STEP 7-Micro/WIN V4.0.7.10→STEP 7 MicroWIN"，即可启动 STEP 7-Micro/WIN 软件，软件界面如 图 2-1 所示。

编程软件的启动
及设置中文界面

2. 软件界面语言的转换

STEP 7-Micro/WIN 软件启动后，软件界面默认为英文，若要转换成中文界面，可以对软件进行设 置。STEP 7-Micro/WIN 软件界面语言的转换操作见表 2-1。

图 2-1　STEP 7-Micro/WIN 软件界面

表 2-1 STEP 7-Micro/WIN 软件界面语言的转换操作

序号	操作说明	操作图
1	在 STEP 7-Micro/WIN 软件中执行菜单命令 Tools → Options，会弹出右图所示的 Options 对话框，在左方框中选择 General，再在 Language 框内选择 Chinese，然后单击 OK 按钮	
2	软件先弹出右图所示对话框，提示需要退出软件才能使设置生效，单击"确定"	
3	软件接着会弹出另一个对话框，询问退出软件前是否保存当前的项目，单击"否"	
4	重新启动 STEP 7-Micro/WIN，软件界面变成中文，如右图所示	

2.1.2 软件界面说明

图 2-2 所示为 STEP 7-Micro/WIN 的软件界面，它主要由标题栏、菜单栏、工具栏、浏览条、指令树、输出窗口、状态条、局部变量表和程序编程区等组成。

（1）浏览条。浏览条由"查看"和"工具"两部分组成。"查看"部分有程序块、符号表、状态表、数据块、系统块、交叉引用、通信和设置 PG/PC 接口按钮，"工具"部分有指令向导、文本显示

图 2-2 STEP 7-Micro/WIN 的软件界面

向导、位置控制向导、EM 253 控制面板和调制解调器扩展向导等按钮，操作显示滚动按钮，可以向上或向下查看其他更多按钮对象。执行菜单命令"查看→框架→浏览条"，可以打开或关闭浏览条。

（2）指令树。指令树由当前项目和"指令"两部分组成。当前项目部分除了显示项目文件存储路径外，还显示该项目下的对象，如程序块、符号表等，当需要编辑该项目下某对象时，可双击该对象，然后在窗口右方编辑区就可对该对象进行编辑；"指令"部分提供了编程时用到的所有 PLC 指令及快捷操作命令。

（3）输出窗口。输出窗口在编译程序时显示编译结果信息。

（4）状态条。状态条显示软件编辑执行信息。在编辑程序时，显示当前的网络号、行号、列号；在运行程序时，显示运行状态、通信波特率和远程地址等信息。

（5）程序编辑区。程序编辑区用于编写程序。在程序编辑区的底部有主程序、SBR_0（子程序）和 INT_0（中断程序）3 个选项标签，如果需要编写子程序，可单击 SBR_0 选项，即切换到子程序编辑区。

（6）局部变量表：每一个程序块都有一个对应的局部变量表，在带参数的子程序调用中，参数的传递是通过局部变量表进行的。

2.1.3 项目文件的建立、保存和打开

项目文件类似于文件夹，程序块、符号表、状态表、数据块等都被包含在该项目文件中。项目文件的扩展名为 .mwp，它要用 STEP 7-Micro/WIN 软件才能打开。

建立项目文件的操作文件方法是：单击工具栏上的 📄 图标，或执行菜单命令"文件→新建"，即可新建一个文件名为"项目 1"的项目文件。

如果要保存项目文件并更改文件名，可单击工具栏上的 💾 图标，或执行菜单命令"文件→保存"，

将弹出"另存为"对话框,如图 2-3(a)所示,在该对话框中选择项目文件的保存路径并输入文件名,单击"保存"按钮,就将项目文件保存下来,在软件窗口的"指令树"区域上部显示文件名和保存路径,如图 2-3(b)所示。

如果要打开其他项目文件进行编辑,可单击工具栏上的 ☞ 图标,或执行菜单命令"文件→打开",会弹出"打开"对话框,在该对话框中选择要的项目文件,再单击"打开"按钮,选择的文件即被打开。

(a)   (b)

图 2-3 保存项目

(a)"另存为"对话框;(b)指令树区域显示项目文件名及路径

2.1.4 程序的编写

1. 进入主程序编辑状态

如果要编写程序,STEP 7-Micro/WIN 软件的程序编辑区应为主程序编辑状态,如果未处于主程序编辑状态,可在"指令树"区域选择"程序块→主程序(OB1)",如图 2-4 所示,即能将程序编辑区切换为主程序编辑状态。

编写一个简单的 PLC 程序

图 2-4 在指令树区域选择
"程序块→主程序(OB1)"

2. PLC 类型的设置

S7-200 PLC 类型很多,功能有一定的差距,为了使编写的程序适合当前使用的 PLC,在编写程序前需要设置 PLC 类型。

PLC 类型的设置如图 2-5 所示,具体操作是:执行菜单命令"PLC→类型",弹出图 2-5(a)所示的"PLC 类型"对话框,在该对话框中选择当前使用的 PLC 类型和版本,如果不知道当前使用的 PLC 类型和版本,在计算机与 PLC 已建立通信连接的情况下,可单击"读取 PLC"按钮,软件会以通信的方式从连接的 PLC 中读取类型和版本信息。设置好 PLC 类型后,单击"确认"按钮关闭对话框,指令树区域的 CPU 变成设定的类型,如图 2-5(b)所示。如果设定的 PLC 类型与实际使用的 PLC 类型不一致,程序无法下载到 PLC,则 PLC 可能会工作不正常。

(a)   (b)

图 2-5 PLC 类型的设置

(a)"PLC 类型"对话框;(b)在指令树区域显示的 PLC 类型

3. 编写程序

图 2-6 是编写完成的 PLC 梯形图程序，该程序的编写过程见表 2-2。

图 2-6　要编写的梯形图

表 2-2　　　　　　　　　　　　　　　PLC 梯形图程序的编写过程

序号	操作说明	操 作 图
1	将鼠标在程序编辑区起始处单击，定位编程元件的位置，再打开指令树区域指令项下的位逻辑，将鼠标移到常开触点上	
2	双击位逻辑中的常开触点，即在程序编辑区定位框处插入一个常开触点，定位框自动后移	
3	两次双击位逻辑中的常闭触点，在程序中插入两个常闭触点	

续表

序号	操作说明	操 作 图
4	双击位逻辑中的输出（线圈）指令，在程序中插入一个输出线圈	
5	在程序的网络 1 的第二行起始处插入一个常开触点，然后选中该触点，单击工具栏上的 （向上连线）按钮	
6	单击工具栏上的 按钮后，第二行的常开触点右端与第一行连接起来	
7	选中第一行的第 3 个触点（常闭触点），单击工具栏上的 （向下连线）按钮	
8	单击工具栏上的 按钮后，第一行第 3 个触点的右端出现一个向下线	

续表

序号	操作说明	操作图
9	打开指令树区域指令中的定时器，双击其中的 TON（接通延时定时器），在编辑区插入一个定时器元件	
10	在程序的网络2插入一个常开触点和一个输出线圈。 一个网络的电路只允许有一个独立的电路，若出现两个独立电路，编译时会出现"无效网络或网络太复杂无法编译"的提示	
11	在网络1的第一个常开触点上方"???"处单击，该内容处于可编辑状态，输入该触点的名称"i0.0"，回车后，该触点名称变为I0.0	
12	用同样的方法对其他元件进行命名。注意：当定时器命名为"T37"时，其时间单位自动变为100ms，定时时间50需要人工输入，该定时器的定时时间为 50 × 100ms=5s。 至此，程序编写完成	

4. 编译程序

在将编写的梯形图程序传送给 PLC 前，需要先对梯形图程序进行编译，将它转换成 PLC 能识别的代码。

程序的编译如图 2-7 所示。在程序编译时，执行菜单命令"PLC→全部编译（或编译）"，也可单击工具栏上的 ☑（全部编译）按钮或 ☑（编译）按钮，就可以编译全部程序或当前打开的程序。编译完成后，在软件窗口下方的输出窗口会出现编译信息，如图 2-7 所示。如果编写的程序出现错误，编译时在输出窗口会出现错误提示，如图 2-7 (b) 所示。如将程序中的常闭触点 I0.1 删除，编译时会出现错误提示，并指示错误位置，双击错误提示，程序编辑区的定位框会跳至程序出错位置。

图 2-7　程序编译信息
(a) 无错误；(b) 提示有错误

2.1.5　计算机与 PLC 的通信连接与设置

STEP 7-Micro/WIN 软件是在计算机中运行的，只有将计算机（计算机）与 PLC 连接起来，才能在计算机的 STEP 7-Micro/WIN 软件中将编写的程序写入 PLC，或将 PLC 内的程序读入计算机重新修改。

1. 计算机与 PLC 的连接

计算机与 PLC 的连接主要有两种方式：①给计算机安装 CP 通信卡（如 CP5611 通信卡），再用专用电缆将 CP 通信卡与 PLC 机连接起来，采用 CP 通信卡可以获得较高的通信速率，但其价格很高，故较少采用；②使用 PC-PPI 电缆连接计算机与 PLC，PC-PPI 电缆有 USB-RS485 和 RS232-RS485 两种，

USB-RS485 电缆一端连接计算机的 USB 口，另一端连接 PLC 的 RS485 端口，RS232-RS485 电缆连接计算机的 RS232 端口（COM 端口），由于现在很多计算机没有 RS232 端口，故一般选用 USB-RS485 电缆。

采用 USB-RS485 编程电缆连接计算机与 PLC 如图 2-8 所示。

2. USB-RS485 编程电缆的驱动与连接端口

如果使用 USB-RS485 编程电缆连接计算机和

图 2-8　采用 USB-RS485 编程电缆连接计算机与 PLC

PLC，需要在计算机中安装 USB-RS485 编程电缆的驱动程序，计算机才能识别和使用该电缆。图 2-9 所示为 USB-RS485（也称 USB-PPI）编程电缆，在购买时通常会配有驱动光盘。USB-RS485 编程电缆驱动程序的安装操作见表 2-3。

图 2-9　USB-RS485 编程电缆及驱动光盘

编程电缆及驱动
程序的安装

表 2-3　　　　　　　　　　USB-RS485 编程电缆驱动程序的安装操作

序号	操作说明	操作图
1	打开编程电缆驱动程序光盘，双击其中的"SETUP.EXE"文件	
2	双击"SETUP.EXE"文件后，出现"驱动安装"对话框，单击"安装"按钮，开始安装驱动程序，单击"卸载"按钮，会卸载先前安装的驱动程序	

续表

序号	操作说明	操作图
3	驱动程序安装后，可在计算机的设备管理器中查看驱动程序是否安装成功，在计算机桌面上右击"计算机"图标，在弹出的右键菜单中单击"设备管理器"，会出现"设备管理器"窗口	
4	在"设备管理器"窗口的"端口（COM 和 LPT）"中可以看到"USB－SERIAL CH340（COM3）"，表示计算机已识别出编程电缆，并且计算机与编程电缆的连接端口为 COM3，该端口是从 USB 端口虚拟出来的，记住该端口号	

3. 通信设置与连接

采用 USB-RS485 电缆将计算机与 PLC 的连接好后，还要在 STEP 7-Micro/WIN 软件中进行通信设置。

通信设置与程序
的下载及上载

（1）设置 PLC 的通信端口、地址和通信速率。设置 PLC 的通信端口、地址和通信速率如图 2-10 所示。在 STEP 7-Micro/WIN 软件窗口，单击浏览条中的"查看"项下的"系统块"，在弹出"系统块"对话框中单击左方"通信端口"项，在右方的端口 0 下方设置 PLC 的地址为 2，设置波特率为 9.6kbps（即 9.6kbit/s），其他参数保持默认值，单击"确认"按钮关闭对话框。

（2）设置计算机的通信端口、地址和通信速率。设置计算机的通信端口、地址和通信速率如图 2-11 所示。在 STEP 7-Micro/WIN 软件窗口，单击浏览条中的"查看"项下的"设置 PG/PC 接口"，弹出"设置 PG/PC 接口"对话框，如图 2-11（a）所示，选择"PC/PPI cable（PPI）"项，再单击"属性"按钮，弹出"属性"对话框，如图 2-11（b）所示，将地址设为 0（不能与 PLC 地址相同），将传输率设为 9.6kbps（要与 PLC 通信速度相同），然后单击该对话框中的"本地连接"选项卡，切换到该选项卡，如图 2-11（c）所示，选择"连接到"为"COM3（设备管理器查看到的端口号）"，单击"确定"按钮关闭对话框。

（3）建立 PLC 与计算机的通信连接。建立 PLC 与计算机的通信连接如图 2-11 所示。在 STEP 7-Micro/WIN 软件窗口，单击浏览条中的"查看"项下的"通信"，弹出"通信"对话框，如图 2-12（a）所示，选择"搜索所有波特率"项，再双击对话框右方的"双击刷新"，计算机开始搜索与它连接的 PLC，两者连接正常，将会在"双击刷新"位置出现 PLC 图标及型号，如图 2-12（b）所示。

图 2-10 设置 PLC 的通信端口、地址和通信速率

图 2-11 设置计算机的通信端口、地址和通信速率

(a) 选择 "PC/PPI cable（PPI）" 项；(b) 设置地址和传输率；(c) 设置通信端口

(a) (b)

图 2-12　建立 PLC 与计算机的通信连接

(a) 双击"双击刷新"；(b) 通信连接成功会出现 PLC 图标

2.1.6　下载和上载程序

将计算机中编写的程序传送给 PLC 称为下载，将 PLC 中的程序传送给计算机称为上载。

1. 下载程序

程序编译后，就可以将编译好的程序下载到 PLC。程序下载的方法如图 2-13 所示。执行菜单命令"文件→下载"，也可单击工具栏上的 ▲（下载）按钮，会出现"下载"对话框，如图 2-13（a）所示，单击"下载"按钮即可将程序下载到 PLC，如果计算机与 PLC 连接通信不正常，会出现错误提示，如图 2-13（b）所示提示通信错误。

程序下载应让 PLC 应处于"STOP"模式，程序下载时 PLC 会自动切换到"STOP"模式，下载结束后又会自动切换到"RUN"模式，若希望模式切换时出现模式切换提示对话框，可勾选下载对话框右下角的两项。

(a) (b)

图 2-13　下载程序

(a) 通信正常的下载对话框；(b) 通信出错的下载对话框

2. 上载程序

当需要修改 PLC 中的程序时，可利用 STEP 7-Micro/WIN 软件将 PLC 中的程序上载到计算机。在上载程序时，需要新建一个空项目文件，以便存入上载内容，如果项目文件有内容，将会被上载内容覆盖。

上载程序的方法是：执行菜单命令"文件→上载"，也可单击工具栏上的 ▲（上载）图标，会出现与图 2-13 类似的"上载"对话框，单击其中的"上载"按钮即可将 PLC 中的程序上载到计算机中。

2.2 S7-200 PLC 仿真软件的使用

在使用 STEP 7-Micro/WIN 软件编写完程序后，如果手头没有 PLC 而又想马上能看到程序在 PLC 中的运行效果，这时可运行 S7-200 PLC 仿真软件，让编写的程序在一个软件模拟的 PLC 中运行，从中观察程序的运行效果。

2.2.1 软件界面说明

S7-200 PLC 仿真软件不是 STEP 7-Micro/WIN 软件的组成部分，它是由其他公司开发的用于对 S7-200 系列 PLC 进行仿真的软件。S7-200 PLC 仿真软件是一款绿色软件，无须安装，双击它即可运行，如图 2-14（a）所示；软件启动后出现启动画面，在画面上单击后弹出密码对话框，如图 2-14（b）所示，按提示输入密码，确定后即完成软件的启动，出现软件界面，如图 2-15 所示。

(a)　　　　　　　　　　　(b)

图 2-14　S7-200 仿真软件的启动

（a）双击启动 S7-200 PLC 仿真软件；（b）启动时按提示输入密码

图 2-15　S7-200 PLC 仿真软件界面

在软件窗口的工作区内，左上方为 S7-200 CPU 模块，右方为 PLC 的扩展模块安装处，左下方分别为输入端子开关（上拨-闭合，下拨-断开）和两个模拟量输入电位器。S7-200 CPU 模块上有运行状态、输入状态和输出状态指示灯，在仿真时，可以通过观察输入、输出指示灯的状态了解程序运行效果。

2.2.2　CPU 型号的设置与扩展模块的安装

1. CPU 型号的设置

在仿真时要求仿真软件和编程软件的 CPU 型号相同，否则可能会出现无法仿真或仿真出错。CPU 型号的设置方法如图 2-16 所示。执行菜单命令"配置→CPU 型号"，弹出 CPU Type（CPU 型号）对话框，如图 2-16（a）所示，从中选择 CPU 的型号，CPU 网络地址保持默认地址 2，再单击 Accept（接受）关闭对话框，会发现软件工作区的 CPU 模块发生了变化，如图 2-16（b）所示。

(a)

(b)

图 2-16　在仿真软件中设置 CPU 型号
(a) CPU 型号设置；(b) 新设置的 CPU 外形

2. 扩展模块的安装

在仿真软件中也可以安装扩展模块，如图 2-17 所示。在软件工作区 CPU 模块邻近的扩展模块安装处双击，弹出"扩展模块"对话框，如图 2-17（a）所示，从中选择某个需安装的模块，如模拟量输入模块 EM231，单击确定关闭对话框，在软件工作区的 0 模块安装处出现了安装的 EM231 模块，同时模块的下方有 4 个模拟量输入滑块，用于调节模拟量输入电压值，如图 2-17（b）所示。

如果要删除扩展模块，只需在扩展模块上双击，在弹出的如图 2-17（a）所示的对话框中选中"无/卸下"项，再单击确定即可。

2.2.3　程序的仿真

1. 从编程软件中导出程序

从编程软件中导出程序如图 2-18 所示。要仿真编写的程序，须先在 STEP 7-Micro/WIN 编程软件中编写程序，编写的程序如图 2-18（a）所示，再对编写的程序进行编译，编译无错误再导出程序文件。导出程序文件的方法是：在 STEP 7-Micro/WIN 编程软件中执行菜单命令"文件→导出"，弹出"导出程序块"对话框，如图 2-18（b）所示。输入文件名"test"并选择类型为".awl"，再单击保存，即从编写的程序中导出一个 test.awl 文件。

图 2-17　在仿真软件中安装扩展模块

（a）"扩展模块"对话框；（b）CPU 模块右边增加的扩展模块

图 2-18　从编程软件中导出程序

（a）要导出的程序；（b）"导出程序块"对话框

2. 在仿真软件中装载程序

在仿真软件中装载 PLC 程序如图 2-19 所示。在仿真软件中执行菜单命令"程序→装载程序"，弹出"装载程序"对话框，如图 2-19（a）所示，从中选择要装载的选项，一般保持默认值，单击确定，弹出"打开"对话框，如图 2-19（b）所示，在该对话框中选择要装载的 test. awl 文件，单击打开，即将文件装载到仿真软件，在仿真软件中会出现程序块的语句表和梯形图窗口，如图 2-19（c）所示，不需要显示时可关闭它们。

3. 仿真程序

在仿真程序时，先单击工具栏上的 ▶（运行）按钮，让 PLC 进入 RUN 状态，RUN 指示灯变为亮（绿色），然后将 I0.0 输入端子开关上拨（开关闭合），I0.0 指示灯亮，同时输出端 Q0.0 对应的指示灯也亮，如图 2-20 所示，再将 I0.1 或 I0.2 输入端子开关上拨，发现 Q0.0 对应的指示灯不亮，这些与直接分析梯形图得到的结果是一致的，说明编写的梯形图正确。

若要停止仿真，单击工具栏上的 ■（停止）按钮，PLC 则进入 STOP 状态。

4. 变量状态监控

如果想了解 PLC 的变量（如 I0.0、Q0.0）的值，可执行菜单命令"查看→内存监视"，弹出"内

(a)　　　　　　　　　　　　　　　　(b)

(c)

图 2-19　在仿真软件中装载 PLC 程序

（a）选择要装载的内容；（b）选择要装载的程序；（c）程序装载成功

图 2-20　仿真程序

存表"对话框，如图 2-21 所示，在对话框的地址栏输入要查看的变量名（如 I0.0），再单击下方的"开始"按钮，在值栏即会显示该变量的值（2♯1）。如果改变 PLC 输入端子开关的状态，该对话框中相应变量的值也会发生变化。

图 2-21 "内存表"对话框

第3章

基本指令及应用

基本指令是 PLC 最常用的指令，包括位逻辑指令、定时器指令和计数器指令。

3.1 位逻辑指令

在 STEP 7-Micro/WIN 软件的指令树区域，展开"位逻辑"指令包，可以查看到所有的位逻辑指令，如图 3-1 所示。位逻辑指令有 16 条，可大致分为触点指令、线圈指令、立即指令、RS 触发器指令和空操作指令。

图 3-1 位逻辑指令

指令树内容：

位逻辑	
─┤ ├─	常开触点
─┤/├─	常闭触点
─┤I├─	立即常开触点
─┤/I├─	立即常闭触点
─┤NOT├─	取反
─┤P├─	上升沿检测触点
─┤N├─	下降沿检测触点
─( )─	输出线圈
─(I)─	立即输出线圈
─(S)─	置位线圈
─(SI)─	立即置位线圈
─(R)─	复位线圈
─(RI)─	立即复位线圈
SR	置位优先触发器
RS	复位优先触发器
NOP	空操作

3.1.1 触点指令

触点指令可分为普通触点指令和边沿检测指令。

1. 普通触点指令

普通触点指令说明见表 3-1。

表 3-1 普通触点指令说明

指令标识	梯形图符号及名称	说 明	可用软元件	举 例
─┤ ├─	??.? ─┤ ├─ 常开触点	当 ??.? 位为 1 时，??.? 常开触点闭合，为 0 时常开触点断开	I、Q、M、SM、T、C、L、S、V	当 I0.1 位为 1 时，I0.1 常开触点处于闭合，左母线的能流通过触点流到 A 点
─┤/├─	??.? ─┤ / ├─ 常闭触点	当 ??.? 位为 0 时，??.? 常闭触点闭合，为 1 时常闭触点断开	I、Q、M、SM、T、C、L、S、V	当 I0.1 位为 0 时，I0.1 常闭触点处于闭合，左母线的能流通过触点流到 A 点
─┤ NOT ├─	─┤ NOT ├─ 取反	当该触点左方有能流时，经能流取反后右方无能流，左方无能流时右方有能流		当 I0.1 常开触点处于断开时，A 点无能流，经能流取反后，B 点有能流，这里的两个触点组合，功能与一个常闭触点相同

2. 边沿检测触点指令

边沿检测触点指令说明见表 3-2。

表 3-2 边沿检测触点指令说明

指令标识	梯形图符号及名称	说　明	举　例
—|P|—	—|P|— 上升沿检测触点	当该指令前面的逻辑运算结果有一个上升沿（0→1）时，会产生一个宽度为一个扫描周期的脉冲，驱动后面的输出线圈	I0.4 —||— —|P|— —( )— Q0.4 —|N|— —( )— Q0.5 当 I0.4 触点由断开转为闭合时，会产生一个 0→1 的上升沿，P 触点接通一个扫描周期时间，Q0.4 线圈得电一个周期。 当 I0.4 触点由闭合转为断开时，产生一个 1→0 的下降沿，N 触点接通一个扫描周期时间，Q0.5 线圈得电一个周期
—|N|—	—|N|— 下降沿检测触点	当该指令前面的逻辑运算结果有一个下降沿（1→0）时，会产生一个宽度为一个扫描周期的脉冲，驱动后面的输出线圈	

3.1.2 线圈指令

1. 指令说明

线圈指令说明见表 3-3。

表 3-3 线圈指令说明

指令标识	梯形图符号及名称	说　明	操作数
( )	??.? —( )— 输出线圈	当有输入能流时，??.? 线圈得电，能流消失后，??.? 线圈马上失电	
(S)	??.? —(S)— ???? 置位线圈	当有输入能流时，将 ??.? 开始的 ???? 个线圈置位（即让这些线圈都得电），能流消失后，这些线圈仍保持为 1（即仍得电）	??.?（软元件）：I、Q、M、SM、T、C、V、S、L，数据类型为布尔型。 ????（软元件的数量）：VB、IB、QB、MB、SMB、LB、SB、AC、＊VD、＊AC、＊LD、常量，数据类型为字节型，范围 1～255
(R)	??.? —(R)— ???? 复位线圈	当有输入能流时，将 ??.? 开始的 ???? 个线圈复位（即让这些线圈都失电），能流消失后，这些线圈仍保持为 0（即失电）	

2. 指令使用举例

线圈指令的使用举例如图 3-2 所示。当 I0.4 常开触点闭合时，将 M0.0～M0.2 线圈都置位，即让这 3 个线圈都得电，同时 Q0.4 线圈也得电，I0.4 常开触点断开后，M0.0～M0.2 线圈仍保持得电状态，而 Q0.4 线圈则失电。当 I0.5 常开触点闭合时，将 M0.0～M0.2 线圈都被复位，即这 3 个线圈都失电，同时 Q0.5 线圈得电，I0.5 常开触点断开后，M0.0～M0.2 线圈仍保持失电状态，Q0.5 线圈也失电。

图 3-2　线圈指令的使用举例

3.1.3 立即指令

PLC 的一般工作过程是：当操作输入端设备时（如按下 I0.0 端子外接按钮），该端的状态数据"1"存入输入映像寄存器 I0.0 中，PLC 运行时先扫描读出输入映像寄存器的数据，然后根据读取的数据运行用户编写的程序，程序运行结束后将结果送入输出映像寄存器（如 Q0.0），通过输出电路驱动输出端子外接的输出设备（如接触器线圈），然后 PLC 又重复上述过程。PLC 完整运行一个过程需要的时间称为一个扫描周期，在 PLC 执行用户程序阶段时，即使输入设备状态发生变化（如按钮由闭合变为断开），PLC 不会理会此时的变化，仍按扫描输入映像寄存器阶段读的数据执行程序，直到下一个扫描周期才读取输入端新状态。

如果希望 PLC 工作时能即时响应输入或即时产生输出，可使用立即指令。立即指令可分为立即触点指令和立即线圈指令。

1. 立即触点指令

立即触点指令又称立即输入指令，它只适用于输入量 I，执行立即触点指令时，PLC 会立即读取输入端子的值，再根据该值判断程序中的触点通/断状态，但并不更新该端子对应的输入映像寄存器的值，其他普通触点的状态仍由扫描输入映像寄存器阶段读取的值决定。

立即触点指令说明见表 3-4。

表 3-4　　　　　　　　　　　　　　　立即触点指令说明

指令标识	梯形图符号及名称	说　明	举例
─┤I├─	??.? ─┤ I ├─ 立即常开触点	当 PLC 的??.?端子输入为 ON 时,??.?立即常开触点即刻闭合, PLC 的??.?端子输入为 OFF 时,??.?立即常开触点即刻断开	 当 PLC 的 I0.0 端子输入为 ON（如该端子外接开关闭合）时, I0.0 立即常开触点立即闭合, Q0.0 线圈随之得电, 如果 PLC 的 I0.1 端子输入为 ON, I0.1 常开触点并不马上闭合, 而是要等到 PLC 运行完后续程序并再次执行程序时才闭合。
─┤/I├─	??.? ─┤/I├─ 立即常闭触点	当 PLC 的??.?端子输入为 ON 时,??.?立即常闭触点即刻断开, PLC 的??.?端子输入为 OFF 时,??.?立即常闭触点即刻闭合	同样地, PLC 的 I0.2 端子输入为 ON 时, 可以较 PLC 的 I0.3 端子输入为 ON 时更快使 Q0.0 线圈失电

2. 立即线圈指令

立即线圈指令又称立即输出指令，该指令在执行时，将前面的运算结果立即送到输出映像寄存器而即时从输出端子产生输出，输出映像寄存器内容也被刷新。立即线圈指令只能用于输出量 Q，线圈中的"I"表示立即输出。

立即线圈指令说明见表 3-5。

3.1.4 RS 触发器指令

RS 触发器指令的功能是根据 R、S 端输入状态产生相应的输出，它分为置位优先 SR 触发器指令和复位优先 RS 触发器指令。

1. 指令说明

RS 触发器指令说明见表 3-6。

表 3-5　　　　　　　　　　　　　　　　　　　立即线圈指令说明

指令标识	梯形图符号及名称	说　　明	举　　例
—(I)	??.? —(I) 立即线圈	当有输入能流时,??.? 线圈得电,PLC 的??.? 端子立即产生输出,能流消失后,??.? 线圈失电,PLC 的??.? 端子立即停止输出	 当 I0.0 常开触点闭合时,Q0.0、Q0.1 和 Q0.2～Q0.4 线圈均得电,PLC 的 Q0.1～Q0.4 端子立即产生输出,Q0.0 端子需要在程序运行结束后才产生输出,I0.0 常开触点断开后,Q0.1 端子立即停止输出,Q0.0 端子需要在程序运行结束后才停止输出,而 Q0.2～Q0.4 端子仍保持输出。
—(SI)	??.? —(SI) ???? 立即置位线圈	当有输入能流时,将??.? 开始的???? 个线圈置位,PLC 从??.? 开始的???? 个端子立即产生输出,能流消失后,这些线圈仍保持为 1,其对应的 PLC 端子保持输出	
—(RI)	??.? —(RI) ???? 立即复位线圈	当有输入能流时,将??.? 开始的???? 个线圈复位,PLC 从??.? 开始的???? 个端子立即停止输出,能流消失后,这些线圈仍保持为 0,其对应的 PLC 端子仍停止输出	当 I0.1 常开触点闭合时,Q0.2～Q0.4 线圈均失电,PLC 的 Q0.2～Q0.4 端子立即停止输出

表 3-6　　　　　　　　　　　　　　　　　　　RS 触发器指令说明

指令标识	梯形图符号及名称	说　　明	操作数		

指令标识	梯形图符号及名称	说明	输入/输出	数据类型	可用软元件
SR	??.? —| S1　OUT |— 　　SR —| R 置位优先触发器	当 S1、R 端同时输入 1 时,OUT=1,??.?=1。SR 置位优先触发器的输入/输出关系如下: S1 | R | OUT (??,?) 0 | 0 | 保持前一状态 0 | 1 | 0 1 | 0 | 1 1 | 1 | 1	S1、R	BOOL	I、Q、V、M、SM、S、T、C
			S、R1、OUT	BOOL	I、Q、V、M、SM、S、T、C、L
			??.?	BOOL	I、Q、V、M、S
RS	??.? —| S　OUT |— 　　RS —| R1 复位优先触发器	当 S、R1 端同时输入 1 时,OUT=0,??.?=0。RS 复位优先触发器的输入/输出关系如下: S | R1 | OUT (??.?) 0 | 0 | 保持前一状态 0 | 1 | 0 1 | 0 | 1 1 | 1 | 0			

2. 指令使用举例

RS 触发器指令使用如图 3-3 所示。

图 3-3 (a) 使用了 SR 置位优先触发器指令,从右方的时序图可以看出:①当 I0.0 触点闭合 (S1=1)、I0.1 触点断开 (R=0) 时,Q0.0 被置位为 1;②当 I0.0 触点由闭合转为断开 (S1=0)、I0.1 触点仍处于断开 (R=0) 时,Q0.0 仍保持为 1;③当 I0.0 触点断开 (S1=0)、I0.1 触点闭合 (R=1) 时,Q0.0 被复位为 0;④当 I0.0、I0.1 触点均闭合 (S1=0、R=1) 时,Q0.0 被置位为 1。

图 3-3 (b) 使用了 RS 复位优先触发器指令,其①～③种输入/输出情况与 SR 置位优先触发器指令相同,两者区别在于第④种情况,对于 SR 置位优先触发器指令,当 S1、R 端同时输入 1 时,Q0.0=

1，对于 RS 复位优先触发器指令，当 S、R1 端同时输入 1 时，Q0.0＝0。

图 3-3　RS 触发器指令使用举例

(a) SR 置位优先触发器指令；(b) RS 复位优先触发器指令

3.1.5 空操作指令

空操作指令的功能是让程序不执行任何操作，由于该指令本身执行时需要一定时间，故可延缓程序执行周期。

空操作指令说明见表 3-7。

表 3-7 空操作指令说明

指令标识	梯形图符号及名称	说　明	举　例
NOP	???? NOP 空操作	空操作指令，其功能是将让程序不执行任何操作。 N（????）＝0～255，执行一次 NOP 指令需要的时间约为 0.22us，执行 N 次 NOP 的时间约为 0.22μs×N	M0.0　　　100 NOP 当 M0.0 触点闭合时，NOP 指令执行 100 次

3.2 定 时 器

定时器是一种按时间动作的继电器，相当于继电器控制系统中的时间继电器。一个定时器可有多个常开触点和常闭触点，其定时单位有 1ms、10ms、100ms 三种。

根据工作方式不同，定时器可分为通电延时定时器（TON）、断电延时定时器（TOF）和记忆型通电延时定时器（TONR）三种，如图 3-4 所示，其有关规格见表 3-8，TON、TOF 是共享型定时器，当

图 3-4　3 种定时器

(a) 通电延时定时器（TON）；(b) 断电延时定时器（TOF）；(c) 记忆型通电延时定时器（TONR）

将某个编号的定时器用作 TON 时就不能再将它用作 TOF，如将 T32 用作 TON 定时器后，就不能将 T32 用作 TOF 定时器。

表 3-8   3 种定时器的有关规格

类型	定时器号	定时单位	最大定时值
TONR	T0，T64	1ms	32.767s
	T1~T4，T65~T68	10ms	327.67s
	T5~T31，T69~T95	100ms	3276.7s
TON、TOF	T32，T96	1ms	32.767s
	T33~T36，T97~T100	10ms	327.67s
	T37~T63，T101~T255	100ms	3276.7s

3.2.1 通电延时型定时器（TON）及使用举例

通电延时型定时器（TON）的特点是：当 TON 的 IN 端输入为 ON 时开始计时，计时达到设定时间值后状态变为 1，驱动同编号的触点产生动作，TON 达到设定时间值后会继续计时直到最大值，但后续的计时并不影响定时器的输出状态；在计时期间，若 TON 的 IN 端输入变为 OFF，定时器马上复位，计时值和输出状态值都清 0。

1. 指令说明

通电延时型定时器指令说明见表 3-9。

表 3-9   通电延时型定时器指令说明

指令标识	梯形图符号及名称	说明	参数
TON	???? IN TON ????-PT ??? ms 通电延时型定时器	当 IN 端输入为 ON 时，Txxx（上????）通电延时型定时器开始计时，计时时间为计时值（PT 值）×??? ms，到达计时值后，Txxx 定时器的状态变为 1 且继续计时，直到最大值 32767；当 IN 端输入为 OFF 时，Txxx 定时器的当前计时值清 0，同时状态也变为 0。 指令上方的????用于输入 TON 定时器编号，PT 旁的????用于设置定时值，ms 旁的??? 根据定时器编号自动生成，如定时器编号输入 T37,??? ms 自动变成 100ms	输入/输出：Txxx，数据类型 WORD，操作数 常数（T0 到 T255）；IN，BOOL，I、Q、V、M、SM、S、T、C、L；PT，INT，IW、QW、VW、MW、SMW、SW、LW、T、C、AC、AIW、*VD、*LD、*AC、常数

2. 指令使用举例

通电延时型定时器指令使用举例如图 3-5 所示。当 I0.0 触点闭合时，TON 定时器 T37 的 IN 端输入为 ON，开始计时，计时达到设定值 10（10×100ms＝1s）时，T37 状态变为 1，T37 常开触点闭合，线圈 Q0.0 得电，T37 继续计时，直到最大值 32767，然后保持最大值不变；当 I0.0 触点断开时，T37 定时器的 IN 端输入为 OFF，T37 计时值和状态均清 0，T37 常开触点断开，线圈 Q0.0 失电。

3.2.2 断电延时型定时器（TOF）及使用举例

断电延时型定时器（TOF）的特点是：当 TOF 的 IN 端输入为 ON 时，TOF 的状态变为 1，同时计时值被清 0，当 TOF 的 IN 端输入变为 OFF 时，TOF 的状态仍保持为 1，同时 TOF 开始计时，当计

图 3-5　通电延时型定时器指令使用举例

(a) 梯形图；(b) 时序图

时值达到设定值后 TOF 的状态变为 0，当前计时值保持设定值不变。

也就是说，TOF 定时器在 IN 端输入为 ON 时状态为 1 且计时值清 0，IN 端变为 OFF（即输入断电）后状态仍为 1 但从 0 开始计时，计时值达到设定值时状态变为 0，计时值保持设定值不变。

1. 指令说明

断电延时型定时器指令说明见表 3-10。

表 3-10　　　　　　　　　　断电延时型定时器指令说明

指令标识	梯形图符号及名称	说　明	参　数		
TOF	???? IN　　TOF ????-PT　　??? ms **断电延时型定时器**	当 IN 端输入为 ON 时，Txxx（上????）断电延时型定时器的状态变为 1，同时计时值清 0，当 IN 端输入变为 OFF 时，定时器的状态仍为 1，定时器开始计时值，到达设定计时值后，定时器的状态变为 0，当前计时值保持不变。 　指令上方的???? 用于输入 TOF 定时器编号，PT 旁的???? 用于设置定时值，ms 旁的??? 根据定时器编号自动生成	输入/输出	数据类型	操作数
			Txxx	WORD	常数（T0 到 T255）
			IN	BOOL	I、Q、V、M、SM、S、T、C、L
			PT	INT	IW、QW、VW、MW、SMW、SW、LW、T、C、AC、AIW、* VD、* LD、* AC、常数

2. 指令使用举例

断电延时型定时器指令使用举例如图 3-6 所示。当 I0.0 触点闭合时，TOF 定时器 T33 的 IN 端输入为 ON，T33 状态变为 1，同时计时值清 0；当 I0.0 触点闭合转为断开时，T33 的 IN 端输入为 OFF，T33 开始计时，计时达到设定值 100（100×10ms=1s）时，T33 状态变为 0，当前计时值不变；当 I0.0 重新闭合时，T33 状态变为 1，同时计时值清 0。

图 3-6　断电延时型定时器指令使用举例

(a) 梯形图；(b) 时序图

在 TOF 定时器 T33 通电时状态为 1,T33 常开触点闭合,线圈 Q0.0 得电,在 T33 断电后开始计时,计时达到设定值时状态变为 0,T33 常开触点断开,线圈 Q0.0 失电。

3.2.3 记忆型通电延时定时器(TONR)及使用举例

记忆型通电延时定时器(TONR)的特点是:当 TONR 输入端(IN)通电即开始计时,计时达到设定时间值后状态置 1,然后 TONR 会继续计时直到最大值,在后续的计时期间定时器的状态仍为 1;在计时期间,如果 TONR 的输入端失电,其计时值不会复位,而是将失电前瞬间的计时值记忆下来,当输入端再次通电时,TONR 会在记忆值上继续计时,直到最大值。

失电不会使 TONR 状态复位计时清 0,要让 TONR 状态复位计时清 0,必须用到复位指令(R)。

1. 指令说明

记忆型通电延时定时器指令说明见表 3-11。

表 3-11 记忆型通电延时定时器指令说明

指令标识	梯形图符号及名称	说　明	参　数
TONR	???? IN TONR ????-PT ??? ms 记忆型通电延时 定时器	当 IN 端输入为 ON 时,Txxx(上????)记忆型通电延时定时器开始计时,计时时间为计时值(PT 值)×??? ms,如果未到达计时值时 IN 输入变为 OFF,定时器将当前计时值保存下来,当 IN 端输入再次变为 ON 时,定时器在记忆的计时值上继续计时,到达设置的计时值后,Txxx 定时器的状态变为 1 且继续计时,直到最大值 32767。 指令上方的???? 用于输入 TONR 定时器编号,PT 旁的???? 用于设置定时值,ms 旁的??? 根据定时器编号自动生成	输入/输出　数据类型　操作数 Txxx　WORD　常数(T0 到 T255) IN　BOOL　I、Q、V、M、SM、S、T、C、L PT　INT　IW、QW、VW、MW、SMW、SW、LW、T、C、AC、AIW、*VD、*LD、*AC、常数

2. 指令使用举例

记忆型通电延时定时器指令使用举例如图 3-7 所示。

图 3-7 记忆型通电延时定时器指令使用举例
(a) 梯形图;(b) 时序图

当 I0.0 触点闭合时,TONR 定时器 T1 的 IN 端输入为 ON,开始计时,如果计时值未达到设定值时 I0.0 触点就断开,T1 将当前计时值记忆下来;当 I0.0 触点再闭合时,T1 在记忆的计时值上继续计时，当计时值达到设定值 100（100×10ms＝1s）时，T1 状态变为 1，T1 常开触点闭合，线圈 Q0.0 得电，T1 继续计时，直到最大计时值 32767，在计时期间，如果 I0.1 触点闭合，复位指令（R）执行，T1 被复位，T1 状态变为 0，计时值也被清 0；当触点 I0.1 断开且 I0.0 闭合时，T1 重新开始计时。

3.3 计 数 器

计数器的功能是对输入脉冲的计数。S7-200 系列 PLC 有加计数器 CTU（递增计数器）、减计数器 CTD（递减计数器）和加减计数器 CTUD（加减计数器）3 种类型的计数器，如图 3-8 所示，计数器参数见表 3-12。计数器的编号为 C0～C255。3 种计数器如图 3-8 所示。

图 3-8　3 种计数器
(a) 加计数器 CTU；(b) 减计数器 CTD；(c) 加减计数器 CTUD

表 3-12　　　　　　　　　　　　　　　　　计数器参数

输入/输出	数据类型	操作数
Cxx	WORD	常数（C0 到 C255）
CU、CD、LD、R	BOOL	I, Q, V, M, SM, S, T, C, L
PV	INT	IW、QW、VW、MW、SMW、SW、LW、T、C、AC、AIW、＊VD、＊LD、＊AC、常数

3.3.1　加计数器（CTU）及使用举例

加计数器的特点是：当 CTU 输入端（CU）有脉冲输入时开始计数，每来一个脉冲上升沿计数值加 1，当计数值达到设定值（PV）后状态变为 1 且继续计数，直到最大值 32767，如果 R 端输入为 ON 或其他复位指令对计数器执行复位操作，计数器的状态变为 0，计数值也清 0。

1. 指令说明

加计数器指令说明见表 3-13。

表 3-13　　　　　　　　　　　　　　　　加计数器指令说明

指令标识	梯形图符号及名称	说　明
CTU	???? CU　　CTU R ????-PV 加计数器	当 R 端输入为 ON 时，对 Cxxx（上????）加计数器复位，计数器状态变为 0，计数值也清 0。 CU 端每输入一个脉冲上升沿，CTU 计数器的计数值就增 1，当计数值达到 PV 值（计数设定值），计数器状态变为 1 且继续计数，直到最大值 32767。 指令上方的????用于输入 CTU 计数器编号，PV 旁的????用于输入计数设定值，R 为计数器复位端

2. 指令使用举例

加计数器指令使用举例如图 3-9 所示。当 I0.1 触点闭合时，CTU 计数器的 R（复位）端输入为 ON，CTU 计数器的状态为 0，计数值也清 0。当 I0.0 触点第一次由断开转为闭合时，CTU 的 CU 端输入一个脉冲上升沿，CTU 计数值增 1，计数值为 1，I0.0 触点由闭合转为断开时，CTU 计数值不变；当 I0.0 触点第二次由断开转为闭合时，CTU 计数值又增 1，计数值为 2；当 I0.0 触点第三次由断开转为闭合时，CTU 计数值再增 1，计数值为 3，达到设定值，CTU 的状态变为 1；当 I0.0 触点第四次由断开转为闭合时，CTU 计数值变为 4，其状态仍为 1。如果这时 I0.1 触点闭合，CTU 的 R 端输入为 ON，CTU 复位，状态变为 0，计数值也清 0。CTU 复位后，若 CU 端输入脉冲，CTU 又开始计数。

在 CTU 计数器 C2 的状态为 1 时，C2 常开触点闭合，线圈 Q0.0 得电，计数器 C2 复位后，C2 触点断开，线圈 Q0.0 失电。

图 3-9   加计数器指令使用举例
(a) 梯形图；(b) 时序图

3.3.2 减计数器（CTD）及使用举例

减计数器的特点是：当 CTD 的 LD（装载）端输入为 ON 时，CTD 状态位变为 0、计数值变为设定值，装载后，计数器的 CD 端每输入一个脉冲上升沿，计数值就减 1，当计数值减到 0 时，CTD 的状态变为 1 并停止计数。

1. 指令说明

减计数器指令说明见表 3-14。

表 3-14   减计数器指令说明

指令标识	梯形图符号及名称	说 明
CTD	???? -CD CTU- -LD ????-PV 减计数器	当 LD 端输入为 ON 时，Cxxx（上????）减计数器状态变为 0，同时计数值变为 PV 值。 CD 端每输入一个脉冲上升沿，CTD 计数器的计数值就减 1，当计数值减到 0 时，计数器状态变为 1 并停止计数。 指令上方的???? 用于输入 CTD 计数器编号，PV 旁的???? 用于输入计数设定值，LD 为计数值装载控制端

2. 指令使用举例

减计数器指令使用举例如图 3-10 所示。当 I0.1 触点闭合时，CTD 计数器的 LD 端输入为 ON，CTD 的状态变为 0，计数值变为设定值 3。当 I0.0 触点第一次由断开转为闭合时，CTD 的 CD 端输入一个脉冲上升沿，CTD 计数值减 1，计数值变为 2，I0.0 触点由闭合转为断开时，CTD 计数值不变；

当 I0.0 触点第二次由断开转为闭合时，CTD 计数值又减 1，计数值变为 1；当 I0.0 触点第三次由断开转为闭合时，CTD 计数值再减 1，计数值为 0，CTD 的状态变为 1；当 I0.0 第四次由断开转为闭合时，CTD 状态（1）和计数值（0）保持不变。如果这时 I0.1 触点闭合，CTD 的 LD 端输入为 ON，CTD 状态也变为 0，同时计数值由 0 变为设定值，在 LD 端输入为 ON 期间，CD 端输入无效。LD 端输入变为 OFF 后，若 CD 端输入脉冲上升沿，CTD 又开始减计数。

在 CTD 计数器 C1 的状态为 1 时，C1 常开触点闭合，线圈 Q0.0 得电，在计数器 C1 装载后状态位为 0，C1 触点断开，线圈 Q0.0 失电。

图 3-10 减计数器指令使用举例

(a) 梯形图；(b) 时序图

3.3.3 加减计数器（CTUD）及使用举例

1. 加减计数器的特点

（1）当 CTUD 的 R 端（复位端）输入为 ON 时，CTUD 状态变为 0，同时计数值清 0。

（2）在加计数时，CU 端（加计数端）每输入一个脉冲上升沿，计数值就增 1，CTUD 加计数的最大值为 32767，在达到最大值时再来一个脉冲上升沿，计数值会变为 −32768。

（3）在减计数时，CD 端（减计数端）每输入一个脉冲上升沿，计数值就减 1，CTUD 减计数的最小值为 −32768，在达到最小值时再来一个脉冲上升沿，计数值会变为 32767。

（4）不管是加计数或减计数，只要计数值等于或大于设定值时，CTUD 的状态就为 1。

2. 指令说明

加减计数器指令说明见表 3-15。

表 3-15   加减计数器指令说明

指令标识	梯形图符号及名称	说　明
CTUD	???? ─CU　CTUD ─CD ─R ????─PV **加减计数器**	当 R 端输入为 ON 时，Cxxx（上????）加减计数器状态变为 0，同时计数值清 0。 CU 端每输入一个脉冲上升沿，CTUD 计数器的计数值就增 1，当计数值增到最大值 32767 时，CU 端再输入一个脉冲上升沿，计数值会变为 −32768。 CD 端每输入一个脉冲上升沿，CTUD 计数器的计数值就减 1，当计数值减到最小值 −32768 时，CD 端再输入一个脉冲上升沿，计数值会变为 32767。 不管是加计数或是减计数，只要当前计数值等于或大于 PV 值（设定值）时，CTUD 的状态就为 1。 指令上方的????用于输入 CTD 计数器编号，PV 旁的????用于输入计数设定值，CU 为加计数输入端，CD 为减计数输入端，R 为计数器复位端

3. 指令使用举例

加减计数器指令使用举例如图 3-11 所示。

当 I0.2 触点闭合时，CTUD 计数器 C48 的 R 端输入为 ON，CTUD 的状态变为 0，同时计数值清 0。

当 I0.0 触点第一次由断开转为闭合时，CTUD 计数值增 1，计数值为 1；当 I0.0 触点第二次由断开转为闭合时，CTUD 计数值又增 1，计数值为 2；当 I0.0 触点第三次由断开转为闭合时，CTUD 计数值再增 1，计数值为 3，当 I0.0 触点第四次由断开转为闭合时，CTUD 计数值再增 1，计数值为 4，达到计数设定值，CTUD 的状态变为 1；当 CU 端继续输入时，CTUD 计数值继续增大。如果 CU 端停止输入，而在 CD 端使用 I0.1 触点输入脉冲，每输入一个脉冲上升沿，CTUD 的计数值就减 1，当计数值减到小于设定值 4 时，CTUD 的状态变为 0，如果 CU 端又有脉冲输入，又会开始加计数，计数值达到设定值时，CTUD 的状态又变为 1。在加计数或减计数时，一旦 R 端输入为 ON，CTUD 状态和计数值都变为 0。

在 CTUD 计数器 C48 的状态为 1 时，C48 常开触点闭合，线圈 Q0.0 得电，C48 状态为 0 时，C48 触点断开，线圈 Q0.0 失电。

图 3-11 加减计数器指令使用举例

(a) 梯形图；(b) 时序图

3.4 PLC 常用控制电路

3.4.1 启动、自锁和停止控制电路

启动、自锁和停止控制是 PLC 最基本的控制功能。启动、自锁和停止控制可采用驱动指令（＝），也可以采用置位/复位指令（S/R）来实现。

1. 采用驱动指令实现启动、自锁和停止控制

驱动指令（＝）的功能是驱动线圈，它是一种常用的指令。用驱动指令实现启动、自锁和停止的 PLC 控制电路与梯形图如图 3-12 所示。

当按下启动按钮 SB1 时，PLC 内部梯形图程序中的启动触点 I0.0 闭合，输出线圈 Q0.0 得电，PLC 输出端子 Q0.0 内部的硬触点闭合，Q0.0 端子与 1L 端子之间内部硬触点闭合，接触器线圈 KM 得电，主电路中的 KM 主触点闭合，电动机得电启动。

输出线圈 Q0.0 得电后，除了会使 Q0.0、1L 端子之间的硬触点闭合外，还会使自锁触点 Q0.0 闭合，在启动触点 I0.0 断开后，依靠自锁触点闭合可使线圈 Q0.0 继续得电，电动机就会继续运转，从而实现自锁控制功能。

(a)

(b)

图 3-12 采用驱动指令实现启动、自锁和停止的 PLC 与梯形图

(a) PLC 控制电路；(b) 梯形图

  当按下停止按钮 SB2 时，PLC 内部梯形图程序中的停止触点 I0.1 断开，输出线圈 Q0.0 失电，Q0.0、1L 端子之间的内部硬触点断开，接触器线圈 KM 失电，主电路中的 KM 主触点断开，电动机失电停转。

图 3-13 采用置位/复位指令实现启动、自锁和停止控制的梯形图

2. 采用置位/复位指令实现启动、自锁和停止控制

  采用置位/复位指令（R/S）实现启动、自锁和停止控制的梯形图如图 3-13 所示，其 PLC 控制电路与图 3-12（a）相同。

  当按下启动按钮 SB1 时，梯形图中的启动触点 I0.0 闭合，"S Q0.0，1"指令执行，指令执行结果将输出继电器线圈 Q0.0 置 1，相当于线圈 Q0.0 得电，Q0.0、1L 端子之间的内部硬触点接通，接触器线圈 KM 得电，主电路中的 KM 主触点闭合，电动机得电启动。线圈 Q0.0 置位后，松开启动按钮 SB1、启动触点 I0.0 断开，但线圈 Q0.0 仍保持"1"态，即仍维持得电状态，电动机就会继续运转，从而实现自锁控制功能。

  当按下停止按钮 SB2 时，梯形图程序中的停止触点 I0.1 闭合，"R Q0.0，1"指令被执行，指令执行结果将输出线圈 Q0.0 复位（即置 0），相当于线圈 Q0.0 失电，Q0.0、1L 端子之间的内部硬触点断开，接触器线圈 KM 失电，主电路中的 KM 主触点断开，电动机失电停转。

  采用置位复位指令和线圈驱动都可以实现启动、自锁和停止控制，两者的 PLC 外部接线都相同，仅给 PLC 编写的梯形图程序不同。

3.4.2 正、反转联锁控制电路

  正、反转联锁控制的 PLC 控制电路与梯形图如图 3-14 所示。

图 3-14 正、反转联锁 PLC 控制电路与梯形图
(a) PLC 控制电路；(b) 梯形图

(1) 正转联锁控制。按下正转按钮 SB1→梯形图程序中的正转触点 I0.0 闭合→线圈 Q0.0 得电→Q0.0 自锁触点闭合，Q0.0 联锁触点断开，Q0.0 端子与 1L 端子间的内硬触点闭合→Q0.0 自锁触点闭合，使线圈 Q0.0 在 I0.0 触点断开后仍可得电；Q0.0 联锁触点断开，使线圈 Q0.1 即使在 I0.1 触点闭合（误操作 SB2 引起）时也无法得电，实现联锁控制；Q0.0 端子与 1L 端子间的内硬触点闭合，接触器 KM1 线圈得电，主电路中的 KM1 主触点闭合，电动机得电正转。

(2) 反转联锁控制。按下反转按钮 SB2→梯形图程序中的反转触点 I0.1 闭合→线圈 Q0.1 得电→Q0.1 自锁触点闭合，Q0.1 联锁触点断开，Q0.1 端子与 1L 端子间的内硬触点闭合→Q0.1 自锁触点闭合，使线圈 Q0.1 在 I0.1 触点断开后继续得电；Q0.1 联锁触点断开，使线圈 Q0.0 即使在 I0.0 触点闭合（误操作 SB1 引起）时也无法得电，实现联锁控制；Q0.1 端子与 1L 端子间的内硬触点闭合，接触器 KM2 线圈得电，主电路中的 KM2 主触点闭合，电动机得电反转。

(3) 停转控制。按下停止按钮 SB3→梯形图程序中的两个停止触点 I0.2 均断开→线圈 Q0.0、Q0.1 均失电→接触器 KM1、KM2 线圈均失电→主电路中的 KM1、KM2 主触点均断开，电动机失电停转。

(4) 过热保护。如果电动机长时间过载运行，流过热继电器 FR 的电流会因长时间过流发热而动作，FR 触点闭合，PLC 的 I0.3 端子有输入→梯形图程序中的两个热保护常闭触点 I0.3 均断开→线圈 Q0.0、Q0.1 均失电→接触器 KM1、KM2 线圈均失电→主电路中的 KM1、KM2 主触点均断开，电动机失电停转，从而防止电动机长时间过流运行而烧坏。

3.4.3 多地控制电路

多地控制的 PLC 控制电路与梯形图如图 3-15 所示，其中图 3-15（b）为单人多地控制梯形图，图 3-15（c）为多人多地控制梯形图。

图 3-15 多地控制的 PLC 控制电路与梯形图
（a）PLC 控制电路；（b）单人多地控制梯形图；（c）多人多地控制梯形图

（1）单人多地控制。

1）甲地启动控制。在甲地按下启动按钮 SB1 时→I0.0 常开触点闭合→线圈 Q0.0 得电→Q0.0 常开自锁触点闭合，Q0.0 端子内硬触点闭合→Q0.0 常开自锁触点闭合锁定 Q0.0 线圈供电，Q0.0 端子内硬触点闭合使接触器线圈 KM 得电→主电路中的 KM 主触点闭合，电动机得电运转。

2）甲地停止控制。在甲地按下停止按钮 SB2 时→I0.1 常闭触点断开→线圈 Q0.0 失电→Q0.0 常开自锁触点断开，Q0.0 端子内硬触点断开→接触器线圈 KM 失电→主电路中的 KM 主触点断开，电动机失电停转。

3）乙地和丙地的启/停控制与甲地控制相同，利用图 3-15（b）所示梯形图可以实现在任何一地进行启/停控制，也可以在一地进行启动，在另一地控制停止。

（2）多人多地控制。图 3-15（c）所示梯形图可以实现多人在多地同时按下启动按钮才能启动功能，在任意一地都可以进行停止控制。

1）启动控制。在甲、乙、丙三地同时按下按钮 SB1、SB3、SB5→I0.0、I0.2、I0.4 三个常开触点均闭合→线圈 Q0.0 得电→Q0.0 常开自锁触点闭合，Q0.0 端子的内硬触点闭合→Q0.0 线圈供电锁定，接触器线圈 KM 得电→主电路中的 KM 主触点闭合，电动机得电运转。

2）停止控制。在甲、乙、丙三地按下 SB2、SB4、SB6 中的某个停止按钮时→I0.1、I0.3、I0.5 三个常闭触点中某个断开→线圈 Q0.0 失电→Q0.0 常开自锁触点断开，Q0.0 端子内硬触点断开→Q0.0 常开自锁触点断开使 Q0.0 线圈供电切断，Q0.0 端子的内硬触点断开使接触器线圈 KM 失电→主电路中的 KM 主触点断开，电动机失电停转。

3.4.4 定时控制电路

1. 延时启动定时运行控制电路

延时启动定时运行控制的 PLC 控制电路梯形图如图 3-16 所示，其实现的功能是：按下启动按钮 3s 后，电动机开始运行，松开启动按钮后，运行 5s 会自动停止。

图 3-16 延时启动定时运行控制电路与梯形图

(a) PLC 控制电路；(b) 梯形图

PLC 控制电路与梯形图说明如下：

按下启动按钮SB1→ {
I0.0常闭触点断开

I0.0常开触点闭合→定时器T35开始3s计时→3s后, T35常开触点闭合 ─

→Q0.0线圈得电→ {
Q0.0自锁触点闭合, 锁定Q0.0线圈得电

Q0.0端子内硬触点闭合→接触器KM线圈得电→电动机运转

Q0.0常开触点闭合

松开启动按钮SB1→ {
I0.0常开触点断开→定时器T35复位, T35常开触点断开

I0.0常闭触点闭合→定时器T48开始5s计时 ─

→5s后, T48常闭触点断开→Q0.0线圈失电→Q0.0端子内硬触点断开→KM线圈失电→电动机停转

2. 多定时器组合控制电路

图 3-17 所示为一种典型的多定时器组合控制电路, 其实现的功能是: 按下启动按钮后电动机 B 马上运行, 30s 后电动机 A 开始运行, 70s 后电动机 B 停转, 100s 后电动机 A 停转。

图 3-17　一种典型的多定时器组合控制电路

（a）PLC 控制电路；（b）梯形图

PLC 控制电路与梯形图说明如下：

按下启动按钮SB1→I0.0常开触点闭合→辅助继电器M0.0线圈得电

"网络1"中M0.0自锁触点闭合→锁定M0.0线圈供电
"网络6"中M0.0常开触点闭合→Q0.1线圈得电→Q0.1端子内硬触点闭合→接触器KM2线圈得电→电动机B运转
"网络2"中M0.0常开触点闭合→定时器T50开始30s计时

30s后→定时器T50动作→
"网络5"中T50常开触点闭合→Q0.0线圈得电→KM1线圈得电→电动机A启动运行
"网络3"中T50常开触点闭合→定时器T51开始40s计时

40s后,定时器T51动作→
"网络6"中T51常闭触点断开→Q0.1线圈失电→KM2线圈失电→电动机B停转
"网络4"中T51常开触点闭合→定时器T52开始30s计时

30s后,定时器T52动作→"网络1"中T52常闭触点断开→M0.0线圈失电→
"网络1"中M0.0自锁触点断开→解除M0.0线圈供电
"网络6"中M0.0常开触点断开
"网络2"中M0.0常开触点断开→定时器T50复位

"网络5"中T50常开触点断开→Q0.0线圈失电→KM1线圈失电→电动机A停转

"网络3"中T50常开触点断开→定时器T51复位→"网络4"中T51常开触点断开→定时器T52复位→
"网络1"中T52常闭触点恢复闭合

3.4.5 长定时控制电路

西门子 S7-200 PLC 的最大定时时间为 3276.7s(约 54min),采用定时器和计数器组合可以延长定时时间。定时器与计数器组合延长定时的 PLC 控制电路与梯形图如图 3-18 所示。

图 3-18 定时器与计数器组合延长定时的 PLC 控制电路与梯形图
(a) PLC 控制电路;(b) 梯形图

线路与梯形图说明如下：

将开关SA闭合→
- "网络2"中I0.0常闭触点断开，计数器C10复位清0结束
- "网络1"中I0.0常开触点闭合→定时器T50开始3000s计时→3000s后，定时器T50动作→

- "网络2"中T50常开触点闭合，计数器C10值增1，由0变为1
- "网络1"中T50常闭触点断开→定时器T50复位→
  - "网络2"中T50常开触点闭合，计数器C10值保持为1
  - "网络1"中T50常闭触点闭合→

→因开关SA仍处于闭合，"网络1"中I0.0常开触点也保持闭合→ 定时器T50又开始3000s计时→3000s后，定时器T50动作

- "网络2"中T50常开触点闭合，计数器C10值增1，由1变为2
- "网络1"中T50常闭触点断开→定时器T50复位→
  - "网络2"中T50常开触点断开，计数器C10值保持为2
  - "网络1"中T50常闭触点闭合→定时器T50又开始计时，以后重复上述过程

→当计数器C10计数值达到30000→计数器C10动作→"网络3"中常开触点C10闭合→Q0.0线圈得电→KM线圈得电→电动机运转

图 3-18 中的定时器 T50 定时单位为 0.1s（100ms），它与计数器 C10 组合使用后，其定时时间 $T=30000 \times 0.1s \times 30000 = 90000000s = 25000h$。若需重新定时，可将开关 QS1 断开，让 [2] I0.0 常闭触点闭合，对计数器 C10 执行复位，然后再闭合 QS1，则会重新开始 250000 小时定时。

3.4.6 多重输出控制电路

多重输出控制的 PLC 控制电路与梯形图如图 3-19 所示。

图 3-19 多重输出控制的 PLC 控制电路与梯形图
(a) PLC 控制电路；(b) 梯形图

（1）启动控制。启动控制说明如下：

按下停止按钮SB2→I0.0 常开触点闭合

Q0.0自锁触点闭合，锁定输出线圈Q0.0~Q0.3供电
Q0.0线圈得电→Q0.0端子内硬触点闭合→KM1线圈得电→KM1主触点闭合→电动机A得电运转
Q0.1线圈得电→Q0.1端子内硬触点闭合→HL1灯点亮
Q0.2线圈得电→Q0.2端子内硬触点闭合→KM2线圈得电→KM2主触点闭合→电动机B得电运转
Q0.3线圈得电→Q0.3端子内硬触点闭合→HL2灯点亮

（2）停止控制。停止控制说明如下：

按下停止按钮SB2→I0.0 常开触点断开

Q0.0自锁触点断开，解除输出线圈Q0.0~Q0.3供电
Q0.0线圈失电→Q0.0端子内硬触点断开→KM1线圈失电→KM1主触点断开→电动机A失电停转
Q0.1线圈失电→Q0.1端子内硬触点断开→HL1熄灭
Q0.2线圈失电→Q0.2端子内硬触点断开→KM2线圈失电→KM2主触点断开→电动机B失电停转
Q0.3线圈失电→Q0.3端子内硬触点断开→HL2熄灭

3.4.7 过载报警控制电路

过载报警控制的 PLC 控制电路与梯形图如图 3-20 所示。

图 3-20 过载报警控制的 PLC 控制电路与梯形图

（a）PLC 控制电路；（b）梯形图

（1）启动控制。按下启动按钮 SB1→［1］I0.1 常开触点闭合→置位指令执行→Q0.1 线圈被置位，即 Q0.1 线圈得电→Q0.1 端子内硬触点闭合→接触器 KM 线圈得电→KM 主触点闭合→电动机得电运转。

（2）停止控制。按下停止按钮 SB2→［2］I0.2 常开触点闭合→复位指令执行→Q0.1 线圈被复位（置0），即 Q0.1 线圈失电→Q0.1 端子内硬触点断开→接触器 KM 线圈失电→KM 主触点断开→电动机失电停转。

（3）过载保护及报警控制。过载保护及报警控制说明如下：

在正常工作时，FR过载保护触点闭合→
- "网络2"中I0.0常闭触点断开，Q0.1复位指令无法执行
- "网络3"中I0.0常开触点闭合，下降沿检测(N触点)无效，M0.0状态为0
- "网络5"中I0.0常闭触点断开，上降沿检测(P触点)无效，M0.1状态为0

当电动机过载运行时，热继电器FR发热元件动作，过载保护触点断开→

"网络2"中I0.0常闭触点闭合→执行Q0.1复位指令→Q0.1线圈失电→Q0.1端子内硬触点断开→KM线圈失电→KM主触点断开→电动机失电停转

"网络3"中I0.0常开触点由闭合转为断开，产生一个脉冲下降沿→N触点有效，M0.0线圈→得电一个扫描周期→"网络4"中M0.0常开触点闭合→定时器T50开始10s计时，同时Q0.0线圈得电Q0.0线圈得电一方面使"网络4"中Q0.0自锁触点闭合来锁定供电，另一方面使报警灯通电点亮

"网络5"中I0.0常闭触点由断开转为闭合，产生一个脉冲上升沿→P触点有效，M0.1线圈得电一个扫描周期→"网络6"中M0.1常开触点闭合→Q0.2线圈得电→Q0.2线圈得电一方面使"网络6"中Q0.2自锁触点闭合来锁定供电，另一面使报警铃通电发声

10s后，定时器T50置1→
- "网络6"中T50常闭触点断开→Q0.2线圈失电→报警铃失电，停止报警声
- "网络4"中T50常闭触点断开→定时器T50复位，同时Q0.0线圈失电→报警灯失电熄灭

3.4.8 闪烁控制电路

闪烁控制的 PLC 控制电路与梯形图如图 3-21 所示。

图 3-21 闪烁控制的 PLC 控制电路与梯形图
(a) PLC 控制电路；(b) 梯形图

将开关 QS 闭合→I0.0 常开触点闭合→定时器 T50 开始 3s 计时→3s 后，定时器 T50 动作，T50 常开触点闭合→定时器 T51 开始 3s 计时，同时 Q0.0 得电，Q0.0 端子内硬触点闭合，灯 HL 点亮→3s 后，定时器 T51 动作，T51 常闭触点断开→定时器 T50 复位，T50 常开触点断开→Q0.0 线圈失电，同时定时器 T51 复位→Q0.0 线圈失电使灯 HL 熄灭；定时器 T51 复位使 T51 闭合，由于开关 QS 仍处于闭合，I0.0 常开触点也处于闭合，定时器 T50 又重新开始 3s 计时（此期间 T50 触点断开，灯处于熄灭状态）。

以后重复上述过程，灯 HL 保持 3s 亮、3s 灭的频率闪烁发光。

3.5 PLC 喷泉控制系统

3.5.1 控制要求

PLC 喷泉控制系统要求用两个按钮来控制 A、B、C3 组喷头工作（通过控制 3 组喷头的泵电动机来实现），3 组喷头排列及工作时序如图 3-22 所示。系统控制要求具体如下：当按下启动按钮后，A 组喷头先喷 5s 后停止，然后 B、C 组喷头同时喷，5s 后，B 组喷头停止，C 组喷头继续喷 5s 再停止，而后 A、B 组喷头喷 7s，C 组喷头在这 7s 的前 2s 内停止，后 5s 内喷水，接着 A、B、C3 组喷头同时停止 3s，以后重复前述过程。按下停止按钮后，3 组喷头同时停止喷水。

图 3-22 A、B、C 3 组喷头排列与时序图
(a) 喷头排列；(b) 工作时序

3.5.2 PLC 用到的外部设备及分配的 I/O 端子

喷泉控制需用到的输入/输出设备和对应的 PLC I/O 端子见表 3-16。

表 3-16 喷泉控制采用的输入/输出设备和对应的 PLC I/O 端子

输 入			输 出		
输入设备	对应 PLC 端子	功能说明	输出设备	对应 PLC 端子	功能说明
SB1	I0.0	启动控制	KM1 线圈	Q0.0	驱动 A 组电动机工作
SB2	I0.1	停止控制	KM2 线圈	Q0.1	驱动 B 组电动机工作
			KM3 线圈	Q0.2	驱动 C 组电动机工作

3.5.3 PLC 喷泉控制系统电路

图 3-23 所示为 PLC 喷泉控制系统的电路图。

图 3-23 PLC 喷泉控制系统的电路图

3.5.4 PLC 喷泉控制系统的梯形图程序及详解

启动 STEP 7-Micro/WIN 编程软件,编写满足控制要求的梯形图程序,编写完成的梯形图如图 3-24 所示。

图 3-24 喷泉控制系统的梯形图程序

下面对照图 3-23 所示控制电路来说明梯形图的工作原理。

(1) 启动控制。启动控制说明如下:

按下启动按钮SB1→I0.0常开触点闭合→辅助继电器M0.0线圈得电

"网络1"中M0.0自锁触点闭合，锁定M0.0线圈供电
"网络8"中M0.0常开触点闭合，Q0.0线圈得电→KM1线圈得电→电动机A运转→A组喷头工作
"网络2"中M0.0常开触点闭合，定时器T50开始5s计时

5s后，定时器T50动作→
"网络8"中T50常闭触点断开→Q0.0线圈失电→电动机A停转→A组喷头停止工作
"网络9"中T50常开触点闭合→Q0.1线圈得电→电动机B运转→B组喷头工作
"网络10"中T50常开触点闭合→Q0.2线圈得电→电动机C运转→C组喷头工作
"网络3"中T50常开触点闭合，定时器T51开始5s计时

5s后，定时器T51动作→
"网络9"中T51常闭触点断开→Q0.1线圈失电→电动机B停转→B组喷头停止工作
"网络4"中T51常开触点闭合，定时器T52开始5s计时

5s后，定时器T52动作→
"网络8"中T52常开触点闭合→Q0.0线圈得电→电动机A运转→A组喷头开始工作
"网络9"中T52常开触点闭合→Q0.1线圈得电→电动机B运转→B组喷头开始工作
"网络10"中T52常闭触点断开→Q0.2线圈失电→电动机C停转→C组喷头停止工作
"网络5"中T52常开触点闭合，定时器T53开始2s计时

2s后，定时器T53动作→
"网络10"中T53常开触点闭合→Q0.2线圈得电→电动机C运转→C组喷头开始工作
"网络6"中T53常开触点闭合，定时器T54开始5s计时

5s后，定时器T54动作→
"网络8"中T54常闭触点断开→Q0.0线圈失电→电动机A停转→A组喷头停止工作
"网络9"中T54常闭触点断开→Q0.1线圈失电→电动机B停转→B组喷头停止工作
"网络10"中T54常闭触点断开→Q0.2线圈失电→电动机C停转→C组喷头停止工作
"网络7"中T54常开触点闭合，定时器T55开始3s计时

3s后，定时器T55动作→"网络2"中T55常闭触点断开→定时器T50复位

"网络8"中T50常闭触点闭合→Q0.0线圈得电→电动机A运转
"网络3"中T50常开触点断开
"网络10"中T50常开触点断开
"网络3"中T50常开触点断开→定时器T51复位，T51所有触点复位，其中"网络4"中T51常开触点断开使定时器T52复位→T52所有触点复位，其中"网络5"中T52常开触点断开使定时器T53复位→T53所有触点复位，其中"网络6"中T53常开触点断开使定时器T54复位→T54所有触点复位，其中"网络7"中T54常开触点断开使定时器T55复位→"网络2"中T55常闭触点闭合，定时器T50开始5s计时，以后会重复前面的工作过程

（2）停止控制。停止控制说明如下：

按下停止按钮SB2→I0.1常闭触点断开→M0.0线圈失电→
"网络1"中M0.0自锁触点断开，解除自锁
"网络2"中M0.0常开触点断开→定时器T50复位

T50所有触点复位，其中"网络3"中T50常开触点断开→定时器T51复位→T51所有触点复位，其中"网络4"中T51常开触点断开使定时器T52复位→T52所有触点复位，其中"网络5"中T52常开触点断开使定时器T53复位→T53所有触点复位，其中"网络6"中T53常开触点断开使定时器T54复位→T54所有触点复位，其中"网络7"中T54常开触点断开使定时器T55复位→T55所有触点复位，"网络2"中T55常闭触点闭合→由于定时器T50~T55所有触点复位，Q0.0~Q0.2线圈均无法得电→KM1~KM3线圈失电→电动机A、B、C均停转

3.6　PLC交通信号灯控制系统

3.6.1　控制要求

系统要求用两个按钮来控制交通信号灯工作，交通信号灯排列和工作时序如图3-25所示。系统控制要求具体如下：当按下启动按钮后，南北红灯亮25s，在南北红灯亮25s的时间里，东西绿灯先亮20s再以1次/s的频率闪烁3次，接着东西黄灯亮2s，25s后南北红灯熄灭，熄灭时间维持30s，在这

30s 时间里，东西红灯一直亮，南北绿灯先亮 25s，然后以 1 次/s 频率闪烁 3 次，接着南北黄灯亮 2s。以后重复该过程。按下停止按钮后，所有的灯都熄灭。

图 3-25　交通信号灯排列与工作时序图
(a) 信号灯排列；(b) 工作时序图

3.6.2　PLC 用到的外部设备及分配的 I/O 端子

交通信号灯控制系统需用到的输入/输出设备和对应的 PLC I/O 端子见表 3-17。

表 3-17　　　交通信号灯控制采用的输入/输出设备和对应的 PLC I/O 端子

输　入			输·出		
输入设备	对应 PLC 端子	功能说明	输出设备	对应 PLC 端子	功能说明
SB1	I0.0	启动控制	南北红灯	Q0.0	驱动南北红灯亮
SB2	I0.1	停止控制	南北绿灯	Q0.1	驱动南北绿灯亮
			南北黄灯	Q0.2	驱动南北黄灯亮
			东西红灯	Q0.3	驱动东西红灯亮
			东西绿灯	Q0.4	驱动东西绿灯亮
			东西黄灯	Q0.5	驱动东西黄灯亮

3.6.3　PLC 交通信号灯控制系统电路

图 3-26 所示为 PLC 交通信号灯控制系统的电路图。

3.6.4　PLC 交通信号灯控制系统的梯形图程序及详解

启动 STEP 7-Micro/WIN 编程软件，编写满足控制要求的梯形图程序，编写完成的梯形图程序如图 3-27 所示。

在图 3-27 所示的梯形图中，采用了一个特殊的辅助继电器 SM0.5，称为触点利用型特殊继电器，它利用 PLC 自动驱动线圈，用户只能利用它的触点，即画梯形图里只能画它的触点。SM0.5 能产生周期为 1s 的时钟脉冲，其高低电平持续时间各为 0.5s，以图 3-27 中梯形图"网络 9"为例，当 T50 常开触点闭合，在 1s 内，SM0.5 常闭触点接通、断开时间分别为 0.5s，Q0.4 线圈得电、失电时间也为 0.5s。

下面对照图 3-26 所示的电路和图 3-25 所示时序图来说明图 3-27 所示梯形图的工作原理。

图 3-26 PLC 交通信号灯控制系统的电路图

图 3-27 PLC 交通信号灯控制系统的梯形图程序

（1）启动控制。启动控制说明如下：

按下启动按钮SB1→I0.0常开触点闭合→辅助继电器M0.0线圈得电

"网络1"中M0.0自锁触点闭合，锁定M0.0线圈供电
"网络8"中M0.0常开触点闭合，Q0.0线圈得电→Q0.0端子内硬触点闭合→南北红灯亮
"网络9"中M0.0常开触点闭合→Q0.4线圈得电→Q0.4端子内硬触点闭合→东西绿灯亮
"网络2"中M0.0常开触点闭合，定时器T50开始20s计时

20s后，定时器T50动作→

"网络9"中T50常开触点闭合→SM0.5继电器触点以0.5s通、0.5s断的频率工作→Q0.4线圈以同样的频率得电和失电→东西绿灯以1次/s的频率闪烁

"网络3"中T50常开触点闭合，定时器T51开始3s计时

3s后，定时器T51动作→

"网络10"中T51常开触点闭合→Q0.5线圈得电→东西黄灯亮

"网络4"中T51常开触点闭合，定时器T52开始2s计时

2s后，定时器T52动作→

"网络8"中T52常闭触点断开→Q0.0线圈失电→南北红灯灭
"网络10"中T52常闭触点断开→Q0.5线圈失电→东西黄灯灭
"网络11"中T52常开触点闭合→Q0.3线圈得电→东西红灯亮
"网络12"中T52常开触点闭合→Q0.1线圈得电→南北绿灯亮
"网络5"中T52常开触点闭合，定时器T53开始25s计时

25s后，定时器T53动作→

"网络12"中T53常开触点闭合→SM0.5继电器触点以0.5s通、0.5s断的频率工作→Q0.1线圈以同样的频率得电和失电→南北绿灯以1次/s的频率闪烁

"网络6"中T53常开触点闭合，定时器T54开始3s计时

3s后，定时器T54动作→

"网络12"中T54常开触点断开→Q0.1线圈失电→南北绿灯灭
"网络13"中T54常开触点闭合→Q0.2线圈得电→南北黄灯亮
"网络7"中T54常开触点闭合，定时器T55开始2s计时

2s后，定时器T55动作→

"网络11"中T55常闭触点断开→Q0.3线圈失电→东西红灯灭
"网络13"中T55常闭触点断开→Q0.2线圈失电→南北黄灯灭
"网络2"中T55常闭触点断开，定时器T50复位，T50所有触点复位

"网络3"中T50常开触点复位断开使定时器T51复位→"网络4"中T51常开触点复位断开使定时器T52复位→同样地，定时器T53、T54、T55也依次复位→在定时器T50复位后，"网络9"中T50常开触点闭合，Q0.4线圈得电，东西绿灯亮；在定时器T52复位后，"网络8"中T52常闭触点闭合，Q0.0线圈得电，南北红灯亮；在定时器T55复位后，"网络2"中T55常闭触点闭合，定时器T50开始20s计时，以后又会重复前述过程。

（2）停止控制。停止控制说明如下：

按下停止按钮SB2→I0.1常闭触点断开→辅助继电器M0.0线圈失电

"网络1"中M0.0自锁触点断开，解除M0.0线圈供电
"网络8"中M0.0常开触点断开，Q0.0线圈无法得电
"网络9"中M0.0常开触点断开→Q0.4线圈无法得电
"网络2"中M0.0常开触点断开，定时器T0复位，T0所有触点复位

"网络3"中T50常开触点复位断开使定时器T51复位，T51所有触点均复位→其中"网络4"中T51常开触点复位断开使定时器T52复位→同样地，定时器T53、T54、T55也依次复位→在定时器T51复位后"网络10"中T51常开触点断开，Q0.5线圈无法得电；在定时器T52复位后，"网络11"中T52常开触点断开，Q0.3线圈无法得电；在定时器T53复位后，"网络12"中T53常开触点断开，Q0.1线圈无法得电；在定时器T54复位后，"网络13"中T54常开触点断开，Q0.2线圈无法得电→Q0.0～Q0.5线圈均无法得电，所有交通信号灯都熄灭。

3.7 PLC 多级传送带控制系统

3.7.1 控制要求

多级传送带控制系统要求用两个按钮来控制传送带按一定方式工作，多级传送带结构如图 3-28 所示。控制要求具体如下：当按下启动按钮后，电磁阀 YV 打开，开始落料，同时一级传送带电动机 M1 启动，将物料往前传送，6s 后二级传送带电动机 M2 启动，M2 启动 5s 后三级传送带电动机 M3 启动，M3 启动 4s 后四级传送带电动机 M4 启动。当按下停止按钮后，为了不让各传送带上有物料堆积，要求先关闭电磁阀 YV，6s 后让 M1 停转，M1 停转 5s 后让 M2 停转，M2 停转 4s 后让 M3 停转，M3 停转 53 后让 M4 停转。

图 3-28 多级传送带结构示意图

3.7.2 PLC 用到的外部设备及分配的 I/O 端子

多级传送带控制系统需用到的输入/输出设备和对应的 PLC I/O 端子见表 3-18 。

表 3-18 多级传送带控制系统需用到的输入/输出设备和对应的 PLC I/O 端子

输　　入			输　　出		
输入设备	对应 PLC 端子	功能说明	输出设备	对应 PLC 端子	功能说明
SB1	I0.0	启动控制	KM1 线圈	Q0.0	控制电磁阀 YV
SB2	I0.1	停止控制	KM2 线圈	Q0.1	控制一级皮带电动机 M1
			KM3 线圈	Q0.2	控制二级皮带电动机 M2
			KM4 线圈	Q0.3	控制三级皮带电动机 M3
			KM5 线圈	Q0.4	控制四级皮带电动机 M4

3.7.3 PLC 多级传送带控制系统电路

图 3-29 所示为 PLC 多级传送带控制系统的电路图。

3.7.4 PLC 多级传送带控制系统的梯形图程序及详解

启动 STEP 7-Micro/WIN 编程软件，编写满足控制要求的梯形图程序，编写完成的梯形图程序如图 3-30 所示。

下面对照图 3-29 所示电路来说明图 3-30 所示梯形图的工作原理。

图 3-29 PLC 多级传送带控制系统的电路图

图 3-30 PLC 多级传送带控制系统的梯形图程序

（1）启动控制。启动控制说明如下：

按下启动按钮SB1→"网络1"中I0.0常开触点闭合→ { M0.1线圈被复位→"网络4"中M0.1常开触点断开，停机控制定时器T53~T56不工作

M0.0线圈被置位

"网络5"中M0.0常开触点闭合→线圈Q0.0得电→Q0.0硬触点闭合→KM1线圈得电→电磁阀YV打开后，开始落料

"网络6"中M0.0常开触点闭合→线圈Q0.1得电→Q0.1自锁触点闭合，同时Q0.1硬触点闭合→KM2线圈得电→电动机M1运转→一级传送带启动

"网络2"中M0.0常开触点闭合→定时器T50~T52开始计时

6s后，T50定时器动作→"网络7"中T50常开触点闭合→线圈Q0.2得电→Q0.2自锁触点闭合，同时Q0.2硬触点闭合，KM3线圈得电，电动机M3运转→二级传送带启动

11s后，T51定时器动作→"网络8"中T51常开触点闭合→线圈Q0.3得电→Q0.3自锁触点闭合，同时Q0.3硬触点闭合，KM3线圈得电，电动机M3运转→三级传送带启动

15s后，T52定时器动作→"网络9"中T52常开触点闭合→线圈Q0.4得电→Q0.4自锁触点闭合，同时Q0.4硬触点闭合，KM5线圈得电，电动机M4运转→四级传送带启动

（2）停止控制。停止控制说明如下：

按下停止按钮SB2→"网络3"中I0.1常开触点闭合→ { M0.1线圈被置位→"网络4"中M0.1常开触点闭合，定时器T53~T56开始工作

M0.0线圈被复位

"网络2"中M0.0常开触点断开，定时器T50~T52不工作

"网络5"中M0.0触点断开，线圈Q0.0失电，KM1失电，电磁阀YV关闭，停止落料

"网络6"中M0.0触点断开

6s后，T53定时器动作→"网络6"中T53常闭触点断开→线圈Q0.1失电→Q0.1硬触点断开，KM2线圈失电，电动机M1停转→一级传送带停止

11s后，T54定时器动作→"网络7"中T54常闭触点断开→线圈Q0.2失电→Q0.2硬触点断开，KM3线圈失电，电动机M2停转→二级传送带停止

15s后，T55定时器动作→"网络8"中T55常闭触点断开→线圈Q0.3失电→Q0.3硬触点断开，KM4线圈失电，电动机M3停转→三级传送带停止

18s后，T56定时器动作→"网络9"中T56常闭触点断开→线圈Q0.4失电→Q0.4硬触点断开，KM5线圈失电，电动机M4停转→四级传送带停止

3.8 PLC车库自动门控制系统

3.8.1 控制要求

系统要求车库门在车辆进出时能自动打开关闭，车库门结构如图3-31所示。系统控制具体要求

图 3-31　车库门结构

如下：

（1）在车辆入库经过入门传感器时，入门传感器开关闭合，车库门电动机正转，车库门上升，当车库门上升到上限位开关处时，电动机停转；车辆进库经过出门传感器时，出门传感器开关闭合，车库门电动机反转，车库门下降，当车库门下降到下限位开关处时，电动机停转。

（2）在车辆出库经过出门传感器时，出门传感器开关闭合，车库门电动机正转，车库门上升，当门上升到上限位开关处时，电动机停转；车辆出库经过入门传感器时，入门传感器开关闭合，车库门电动机反转，车库门下降，当门下降到下限位开关处时，电动机停转。

处时，电动机停转。

3.8.2　PLC 用到的外部设备及分配的 I/O 端子

车库自动门控制需用到的输入/输出设备和对应的 PLC I/O 端子见表 3-19 。

表 3-19　　　　车库自动门控制采用的输入/输出设备和对应的 PLC I/O 端子

输　入			输　出		
输入设备	对应 PLC 端子	功能说明	输出设备	对应 PLC 端子	功能说明
入门传感器开关	I0.0	检测车辆有无通过	KM1 线圈	Q0.0	控制车库门上升（电动机正转）
出门传感器开关	I0.1	检测车辆有无通过	KM2 线圈	Q0.1	控制车库门下降（电动机反转）
下限位开关	I0.2	限制车库门下降			
上限位开关	I0.3	限制车库门上升			

3.8.3　PLC 车库自动门控制系统电路

图 3-32 所示为 PLC 车库自动门控制系统的电路图。

图 3-32　PLC 控制车库自动门的线路图

3.8.4 PLC 车库自动门控制系统的梯形图程序及详解

启动 STEP 7-Micro/WIN 编程软件，编写满足控制要求的梯形图程序，编写完成的梯形图程序如图 3-33 所示。

图 3-33 车库自动门控制系统的梯形图程序

下面对照图 3-32 所示电路图来说明图 3-33 所示梯形图程序的工作原理。

1. 入门控制过程

入门控制过程说明如下：

车辆入门经过入门传感器时→传感器开关SQ1闭合→{ "网络2"中I0.0常开触点闭合→下降沿触点不动作

"网络1"中I0.0常开触点闭合→Q0.0线圈得电 }

→{ "网络3"中Q0.0常闭触点断开，确保Q0.1线圈不会得电
"网络1"中Q0.0自锁触点闭合→锁定Q0.0线圈得电
Q0.0硬触点闭合→KM1线圈得电→电动机正转，将车库门升起 }

→当车库门上升到上限位开关SQ4处时，SQ4闭合，"网络1"中I0.3常闭触点断开→Q0.0线圈失电

→{ "网络3"中Q0.0常闭触点闭合，为Q0.1线圈得电做准备
"网络1"中Q0.0自锁触点断开→解除Q0.0线圈得电锁定
Q0.0硬触点断开→KM1线圈失电→电动机停转，车库门停止上升 }

车辆入门驶离入门传感器时→传感器开关SQ1断开→{ "网络1"中I0.0常开触点断开

"网络2"中I0.0常开触点由闭合转为断开→下降沿触点动作→加计数器C0计数值由0增为1 }

车辆入门经过出门传感器时 → 传感器开关SQ2闭合 →
- "网络1"中I0.1常开触点闭合 → 由于SQ4闭合使 I0.3常闭触点断开,故Q0.0无法得电
- "网络2"中I0.1常开触点闭合 → 下降沿触点不动作

车辆入门驶离出门传感器时 → 传感器开关SQ2断开 →
- "网络1"中I0.1常开触点断开
- "网络2"中I0.1常开触点由闭合转为断开 → 下降沿触点动作 → 加计数器C0计数值由1增为2 ──

└→ 计数器C0状态变为1 → "网络3"中C0常开触点闭合 → Q0.1线圈得电 → KM2线圈得电 → 电动机反转,将车库门降下,当门下降到下限位开关SQ3时,"网络2"中I0.2常开触点闭合,计数器C0复位,"网络3"中C0常开触点断开,Q0.1线圈失电 → KM2线圈失电 → 电动机停转,车辆入门控制过程结束。

2. 出门控制过程

出门控制过程说明如下:

车辆出门经过出门传感器时 → 传感器开关SQ2闭合 →
- "网络2"中I0.1常开触点闭合 → 下降沿触点不动作
- "网络1"中I0.1常开触点闭合 → Q0.0线圈得电 ──

└→
- "网络3"中Q0.0常闭触点断开,确保Q0.1线圈不会得电
- "网络1"中Q0.0自锁触点闭合 → 锁定Q0.0线圈得电
- Q.0.0硬触点闭合 → KM1线圈得电 → 电动机正转,将车库门升起 ──

└→ 当车库门上升到上限位开关SQ4处时,SQ4闭合,"网络1"中I0.3常闭触点断开 → Q0.0线圈失电 ──

└→
- "网络3"中Q0.0常闭触点闭合,为Q0.1线圈得电做准备
- "网络1"中Q0.0自锁触点断开 → 解除Q0.0线圈得电锁定
- Q.0.0硬触点断开 → KM1线圈失电 → 电动机停转,车库门停止上升

车辆出门驶离出门传感器时 → 传感器开关SQ2断开 →
- "网络1"中I0.1常开触点断开
- "网络2"中I0.1常开触点由闭合转为断开 → 下降沿触点动作 → 加计数器C0计数值由0增为1

车辆出门经过入门传感器时 → 传感器开关SQ1闭合 →
- "网络1"中I0.0常开触点闭合 → 由于SQ4闭合使 I0.3常闭触点断开,故Q0.0无法得电
- "网络2"中I0.0常开触点闭合 → 下降沿触点不动作

车辆出门驶离入门传感器时 → 传感器开关SQ1断开 →
- "网络1"中I0.0常开触点断开
- "网络2"中I0.0常开触点由闭合转为断开 → 下降沿触点动作 → 加计数器C0计数值由1增为2 ──

└→ 计数器C0状态变为1 → "网络3"中C0常开触点闭合 → Q0.1线圈得电 → KM2线圈得电 → 电动机反转,将车库门降下,当门下降到下限位开关SQ3时,"网络2"中I0.2常开触点闭合,计数器C0复位,"网络3"中C0常开触点断开,Q0.1线圈失电 → KM2线圈失电 → 电动机停转,车辆出门控制过程结束。

第 4 章

顺序控制指令及应用

4.1 顺序控制与状态转移图

一个复杂的任务往往可以分成若干个小任务，当按一定的顺序完成这些小任务后，整个大任务也就完成了。**在生产实践中，顺序控制是指按照一定的顺序逐步控制来完成各个工序的控制方式。**在采用顺序控制时，为了直观表示出控制过程，可以绘制顺序控制图。

图 4-1 所示为一个 3 台电动机顺序控制图。图 4-1（a）中，每一个步骤称作一个工艺，所以又称工序图；**在 PLC 编程时，绘制的顺序控制图称为状态转移图或功能图，简称 SFC 图**，图 4-1（b）为图 4-1（a）对应的状态转移图。

(a)   (b)

图 4-1 3 台电动机顺序控制图

(a) 工序图；(b) 状态转移图（SFC 图）

顺序控制有转移条件、转移目标和工作任务 3 个要素。在图 4-1（a）中，当上一个工序需要转到下一个工序时必须满足一定的转移条件，如工序 1 要转到下一个工序 2 时，须按下启动按钮 SB2，若不按下 SB2，就无法进行下一个工序 2，按下 SB2 即为转移条件。当转移条件满足后，需要确定转移目标，如工序 1 的转移目标是工序 2。每个工序都有具体的工作任务，如工序 1 的工作任务是"启动第一台电动机"。

PLC 编程时绘制的状态转移图与顺序控制图相似，图 4-1（b）中的状态元件（状态继电器）S0.1相当于工序 1，"S Q0.0, 1"相当于工作任务，S0.1 的转移目标是 S0.2，S0.6 的转移目标是 S0.0，

SM0.1 和 S0.0 用来完成准备工作，其中 SM0.1 为初始脉冲继电器，PLC 启动时触点会自动接通一个扫描周期，S0.0 为初始状态继电器，每个 SFC 图必须要有一个初始状态，绘制 SFC 图时，初始状态要加双线矩形框。

4.2 顺序控制指令

顺序控制指令用来编写顺序控制程序，S7-200 PLC 有 3 条常用的顺序控制指令，分别为 LSCR、SCRT 和 SCRE。

4.2.1 顺序控制指令名称及功能

顺序控制指令说明见表 4-1。

表 4-1　　　　　　　　　　　　　顺序控制指令说明

指令格式	功能说明	梯 形 图
LSCR　S_bit	S_bit 段顺控程序开始	S0.1 SCR
SCRT　S_bit	S_bit 段顺控程序转移	S0.2 (SCRT)
SCRE	顺控程序结束	(SCRE)

4.2.2 顺序控制指令使用举例

顺序控制指令使用举例如图 4-2 所示，图 4-2（a）为梯形图，图 4-2（b）为状态转移图。从中可以看出，顺序控制程序由多个 SCR 程序段组成，每个 SCR 程序段以 LSCR 指令开始，以 SCRE 指令结束，程序段之间的转移使用 SCRT 指令，当执行 SCRT 指令时，会将指定程序段的状态器激活（即置 1），使之成为活动步程序，该程序段被执行，同时自动将前程序段的状态器和元件复位（即置 0）。

4.2.3 顺序控制指令使用注意事项

（1）顺序控制指令仅对状态继电器 S 有效，S 也具有一般继电器的功能，对它还可以使用其他继电器一样的指令。

（2）SCR 段程序（LSCR 至 SCRE 之间的程序）能否执行，取决于该段程序对应的状态继电器 S 是否被置位。另外，当前程序 SCRE（结束）与下一个程序 LSCR（开始）之间的程序不影响下一个 SCR 程序的执行。

（3）同一个状态继电器 S 不能用在不同的程序中，如主程序中用了 S0.2，在子程序中就不能再使用它。

（4）SCR 段程序中不能使用跳转指令 JMP 和 LBL，即不允许使用跳转指令跳入、跳出 SCR 程序或在 SCR 程序内部跳转。

（5）SCR 段程序中不能使用 FOR、NEXT 和 END 指令。

（6）在使用 SCRT 指令实现程序转移后，前 SCR 段程序变为非活动步程序，该程序段的元件会自动复位，如果希望转移后某元件能继续输出，可对该元件使用置位或复位指令。在非活动步程序中，PLC 通电常用触点 SM0.0 也处于断开状态。

图 4-2 顺序控制指令使用举例

(a) 梯形图；(b) 状态转移图

4.3 顺序控制的几种方式

顺序控制主要方式有单分支方式、选择性分支方式和并行分支方式。 图 4-2 (b) 所示的状态转移图为单分支方式，程序由前往后依次执行，中间没有分支，简单的顺序控制常采用这种单分支方式。较复杂的顺序控制可采用选择性分支方式或并行分支方式。

4.3.1 选择性分支方式

选择性分支状态转移图如图 4-3（a）所示，在状态继电器 S0.0 后面有两个可选择的分支，当 I0.0 闭合时执行 S0.1 分支，当 I0.3 闭合时执行 S0.3 分支，如果 I0.0 较 I0.3 先闭合，则只执行 I0.0 所在的分支，I0.3 所在的分支不执行，即两条分支不能同时进行。图 4-3（b）是依据图（a）画出的梯形图，梯形图工作原理见图中说明。

图 4-3 选择性分支方式状态转移图与梯形图（一）

（a）状态转移图；（b）梯形图（一）

Network11
S0.2
[SCR]　　　S0.2程序段开始

Network12
SM0.0　Q0.2
─┤├──( )　　S0.2程序段运行期间，SM0.0触点始终为ON，Q0.2线圈得电

Network13
I0.2　　S0.5
─┤├──(SCRT)　当触点I0.2闭合时，转移到S0.5程序段

Network14
─(SCRE)　　S0.2程序段结束

Network15
S0.3
[SCR]　　　S0.3程序段开始

Network16
SM0.0　Q0.3
─┤├──( )　　S0.3程序段运行期间，SM0.0触点始终为ON，Q0.3线圈得电

网络17
I0.4　　S0.4
─┤├──(SCRT)　当触点I0.4闭合时，转移到S0.4程序段

Network18
─(SCRE)　　S0.3程序段结束

Network19
S0.4
[SCR]　　　S0.4程序段开始

Network20
SM0.0　Q0.4
─┤├──( )　　S0.4程序段运行期间，SM0.0触点始终为ON，Q0.4线圈得电

Network21
I0.5　　S0.5
─┤├──(SCRT)　当触点I0.5闭合时，转移到S0.5程序段

Network22
─(SCRE)　　S0.4程序段结束

Network23
S0.5
[SCR]　　　S0.5程序段开始

Network24
SM0.0　Q0.5
─┤├──( )　　S0.5程序段运行期间，SM0.0触点始终为ON，Q0.5线圈得电

Network25
I0.6　　S0.6
─┤├──(SCRT)　当触点I0.6闭合时，转移到S0.6程序段

Network26
─(SCRE)　　S0.5程序段结束

(b)

图4-3　选择性分支方式状态转移图与梯形图（二）

(b) 梯形图（二）

4.3.2　并行分支方式

并行分支方式状态转移图如图4-4（a）所示，在状态器S0.0后面有两个并行的分支，并行分支用

双线表示，当 I0.0 闭合时 S0.1 和 S0.3 两个分支同时执行，当两个分支都执行完成并且 I0.3 闭合时才能往下执行，若 S0.1 或 S0.4 任一条分支未执行完，即使 I0.3 闭合，也不会执行到 S0.5。

图 4-4（b）是依据图（a）画出的梯形图。由于 S0.2、S0.4 两程序段都未使用 SCRT 指令进行转移，故 S0.2、S0.4 状态器均未复位（即状态都为 1），S0.2、S0.4 两个常开触点均处于闭合，如果 I0.3 触点闭合，则马上将 S0.2、S0.4 状态器复位，同时将 S0.5 状态器置 1，转移至 S0.5 程序段。

(a)

(b)

图 4-4 并行分支方式（一）

（a）状态转移图；（b）梯形图（一）

Network10
S0.2
[SCR]   S0.2程序段开始

Network11
SM0.0   Q0.2
──┤├──────( )   S0.2程序段运行期间，SM0.0触点始终为ON，Q0.2线圈得电

Network12
──(SCRE)   S0.2程序段结束

Network13
S0.3
[SCR]   S0.3程序段开始

Network14
SM0.0   Q0.3
──┤├──────( )   S0.3程序段运行期间，SM0.0触点始终为ON，Q0.3线圈得电

Network15
I0.2   Q0.4
──┤├──────(SCRT)   当I0.2触点闭合时，转移至S0.4程序段

Network16
──(SCRE)   S0.3程序段结束

Network17
S0.4
[SCR]   S0.4程序段开始

Network18
SM0.0   Q0.4
──┤├──────( )   S0.4程序段运行期间，SM0.0触点始终为ON，Q0.4线圈得电

Network19
──(SCRE)   S0.4程序段结束

Network20
S0.2   S0.4   S0.3   S0.5
──┤├───┤├───┤├──────(S)   由于S0.2、S0.4两程序段都未使用SCRT指令
                        1   进行转移，故S0.2、S0.4状态器均未复位(即
                      S0.2   状态都为1)，S0.2、S0.4两常开触点均处于闭
                    ──(R)   合，如果I0.3触点闭合，则马上将S0.2、S0.4
                        1   状态器复位，同时将S0.5状态器置1，转移至
                      S0.4   S0.5程序段
                    ──(R)
                        1

Network21
S0.5
[SCR]   S0.5程序段开始

Network22
SM0.0   Q0.5
──┤├──────( )   S0.5程序段运行期间，SM0.0触点始终为ON，Q0.5线圈得电

Network23
──(SCRE)   S0.5程序段结束

(b)

图 4-4 并行分支方式（二）
(b) 梯形图（二）

4.4　顺序控制指令应用实例

4.4.1　PLC 控制液体混合装置

1. 控制要求

图 4-5　两种液体混合装置

两种液体混合装置如图 4-5 所示，YV1、YV2 分别为 A、B 液体注入控制电磁阀，电磁阀线圈通电时打开，液体可以流入，YV3 为 C 液体流出控制电磁阀，H、M、L 分别为高、中、低液位传感器，M 为搅拌电动机，通过驱动搅拌部件旋转使 A、B 液体充分混合均匀。

液体混合装置控制要求如下。

（1）装置的容器初始状态应为空的，3 个电磁阀都关闭，电动机 M 停转。按下启动按钮，YV1 电磁阀打开，注入 A 液体，当 A 液体的液位达到 M 位置时，YV1 关闭；然后 YV2 电磁阀打开，注入 B 液体，当 B 液体的液位达到 H 位置时，YV2 关闭；接着电动机 M 开始运转 20s，而后 YV3 电磁阀打开，C 液体（A、B 混合液）流出，当 C 液体的液位下降到 L 位置时，开始 20s 计时，在此期间 C 液体全部流出，20s 后 YV3 关闭，一个完整的周期完成。以后自动重复上述过程。

（2）当按下停止按钮后，装置要完成一个周期才停止。

（3）可以用手动方式控制 A、B 液体的注入和 C 液体的流出，也可以手动控制搅拌电动机的运转。

2. 确定输入/输出设备，并为其分配合适的 I/O 端子

液体混合装置控制需用到的输入/输出设备和对应的 PLC I/O 端子见表 4-2。

表 4-2　　　　　　　　液体混合装置控制采用的输入/输出设备和对应的 PLC 端子

输　入			输　出		
输入设备	对应端子	功能说明	输出设备	对应端子	功能说明
SB1	I0.0	启动控制	KM1 线圈	Q0.0	控制 A 液体电磁阀
SB2	I0.1	停止控制	KM2 线圈	Q0.1	控制 B 液体电磁阀
SQ1	I0.2	检测低液位 L	KM3 线圈	Q0.2	控制 C 液体电磁阀
SQ2	I0.3	检测中液位 M	KM4 线圈	Q0.3	驱动搅拌电动机工作
SQ3	I0.4	检测高液位 H			
QS	Q1.0	手动/自动控制切换 (ON：自动；OFF：手动)			
SB3	Q1.1	手动控制 A 液体流入			
SB4	Q1.2	手动控制 B 液体流入			
SB5	Q1.3	手动控制 C 液体流出			
SB6	Q1.4	手动控制搅拌电动机			

3. PLC 控制电路图

图 4-6 所示为液体混合装置的 PLC 控制电路图。

图 4-6 液体混合装置的 PLC 控制电路图

4. 编写 PLC 控制程序

（1）绘制状态转移图。在编写较复杂的步进程序时，建议先绘制状态转移图，再按状态转移图的框架绘制梯形图。STEP 7-Micro/WIN 编程软件不具备状态转移图绘制功能，因此可采用手工或借助一般的图形软件绘制状态转移图。图 4-7 所示为液体混合装置控制的状态转移图。

（2）绘制梯形图。启动 STEP 7-Micro/WIN 编程软件，按照图 4-7 所示的状态转移图编写梯形图，编写完成的梯形图程序如图 4-8 所示。

5. 梯形图程序的工作原理

下面对照图 4-6 所示控制电路来说明图 4-8 所示梯形图程序的工作原理。

液体混合装置有自动和手动两种控制方式，它由开关 QS 来决定（QS 闭合－自动控制；QS 断开－手动控制）。要让装置工作在自动控制方式，除了开关 QS 应闭合外，装置还须满足自动控制的初始条件（又

图 4-7 液体混合装置控制的状态转移图

称原点条件），否则系统将无法进入自动控制方式。装置的原点条件是 L、M、H 液位传感器的开关 SQ1、SQ2、SQ3 均断开，电磁阀 YV1、YV2、YV3 均关闭，电动机 M 停转。

（1）检测原点条件。图 4-8 所示梯形图中的"网络 1"程序用来检测原点条件（或称初始条件）。在自动控制工作前，若装置中的液体未排完，或者电磁阀 YV1、YV2、YV3 和电动机 M 有一个或多个处于得电工作状态，即不满足原点条件，系统将无法进行自动控制工作状态。

程序检测原点条件的方法：若装置中的 C 液体位置高于传感器 L→SQ1 闭合→"网络 1"中 I0.2 常闭触点断开，M0.0 线圈无法得电；或者某原因让 Q0.0～Q0.3 线圈一个或多个处于得电状态，会使电磁阀 YV1、YV2、YV3 或电动机 M 处于通电工作状态，同时会使 Q0.0～Q0.3 常闭触点断开而让

图 4-8　液体混合装置控制梯形图程序

M0.0 线圈无法得电，"网络 6"中 M0.0 常开触点断开，无法对状态继电器 S0.1 置位，也就不会转移执行 S0.1 程序段开始的自动控制程序。

如果是因为 C 液体未排完而使装置不满足自动控制的原点条件，可手工操作 SB5 按钮，使"网络

7"中I1.3常开触点闭合，Q0.2线圈得电，接触器KM3线圈得电，KM3触点（图4-6中未画出）闭合，接通电磁阀YV3线圈电源，YV3打开，将C液体从装置容器中放完，液位传感器L的SQ1断开，"网络1"中I0.2常闭触点闭合，M0.0线圈得电，从而满足自动控制所需的原点条件。

（2）自动控制过程。在启动自动控制前，需要做一些准备工作，包括操作准备和程序准备。

1）操作准备：将手动/自动切换开关QS闭合，选择自动控制方式，图4-8的"网络6"中I1.0常开触点闭合，为接通自动控制程序段做准备，"网络7"中I1.0常闭触点断开，切断手动控制程序段。

2）程序准备：在启动自动控制前，"网络1"中会检测原点条件，若满足原点条件，则辅助继电器线圈M0.0得电，"网络6"中M0.0常开触点闭合，为接通自动控制程序段做准备。另外在PLC刚启动时，"网络4"中SM0.1触点自动接通一个扫描周期，"S S0.0, 1"指令执行，将状态继电器S0.0置位，使程序转移至S0.0程序段，也为接通自动控制程序段做准备。

3）启动自动控制：按下启动按钮SB1→"网络6"中I0.0常开触点闭合→执行"SCRT S0.1"，程序转移至S0.1程序段→由于"网络10"中SM0.0触点在S0.1程序段运行期间始终闭合，Q0.0线圈得电→Q0.0端子内硬触点闭合→KM1线圈得电→主电路中KM1主触点闭合（图4-6中未画出主电路部分）→电磁阀YV1线圈通电，阀门打开，注入A液体→当A液体高度到达液位传感器M位置时，传感器开关SQ2闭合→"网络10"中I0.3常开触点闭合→执行"SCRT S0.2"，程序转移至S0.2程序段（同时S0.1程序段复位）→由于"网络13"中SM0.0触点在S0.2程序段运行期间始终闭合，Q0.1线圈得电，S0.1程序段复位使Q0.0线圈失电→Q0.0线圈失电使电磁阀YV1阀门关闭，Q0.1线圈得电使电磁阀YV2阀门打开，注入B液体→当B液体高度到达液位传感器H位置时，传感器开关SQ3闭合→"网络13"中I0.4常开触点闭合→执行"SCRT S0.3"，程序转移至S0.3程序段→"网络16"中通电常闭触点SM0.0使Q0.3线圈得电→搅拌电动机M运转，同时定时器T50开始20s计时→20s后，定时器T50动作→"网络16"中T50常开触点闭合→执行"SCRT S0.4"，程序转移至S0.4程序段→"网络19"中通电常闭触点SM0.0使Q0.2线圈被置位→电磁阀YV3打开，C液体流出→当液体下降到液位传感器L位置时，传感器开关SQ1断开→"网络3"中I0.2常开触点断开（在液体高于L位置时SQ1处于闭合状态），产生一个下降沿脉冲→下降沿脉冲触点为继电器M0.1线圈接通一个扫描周期→"网络19"中M0.1常开触点闭合→执行"SCRT S0.5"，程序转移至S0.5程序段，由于Q0.2线圈是置位得电，故程序转移时Q0.2线圈不会失电→"网络22"中通电常闭触点SM0.0使定时器T51开始20s计时→20s后，"网络22"中T51常开触点闭合，Q0.2线圈被复位→电磁阀YV3关闭，与此同时，S0.1线圈得电，"网络9"中S0.1程序段激活，开始下一次自动控制。

4）停止控制：在自动控制过程中，若按下停止按钮SB2→"网络2"中I0.1常开触点闭合→"网络2"中辅助继电器M0.2得电→"网络2"中M0.2自锁触点闭合，锁定供电；"网络22"中M0.2常闭触点断开，状态继电器S0.1无法得电，"网络9"中S0.1程序段无法运行；"网络22"中M0.2常开触点闭合，当程序运行到"网络22"中时，T51常开触点闭合，状态继电器S0.0得电，"网络5"中S0.0程序段运行，但由于常开触点I0.0处于断开（SB1断开），状态继电器S0.1无法置位，无法转移到S0.1程序段，自动控制程序部分无法运行。

（3）手动控制过程。将手动/自动切换开关QS断开，选择手动控制方式→"网络6"中I1.0常开触点断开，状态继电器S0.1无法置位，无法转移到S0.1程序段，即无法进入自动控制程序；"网络7"中I1.0常闭触点闭合，接通手动控制程序→按下SB3，I1.1常开触点闭合，Q0.0线圈得电，电磁阀YV1打开，注入A液体→松开SB3，I1.1常开触点断开，Q0.0线圈失电，电磁阀YV1关闭，停止注入A液体→按下SB4注入B液体，松开SB4停止注入B液体→按下SB5排出C液体，松开SB5停止排出 C 液体→按下 SB6 搅拌液体，松开 SB5 停止搅拌液体。

4.4.2 PLC控制简易机械手

1. 控制要求

简易机械手结构如图 4-9 所示。M1 为控制机械手左右移动的电动机，M2 为控制机械手上下升降的电动机，YV 线圈用来控制机械手夹紧放松，SQ1 为左到位检测开关，SQ2 为右到位检测开关，SQ3 为上到位检测开关，SQ4 为下到位检测开关，SQ5 为工件检测开关。

简易机械手控制要求如下。

（1）机械手要将工件从工位 A 移到工位 B 处。

（2）机械手的初始状态（原点条件）是机械手应停在工位 A 的上方，SQ1、SQ3 均闭合。

图 4-9　简易机械手结构

（3）若原点条件满足且 SQ5 闭合（工件 A 处有工件），按下启动按钮，机械按"原点→下降→夹紧→上升→右移→下降→放松→上升→左移→原点"步骤工作。

2. 确定输入/输出设备，并为其分配合适的 I/O 端子

简易机械手控制需用到的输入/输出设备和对应的 PLC I/O 端子见表 4-3。

表 4-3　　　　　　　　简易机械手控制采用的输入/输出设备和对应的 PLC I/O 端子

输　入			输　出		
输入设备	对应端子	功能说明	输出设备	对应端子	功能说明
SB1	I0.0	启动控制	KM1 线圈	Q0.0	控制机械手右移
SB2	I0.1	停止控制	KM2 线圈	Q0.1	控制机械手左移
SQ1	I0.2	左到位检测	KM3 线圈	Q0.2	控制机械手下降
SQ2	I0.3	右到位检测	KM4 线圈	Q0.3	控制机械手上升
SQ3	I0.4	上到位检测	KM5 线圈	Q0.4	控制机械手夹紧
SQ4	I0.5	下到位检测			
SQ5	I0.6	工件检测			

3. PLC 控制电路图

图 4-10 所示为简易机械手的 PLC 控制电路图。

4. 编写 PLC 控制程序

（1）绘制状态转移图。

图 4-11 所示为简易机械手控制状态转移图。

（2）绘制梯形图。启动 STEP 7-Micro/WIN 编程软件，按照图 4-11 所示的状态转移图编写梯形图，编写完成的梯形图程序如图 4-12 所示。

图 4-10　简易机械手的 PLC 控制电路图

5. 梯形图程序的工作原理

　　下面对照图 4-10 所示控制线路图来说明图 4-12 所示梯形图的工作原理。

　　武术运动员在表演武术时，通常会在表演场地某位置站立好，然后开始进行各种武术套路表演，表演结束后会收势成表演前的站立状态。同样地，大多数机电设备在工作前先要处于初始位置（相当于运动员的表演前的站立位置），然后在程序的控制下，机电设备开始各种操作，操作结束又会回到初始位置，机电设备的初始位置也称原点。

　　（1）工作控制。当 PLC 启动时，"网络 2"中 SM0.1 会接通一个扫描周期，将状态继电器 S0.0 被置位，S0.0 程序段被激活，成为活动步程序。

　　1）原点条件检测。机械手的原点条件是左到位（左限位开关 SQ1 闭合）、上到位（上限位开关 SQ3 闭合），即机械手的初始位置应在左上角。若不满足原点条件，原点检测程序会使机械手返回到原点，然后才开始工作。"网络 4"中为原点检测程序，当按下启动按钮 SB1→"网络 1"中 I0.0 常开触点闭合，辅助继电器 M0 线圈得电，M0.0 自锁触点闭合，锁定供电，同时"网络 4"中 M0.0 常开触点闭合，因 S0.0 状态器被置位，故 S0.0 常开触点闭合，Q0.4 线圈复位，接触器 KM5 线圈失电，机械手夹紧线圈失电而放松，"网络 4"中的其他 M0.0 常开触点也均闭合。若机械手未左到位，开关 SQ1 断开，"网络 4"中 I0.2 常闭触点闭合，Q0.1 线圈得电，接触器 KM1 线圈得电，通过电动机 M1 驱动机械手左移，左移到位后 SQ1 闭合，"网络 4"中 I0.2 常闭触点断开；若机械手未上到位，开关 SQ3 断开，"网络 4"中 I0.4 常闭触点闭合，Q0.3 线圈得电，接触器 KM4 线圈得电，通过电动机 M2 驱动

图 4-11　简易机械手控制状态转移图

图 4-12　简易机械手控制梯形图程序（一）

图 4-12 简易机械手控制梯形图程序（二）

机械手上升，上升到位后 SQ3 闭合，"网络 4"中 I0.4 常闭触点断开。如果机械手左到位、上到位且工位 A 有工件（开关 SQ5 闭合），则"网络 4"中 I0.2、I0.4、I0.6 常开触点均闭合，执行"SCRT S0.1"指令，使 S0.1 程序段成为活动步程序，程序转移至 S0.1 程序段，开始控制机械手搬运工件。

2）机械手搬运工件控制。S0.1 程序段成为活动步程序后，"网络 7"中 SM0.0 通电常闭触点闭合→Q0.2 线圈得电，KM3 线圈得电，通过电动机 M2 驱动机械手下移，当下移到位后，下到位开关 SQ4 闭合，"网络 7"中 I0.5 常开触点闭合，执行"SCRT S0.2"指令，程序转移至 S0.2 程序段→"网络 10"中 SM0.0 通电常闭触点闭合，Q0.4 线圈被置位，接触器 KM5 线圈得电，夹紧线圈 YV 得电将工件夹紧，与此同时，定时器 T50 开始 1s 计时→1s 后，"网络 10"中 T50 常开触点闭合，执行"SCRT S0.3"指令，程序转移至 S0.3 程序段→"网络 13"中 SM0.0 通电常闭触点闭合→Q0.3 线圈得电，KM4 线圈得电，通过电动机 M2 驱动机械手上移，当上移到位后，开关 SQ3 闭合，"网络 13"中 I0.4 常开触点闭合，执行"SCRT S0.4"指令，程序转移至 S0.4 程序段→"网络 16"中 SM0.0 通电常闭触点闭合→Q0.0 线圈得电，KM1 线圈得电，通过电动机 M1 驱动机械手右移，当右移到位后，开关 SQ2 闭合，"网络 16"中 I0.3 常开触点闭合，执行"SCRT S0.5"指令，程序转移至 S0.5 程序段→"网络 19"中 SM0.0 通电常闭触点闭合→Q0.2 线圈得电，KM3 线圈得电，通过电动机 M2 驱动机械手下降，当下降到位后，开关 SQ4 闭合，"网络 19"中 I0.5 常开触点闭合，执行"SCRT S0.6"指令，程序转移至 S0.6 程序段→"网络 22"中 SM0.0 通电常闭触点闭合→Q0.4 线圈被复位，接触器 KM5 线圈失电，夹紧线圈 YV 失电将工件放下，与此同时，定时器 T50 开始 1s 计时→1s 后，"网络 22"中 T50 常开触点闭合，执行"SCRT S0.7"指令，程序转移至 S0.7 程序段→"网络 25"中 SM0.0 通电常闭触点闭合→Q0.3 线圈得电，KM4 线圈得电，通过电动机 M2 驱动机械手上升，当上升到位后，开关 SQ3 闭合，"网络 25"中 I0.4 常开触点闭合，执行"SCRT S1.0"指令，程序转移至 S1.0 程序段→"网络 28"中 SM0.0 通电常闭触点闭合→Q0.1 线圈得电，KM2 线圈得电，通过电动机 M1 驱动机械手左移,当左移到位后,开关 SQ1 闭合,"网络 28"中 I0.2 常闭触点断开,Q0.1 线圈失电,机械手停止左移,同时"网络 28"中 I0.2 常开触点闭合,如果上到位开关 SQ3(I0.4)和工件检测开关 SQ5(I0.6)均闭合,执行"SCRT S0.1"指令,程序转移至 S0.1 程序段→"网络 7"中 SM0.0 通电常闭触点闭合,Q0.2 线圈得电,开始下一次工件搬运。若工位 A 无工件,SQ5 断开,机械手会停在原点位置。

(2)停止控制。当按下停止按钮 SB2→"网络 1"中 I0.1 常闭触点断开→辅助继电器 M0.0 线圈失电→"网络 1、4、28"中的 M0.0 常开触点均断开,其中"网络 1"中 M0 常开触点断开解除 M0.0 线圈供电,"网络 4、28"中 M0.0 常开触点断开均会使"SCRT S0.1"指令无法执行,也就无法转移至 S0.1 程序段,机械手不工作。

4.4.3 PLC 控制大小铁球分拣机

1. 控制要求

大小铁球分拣机结构如图 4-13 所示。M1 为传送带电动机,通过传送带驱动机械手臂左向或右向移动;M2 为电磁铁升降电动机,用于驱动电磁铁 YA 上移或下移;SQ1、SQ4、SQ5 分别为混装球箱、小球球箱、大球球箱的定位开关,当机械手臂移到某球箱上方时,相应的定位开关闭合;SQ6 为接近开关,当铁球靠近时开关闭合,表示电磁铁下方有球存在。

图 4-13 大小铁球分拣机结构

大小铁球分拣机控制要求及工作过程如下。

(1)分拣机要从混装球箱中将大小球分拣出来,并将小球放入小球箱内,大球放入大球箱内。

(2)分拣机的初始状态(原点条件)是机械手臂应停在混装球箱上方,SQ1、SQ3 均闭合。

(3)在工作时,若 SQ6 闭合,则电动机 M2 驱动电磁铁下移,2s 后,给电磁铁通电从混装球箱中吸引铁球,若此时 SQ2 处于断开,表示吸引的是大球,若 SQ2 处于闭合,则吸引的是小球,然后电磁铁上移,SQ3 闭合后,电动机 M1 带动机械手臂右移,如果电磁铁吸引的为小球,机械手臂移至 SQ4 处停止,电磁铁下移,将小球放入小球箱(让电磁铁失电),而后电磁铁上移,机械手臂回归原位,如果电磁铁吸引的是大球,机械手臂移至 SQ5 处停止,电磁铁下移,将小球放入大球箱,而后电磁铁上移,机械手臂回归原位。

2. 确定输入/输出设备,并为其分配合适的 I/O 端子

大小铁球分拣机控制系统用到的输入/输出设备和对应的 PLC I/O 端子见表 4-4。

表4-4　　　　　大小铁球分拣机控制采用的输入/输出设备和对应的PLC I/O端子

输入			输出		
输入设备	对应端子	功能说明	输出设备	对应端子	功能说明
SB1	I0.0	启动控制	HL	Q0.0	工作指示
SQ1	I0.1	混装球箱定位	KM1 线圈	Q0.1	电磁铁上升控制
SQ2	I0.2	电磁铁下限位	KM2 线圈	Q0.2	电磁铁下降控制
SQ3	I0.3	电磁铁上限位	KM3 线圈	Q0.3	机械手臂左移控制
SQ4	I0.4	小球球箱定位	KM4 线圈	Q0.4	机械手臂右移控制
SQ5	I0.5	大球球箱定位	KM5 线圈	Q0.5	电磁铁吸合控制
SQ6	I0.6	铁球检测			

3. PLC 控制电路图

图 4-14 所示为大小铁球分拣机的 PLC 控制电路图。

图 4-14　大小铁球分拣机的 PLC 控制电路图

4. 编写 PLC 控制程序

（1）绘制状态转移图。分拣机拣球时抓的可能为大球，也可能抓的为小球，若抓的为大球时则执行抓取大球控制，若抓的为小球则执行抓取小球控制，这是一种选择性控制，编程时应采用选择性分支方式。图 4-15 所示为大小铁球分拣机控制的状态转移图。

（2）绘制梯形图。启动 STEP 7-Micro/WIN 编程软件，根据图 4-15 所示的状态转移图编写梯形图，编写完成的梯形图程序如图 4-16 所示。

5. 梯形图程序的工作原理

下面对照图 4-13 所示的分拣机结构图和图 4-14 所示的控制线路图和来说明图 4-16 所示梯形图程序的工作原理。

（1）检测原点条件。图 4-16 梯形图程序中的"网络 1"用来检测分拣机是否满足原点条件。分拣机的原点条件有：①机械手臂停止混装球箱上方（会使定位开关 SQ1 闭合，"网络 1"中 I0.1 常开触点

图 4-15 大小铁球分拣机控制的状态转移图

闭合）；②电磁铁处于上限位位置（会使上限位开关 SQ3 闭合，"网络 1"中 I0.3 常开触点闭合）；③电磁铁未通电（Q0.5 线圈失电，电磁铁也无供电，"网络 1"中 Q0.5 常闭触点闭合）；④有铁球处于电磁铁正下方（会使铁球检测开关 SQ6 闭合，"网络 1"中 I0.6 常开触点闭合）。这 4 点都满足后，"网络 1"中 Q0.0 线圈得电，"网络 4"中 Q0.0 常开触点闭合，同时 Q0.0 端子的内硬触点接通，指示灯 HL 亮，HL 不亮，说明原点条件不满足。

（2）工作过程。当 PLC 上电启动时，SM0.1 会接通一个扫描周期，将状态继电器 S0.0 被置位，S0.0 程序段被激活，成为活动步程序。按下启动按钮 SB1→"网络 4"中 I0.0 常开触点闭合→由于 SM0.0 和 Q0.0 触点均闭合，故执行"SCRT S0.1"指令，程序转移至 S0.1 程序段→"网络 7"中 SM0.0 通电常闭触点闭合→"网络 7"中 Q0.2 线圈得电，通过接触器 KM2 使电动机 M2 驱动电磁铁下移，与此同时，定时器 T50 开始 2s 计时→2s 后，"网络 7"中两个 T50 常开触点均闭合，若下限位开关 SQ2 处于闭合，表明电磁铁接触为小球，"网络 7"中 I0.2 常开触点闭合，"网络 7"中 I0.2 常闭触点断开，执行"SCRT S0.2"指令，程序转移至 S0.2 程序段，开始抓小球控制程序，若下限位开关 SQ2 处于断开，表明电磁铁接触为大球，"网络 7"中 I0.2 常开触点断开，"网络 7"中 I0.2 常闭触点闭合，执行"SCRT S0.5"指令，程序转移至 S0.5 程序段，开始抓大球控制程序。

1）小球抓取控制（S0.2～S0.4 程序段）。程序转移至 S0.2 程序段后→"网络 10"中 SM0.0 通电常闭触点闭合→Q0.5 线圈被置位，通过 KM5 使电磁铁通电抓住小球，同时定时器 T51 开始 1s 计时→1s 后，"网络 10"中 T51 常开触点闭合，执行"SCRT S0.3"指令，程序转移至 S0.3 程序段→"网络

图 4-16　大小铁球分拣机控制的梯形图程序（一）

图 4-16 大小铁球分拣机控制的梯形图程序（二）

13"中 SM0.0 通电常闭触点闭合→Q0.1 线圈得电，通过 KM1 使电动机 M2 驱动电磁铁上升→当电磁铁上升到位后，上限位开关 SQ3 闭合，"网络 13"中 I0.3 常开触点闭合，执行"SCRT S0.4"指令，程序转移至 S0.4 程序段→"网络 16"中 SM0.0 通电常闭触点闭合→Q0.4 线圈得电，通过 KM4 使电动机 M1 驱动机械手臂右移→当机械手臂移到小球箱上方时，小球箱定位开关 SQ4 闭合→"网络 16"中 I0.4 常闭触点断开，Q0.4 线圈失电，机械手臂停止移动，同时"网络 16"中 I0.4 常开触点闭合，执行"SCRT S1.0"指令，程序转移至 S1.0 程序段，开始放球控制。

2）放球并返回控制（S1.0～S1.3 程序段）。程序转移至 S1.0 程序段后→"网络 28"中 SM0.0 通电常闭触点闭合，Q0.2 线圈得电，通过 KM2 使电动机 M2 驱动电磁铁下降，当下降到位后，下限位开关 SQ2 闭合→"网络 28"中 I0.2 常开触点闭合，执行"SCRT S1.1"指令，程序转移至 S1.1 程序段→"网络 31"中 SM0.0 通电常闭触点闭合→Q0.5 线圈被复位，电磁铁失电，将球放入球箱，与此同时，定时器 T52 开始 1s 计时→1s 后，"网络 31"中 T52 常开触点闭合，执行"SCRT S1.2"指令，程序转移至 S1.2 程序段→"网络 34"中 SM0.0 通电常闭触点闭合，Q0.1 线圈得电，通过 KM1 使电动机 M2 驱动电磁铁上升→当电磁铁上升到位后，上限位开关 SQ3 闭合，"网络 34"中 I0.3 常开触点闭合，执行"SCRT S1.3"指令，程序转移至 S1.3 程序段→"网络 37"中 SM0.0 通电常闭触点闭合，Q0.3 线圈得电，通过 KM3 使电动机 M1 驱动机械手臂左移→当机械手臂移到混装球箱上方时，混装球箱定位开关 SQ1 闭合→"网络 37"中 I0.1 常闭触点断开，Q0.3 线圈失电，电动机 M1 停转，机械手臂停止移动，与此同时，"网络 37"中 I0.1 常开触点闭合，执行"SCRT S0.0"指令，程序转移至 S0.0 程序段→[4] SM0.0 通电常闭触点闭合，若按下启动按钮 SB1，则开始下一次抓球过程。

3）大球抓取过程（S0.5～S0.7 程序段）。程序转移至 S0.5 程序段后→"网络 19"中 SM0.0 通电常闭触点闭合，Q0.5 线圈被置位，通过 KM5 使电磁铁通电抓取大球，同时定时器 T51 开始 1s 计时→1s 后，"网络 19"中 T51 常开触点闭合，执行"SCRT S0.6"指令，程序转移至 S0.6 程序段→"网络 22"中 SM0.0 通电常闭触点闭合，Q0.1 线圈得电，通过 KM1 使电动机 M2 驱动电磁铁上升→当电磁铁上升到位后，上限位开关 SQ3 闭合，"网络 22"中 I0.3 常开触点闭合，执行"SCRT S0.7"指令，程序转移至 S0.7 程序段→"网络 25"中 SM0.0 通电常闭触点闭合，Q0.4 线圈得电，通过 KM4 使电动机 M1 驱动机械手臂右移→当机械手臂移到大球箱上方时，大球箱定位开关 SQ5 闭合→"网络 25"中 I0.5 常闭触点断开，Q0.4 线圈失电，机械手臂停止移动，同时"网络 25"中 I0.5 常开触点闭合，执行"SCRT S1.0"指令，程序转移至 S1.0 程序段，开始放球过程。

大球的放球与返回控制过程与小球完全一样，不再叙述。

第 5 章

功能指令及应用

　　基本指令和顺序控制指令是 PLC 最常用的指令，为了适应现代工业自动控制需要，PLC 制造商开始逐步为 PLC 增加了很多功能指令，**功能指令使 PLC 具有强大的数据运算和特殊处理功能，从而大大扩展了 PLC 的使用范围**。

5.1　功能指令使用基础

5.1.1　数据类型

　　1. 字长

　　S7-200 PLC 的存储单元（即编程元件）存储的数据都是二进制数。**数据的长度称为字长，字长可分为位（1 位二进制数，用 bit 表示）、字节（8 位二进制数，用 B 表示）、字（16 位二进制数，用 W 表示）和双字（32 位二进制数，用 D 表示）**。

　　2. 数据的类型和范围

　　S7-200 PLC 的存储单元存储的数据类型可分为布尔型、整数型和实数型（浮点数）。

　　（1）布尔型。**布尔型数据只有 1 位，又称位型，用来表示开关量（或称数字量）的两种不同状态**。当某编程元件为 1，称该元件为 1 状态，或称该元件处于 ON，该元件对应的线圈"通电"，其常开触点闭合、常闭触点断开；当该元件为 0 时，称该元件为 0 状态，或称该元件处于 OFF，该元件对应的线圈"失电"，其常开触点断开、常闭触点闭合。如输出继电器 Q0.0 的数据为布尔型。

　　（2）整数型。**整数型数据不带小数点，它分为无符号整数和有符号整数，有符号整数需要占用 1 个最高位表示数据的正负，通常规定最高位为 0 表示数据为正数，为 1 表示数据为负数**。表 5-1 列出了不同字长的整数表示的数值范围。

表 5-1　　　　　　　　　　　　　　　不同字长的整数表示的数值范围

整数长度	无符号整数表示范围		有符号整数表示范围	
	十进制表示	十六进制表示	十进制表示	十六进制表示
字节 B（8 位）	0~255	0~FF	−128~127	80~7F
字 W（16 位）	0~65535	0~FFFF	−32768~32767	8000~7FFF
双字 D（32 位）	0~4294967295	0~FFFFFFFF	−2147483648~2147483647	80000000~7FFFFFFF

　　（3）实数型。**实数型数据也称为浮点型数据，是一种带小数位的数据，它采用 32 位来表示（即字长为双字），其数据范围很大**，正数范围为 $+1.175495\mathrm{E}-38 \sim +3.402823\mathrm{E}+38$，负数范围为 $-1.175495\mathrm{E}-38 \sim -3.402823\mathrm{E}+38$，$\mathrm{E}-38$ 表示 10^{-38}。

　　3. 常数的编程书写格式

　　常数在编程时经常要用到。常数的长度可为字节、字和双字，常数在 PLC 中也是以二进制数形式存储的，但编程时常数可以十进制、十六进制、二进制、ASCII 码或浮点数（实数）形式编写，然后由编程软件自动编译成二进制数下载到 PLC 中。

常数的编程书写格式见表 5-2。

表 5-2   常数的编程书写格式

常数	编程书写格式	举　例
十进制	十进制值	2105
十六进制	16#十六进制值	16#3F67A
二进制	2#二进制值	2#1010000111010011
ASCII 码	'ASCII 码文本'	'very good'
浮点数（实数）	按 ANSI/IEEE 754—1985 标准	+1.038267E-36（正数） -1.038267E-36（负数）

5.1.2　寻址方式

在 S7-200 PLC 中，数据是存在存储器中的，为了存取方便，需要对存储器的每个存储单元进行编址。在访问数据时，只要找到某单元的地址，就能对该单元的数据进行存取。**S7-200 PLC 的寻址方式主要有直接寻址和间接寻址两种。**

1. 直接寻址

（1）编址。要了解存储器的寻址方法，须先掌握其编址方法。S7-200 PLC 的存储单元编址有一定的规律，它将存储器按功能不同划分成若干个区，如 I 区（输入继电器区）、Q 区（输出继电器区）、M 区、SM 区、V 区、L 区…，由于每个区又有很多存储单元，这些单元需要进行编址。**PLC 存储区常采用以下方式编址。**

1）**I、Q、M、SM、S 区按位顺序编址**，如 I0.0…I15.7、M0.0～31.7。

2）**V、L 区按字节顺序编址**，如 VB0～VB2047、LB0～LB63。

3）**AI、AQ 区按字顺序编址**，如 AIW0～AIW30、AQW0～AQW30。

4）**T、C、HC、AC 区直接按编号大小编址**，如 T0～T255、C0～C255、AC0～AC3。

（2）直接寻址。**直接寻址是通过直接指定要访问存储单元的区域、长度和位置来查找到该单元。**
S7-200 PLC 直接寻址方法主要有位寻址和字节/字/双字寻址。

1）位寻址。位寻址格式为：

位单元寻址＝存储区名（元件名）＋字节地址．位地址

如寻址时给出 I2.3，要查找的地址是 I 存储区第 2 字节的第 3 位，如图 5-1 所示。

可进行位寻址的存储区有 I、Q、M、SM、L、V、S。

2）字节/字/双字寻址。字节/字/双字寻址是以字节、字或双字为单位进行的，字节/字/双字寻址格式为：

图 5-1　位寻址举例

字节/字/双字寻址＝存储区名（元件名）＋字长（字节、字或双字）＋首字节地址

如寻址时给出 VB100，要查找的地址为 V 存储区的第 100 字节，若给出 VW100，要查找的地址则为 V 存储区的第 100、101 两个字节，若给出 VD100，要查找的地址为 V 存储区的第 100～103 这 4 个字节。VB100、VW100、VD100 之间的关系如图 5-2 所示，VW100 即为 VB100 和 VB101，VD100 即为

VB100～VB103，当 VW100 单元存储 16 位二进制数时，VB100 存高字节（高 8 位），VB101 存低字节（低 8 位），当 VD100 单元存储 32 位二进制数时，VB100 存最高字节，VB103 存最低字节。

图 5-2　VB100、VW100、VD100 之间的关系

可进行字节寻址的存储区有 I、Q、M、SM、L、V、AC（仅低 8 位）、常数；可进行字寻址的存储区有 I、Q、M、SM、L、V、T、C、AC（仅低 16 位）、常数；可进行双字寻址的存储区有 I、Q、M、SM、L、V、AC（32 位）、常数。

2. 间接寻址

间接寻址是指不直接给出要访问单元的地址，而是将该单元的地址存在某些特殊存储单元中，这个用来存储地址的特殊存储单元称为指针，指针只能由 V、L 或 AC（累加器）来承担。采用间接寻址方式在访问连续地址中的数据时很方便，使编程非常灵活。

间接寻址存取数据一般有：建立指针、用指针存取数据和修改指针 3 个过程。

（1）建立指针。建立指针必须用双字传送指令（MOVD），利用该指令将要访问单元的地址存入指针（用来存储地址的特殊存储单元）中。指针建立举例如下：

MOVD 　&VB200，AC1 　//将存储单元 VB200 的地址存入累加器 AC1 中

指令中操作数前的"&"为地址符号，"&VB200"表示 VB200 的地址（而不是 VB200 中存储的数据），"//"为注释符号，它后面的文字用来对指令注释说明，软件不会对它后面的内容编译。**在建立指针时，指令中的第 2 个操作数的字长必须是双字存储单元，如 AC、VD、LD。**

（2）用指针存取数据。指针建立后，就可以利用指针来存取数据。举例如下：

MOVD 　&VB200，AC0 　//建立指针，将存储单元 VB200 的地址存入累加器 AC0 中

MOVW 　* AC0，AC1 　　//以 AC0 中的地址（VB200 的地址）作为首地址，将连续两个字节（一个字，即 VB200、VB201）单元中的数据存入 AC1 中

MOVD 　* AC0，AC1 　　//以 AC0 中的地址（VB200 的地址）作为首地址，将连续 4 个字节（双字，即 VB200～VB203）单元中的数据存入 AC1 中

指令中操作数前的"*"表示该操作数是一个指针（存有地址的存储单元）。下面通过图 5-3 来说明上述指令的执行过程。

"MOVD 　&VB200，AC0"指令执行的结果是 AC0 中存入存储单元 VB200 的地址；"MOVW * AC0，AC1"指令执行的结果是以 AC0 中的 VB200 地址作为首地址，将连续两个字节单元（VB200、VB201）中的数据存入 AC1 中，如果 VB200、VB201 单元中的数据分别为 12、34，该指令执行后，AC1 的低 16 位就存入了"1234"；"MOVD * AC0，AC1"指令执行的结果是以 AC0 中的 VB200 地址作为首地址，将连续 4 个字节单元（VB200～VB203）中的数据存入 AC1 中，该指令执行后，AC1 中就存入了"12345678"。

（3）修改指针。**指针（用来存储地址的特殊存储单元）的字长为双字（32 位），修改指针值需要用**

图 5-3 间接寻址说明图

双字指令。常用的双字指令有双字加法指令（ADDD）和双字加 1 指令（INCD）。在修改指针值、存取字节时，指针值加 1，存取字时，指针值加 2，存取双字时，指针值加 4。修改指针值举例如下：

    MOVD &VB200，AC0   //建立指针

    INCD AC0   //将 AC0 中的值加 1（即地址值增 1）

    INCD AC0   //将 AC0 中的地址值再增 1

    MOVW *AC0，AC1   //读指针，以 AC0 中的新地址作为首地址，将它所对应连续两个字节单元中的数据存入 AC1 中

以图 5-3 为例，上述程序执行的结果以 AC0 中的 VB202 单元地址为首地址，将 VB202、VB203 单元中的数据 56、78 被存入 AC1 的低 16 位。

5.2 传 送 指 令

传送指令的功能是在编程元件之间传送数据。传送指令可分为单一数据传送指令、字节立即传送指令和数据块传送指令。

5.2.1 单一数据传送指令

单一数据传送指令用于传送一个数据，根据传送数据的字长不同，可分为字节、字、双字和实数传送指令。单一数据传送指令的功能是在 EN 端有输入（即 **EN=1**）时，将 **IN** 端指定单元中的数据送入 **OUT** 端指定的单元中。

单一数据传送指令说明见表 5-3。

表 5-3 单一数据传送指令说明

指令名称	梯形图与指令格式	功能说明	举 例
字节传送 （MOV_B）	MOV_B EN ENO ????-IN OUT-???? MOVB IN, OUT	将 IN 端指定字节单元中的数据送入 OUT 端指定的字节单元	I0.1 ─┤├─ MOV_B EN ENO IB0-IN OUT-QB0 当 I0.1 触点闭合时，将 IB0（I0.0～I0.7）单元中的数据送入 QB0（Q0.0～Q0.7）单元中。IN 端也可以输入常数，如将 IB0 改为"3"，则将"3"送入 QB0

续表

指令名称	梯形图与指令格式	功能说明	举　例
字传送 (MOV_W)	MOV_W EN　ENO ????-IN　OUT-???? MOVW IN, OUT	将 IN 端指定字单元中的数据送入 OUT 端指定的字单元	当 I0.2 触点闭合时，将 IW0（I0.0～I1.7）单元中的数据送入 QW0（Q0.0～Q1.7）单元中
双字传送 (MOV_DW)	MOV_DW EN　ENO ????-IN　OUT-???? MOVD IN, OUT	将 IN 端指定双字单元中的数据送入 OUT 端指定的双字单元	当 I0.3 触点闭合时，将 ID0（I0.0～I3.7）单元中的数据送入 QD0（Q0.0～Q3.7）单元中
实数传送 (MOV_R)	MOV_R EN　ENO ????-IN　OUT-???? MOVR IN, OUT	将 IN 端指定双字单元中的实数送入 OUT 端指定的双字单元	当 I0.4 触点闭合时，将实数"0.1"的数据送入 AC0（32位）中

字节、字、双字和实数传送指令允许使用的操作数见表 5-4。

表 5-4　　　　　　　　字节、字、双字和实数传送指令允许使用的操作数

单一数据传送指令	输入/输出	允许使用的操作数	数据类型
MOVB	IN	IB、QB、VB、MB、SMB、SB、LB、AC、＊VD、＊LD、＊AC、常数	字节
	OUT	IB、QB、VB、MB、SMB、SB、LB、AC、＊VD、＊LD、＊AC	
MOVW	IN	IW、QW、VW、MW、SMW、SW、T、C、LW、AC、AIW、＊VD、＊AC、＊LD、常数	字、整数型
	OUT	IW、QW、VW、MW、SMW、SW、T、C、LW、AC、AQW	
MOVD	IN	ID、QD、VD、MD、SMD、SD、LD、HC、&VB、&IB、&QB、&MB、&SB、&T、&C、&SMB、&AIW、&AQW、AC、＊VD、＊LD、＊AC、常数	双字、双整数型
	OUT	AC、＊VD、＊LD、＊AC	
MOVR	IN	ID、QD、VD、MD、SMD、SD、LD、AC、＊VD、＊LD、＊AC、常数	实数型
	OUT	ID、QD、VD、MD、SMD、SD、LD、AC、＊VD、＊LD、＊AC	

5.2.2　字节立即传送指令

字节立即传送指令的功能是在 EN 端（使能端）有输入时，在物理 I/O 端和存储器之间立即传送一个字节数据。字节立即传送指令可分为字节立即读指令和字节立即写指令，它们不能访问扩展模块。

字节立即传送指令说明见表 5-5。

表 5-5   字节立即传送指令说明

指令名称	梯形图与指令格式	功能说明	举 例
字节立即读 (MOV_BIR)	MOV_BIR EN　ENO ????－IN　　OUT－???? BIR IN, OUT	将 IN 端指定的物理输入端子的数据立即送入 OUT 端指定的字节单元，物理输入端子对应的输入寄存器不会被刷新	当 I0.1 触点闭合时，将 IB0（I0.0～I0.7）端子输入值立即送入 MB0（M0.0～M0.7）单元中，IB0 输入继电器中的数据不会被刷新
字节立即写 (MOV_BIW)	MOV_BIW EN　ENO ????－IN　　OUT－???? BIW IN, OUT	将 IN 端指定字节单元中的数据立即送到 OUT 端指定的物理输出端子，同时刷新输出端子对应的输出寄存器	当 I0.2 触点闭合时，将 MB0 单元中的数据立即送到 QB0（Q0.0～Q0.7）端子，同时刷新输出继电器 QB0 中的数据

字节立即读写指令允许使用的操作数见表 5-6。

表 5-6   字节立即读写指令允许使用的操作数

立即读写指令	输入/输出	允许使用的操作数	数据类型
BIR	IN	IB、＊VD、＊LD、＊AC	字节型
	OUT	IB、QB、VB、MB、SMB、SB、LB、AC、＊VD、＊LD、＊AC	
BIW	IN	IB、QB、VB、MB、SMB、SB、LB、AC、＊VD、＊LD、＊AC、常数	字节型
	OUT	QB、＊VD、＊LD、＊AC	

5.2.3 数据块传送指令

数据块传送指令的功能是在 EN 端（使能端）有输入时，将 IN 端指定首地址的 N 个单元中的数据送入 OUT 端指定首地址的 N 个单元中。数据块传送指令可分为字节块、字块及双字块传送指令。

数据块传送指令说明见表 5-7。

表 5-7   数据块传送指令说明

指令名称	梯形图与指令格式	功能说明	举 例
字节块传送 (BLKMOV_B)	BLKMOV_B EN　ENO ????－IN　　OUT－???? ????－N BMB IN, OUT, N	将 IN 端指定首地址的 N 个字节单元中的数据送入 OUT 端指定首地址的 N 个字节单元中	当 I0.1 触点闭合时，将 VB10 为首地址的 3 个连续字节单元中的数据送入 VB20 为首地址的 3 个连续字节单元中，其中 VB10→VB20、VB11→VB21、VB12→VB22

续表

指令名称	梯形图与指令格式	功能说明	举　例
字块传送 （BLKMOV_W）	BLKMOV_W EN　ENO ????-IN　OUT-???? ????-N BMW IN, OUT, N	将 IN 端指定首地址的 N 个字单元中的数据送入 OUT 端指定首地址的 N 个字单元中	当 I0.2 触点闭合时，将 VW10 为首地址的 3 个连续字单元中的数据送入 VW20 为首地址的 3 个连续字单元中
双字块传送 （BLKMOV_D）	BLKMOV_D EN　ENO ????-IN　OUT-???? ????-N BMD IN, OUT, N	将 IN 端指定首地址的 N 个双字单元中的数据送入 OUT 端指定首地址的 N 个双字单元中	当 I0.3 触点闭合时，将 VD10 为首地址的 3 个连续双字单元中的数据送入 VD20 为首地址的 3 个连续双字单元中

字节、字、双字块传送指令允许使用的操作数见表 5-8。

表 5-8　　　　　　　　　字节、字、双字块传送指令允许使用的操作数

块传送指令	输入/输出	允许使用的操作数	数据类型	参数（N）
BMB	IN	IB、QB、VB、MB、SMB、SB、LB、＊VD、＊LD、＊AC	字节	IB、QB、VB、MB、SMB、SB、LB、AC、常数、＊VD、＊LD、＊AC 字节型
BMB	OUT	IB、QB、VB、MB、SMB、SB、LB、＊VD、＊LD、＊AC	字节	
BMW	IN	IW、QW、VW、SMW、SW、T、C、LW、AIW、＊VD、＊LD、＊AC	字、整数型	
BMW	OUT	IW、QW、VW、MW、SMW、SW、T、C、LW、AQW、＊VD、＊LD、＊AC	字、整数型	
BMD	IN	ID、QD、VD、MD、SMD、SD、LD、＊VD、＊LD、＊AC	双字、双整数型	
BMD	OUT	ID、QD、VD、MD、SMD、SD、LD、＊VD、＊LD、＊AD	双字、双整数型	

5.2.4　字节交换指令

字节指令的功能是在 EN 有输入时，将 IN 端指定单元中的数据的高字节与低字节交换。

字节交换指令说明见表 5-9。

表 5-9　　　　　　　　　　　字节交换指令说明

指令名称	梯形图与指令格式	功能说明	举　例
字节交换 （SWAP）	SWAP EN　ENO ????-IN SWAP IN	将 IN 端指定单元中的数据的高字节与低字节交换。 IN 端的操作数类型为字型，具体有 IW、QW、VW、MW、SMW、SW、LW、T、C、AC、＊VD、＊LD、＊AC	当 I0.1 触点闭合时，P 触点接通一个扫描周期，EN＝1，SWAP 指令将 VW20 单元的高字节与低字节交换，如交换前 VW20＝16 #1066，交换后变为 VW20＝16 #6610。 字节交换 SWAP 指令常用脉冲型触点驱动，采用普通触点会在每次扫描时将字节交换一次，很可能得不到希望的结果

5.3 比 较 指 令

比较指令又称触点比较指令，其功能是将两个数据按指定条件进行比较，条件成立时触点闭合，否则触点断开。根据比较数据类型不同，可分为字节比较、整数比较、双字整数比较、实数比较和字符串比较；根据比较运算关系不同，数值比较可分为＝（等于）、＞＝（大于或等于）、＜（小于）、＜＝（小于或等于）和＜＞（不等于）共 6 种，而字符串比较只有＝（等于）和 ＜＞（不等于）共 2 种。比较指令有与（LD）、串联（A）和并联（O）3 种触点。

5.3.1 字节触点比较指令

字节触点比较指令用于比较两个字节型整数值 IN1 和 IN2 的大小，字节比较的数值是无符号的。

字节触点比较指令说明见表 5-10。

表 5-10   字节触点比较指令说明

梯形图与指令格式	功能说明	举 例	操作数（IN1/IN2）
???? —┤==B├— ???? LDB= IN1, IN2	当 IN1＝IN2 时，"＝＝B"触点闭合	IB0 ==B MB0 — Q0.1 ( )　LDB=IB0, MB0　=　Q0.1 当 IB0＝MB0（即两单元的数据相等）时，"＝＝B"触点闭合，Q0.1 线圈得电	
???? —┤<>B├— ???? LDB<> IN1, IN2	当 IN1≠IN2 时，"＜＞B"触点闭合	QB0 <>B MB0 — IB0 ==B MB0 — Q0.1 ( )　LDB<>QB0, MB0　AB= IB0, MB0　=　Q.1 当 QB0≠MB0，且 IB0＝MB0 相等时，两触点均闭合，Q0.1 线圈得电。注："串联＝＝B"比较指令用"AB="表示	
???? —┤>=B├— ???? LDB>= IN1, IN2	当 IN1≥IN2 时，"＞＝B"触点闭合	IB0 >=B MB0 — Q0.1 ( )　LDB> IB0, MB0　OB<>QB0, MB0 QB0 <>B MB0 — =　Q.1 当 IB0≥MB0 时，＞＝B 触点闭合，或 QB0≠MB0 时，＜＞B 触点闭合，Q0.1 线圈均会得电。注："并联＜＞B"比较指令用"OB＜＞"表示	IB、QB、VB、MB、SMB、SB、LB、AC、＊VD、＊LD、＊AC、常数 （字节型）
???? —┤<=B├— ???? LDB<= IN1, IN2	当 IN1≤IN2 时，"＜＝B"触点闭合	IB0 <=B 8 — Q0.1 ( )　LDB<=IB0, MB0, 8　=　Q0.1 当 IB0 单元中的数据小于或等于 8 时，触点闭合，Q0.1 线圈得电	
???? —┤>B├— ???? LDB> IN1, IN2	当 IN1＞IN2 时，"＞B"触点闭合	IB0 >B MB0 — Q0.1 ( )　LDB> IB0, MB0　=　Q0.1 当 IB0＞MB0 时，"＞B"触点闭合，Q0.1 线圈得电	
???? —┤<B├— ???? LDB< IN1, IN2	当 IN1＜IN2 时，"＜B"触点闭合	IB0 <B MB0 — Q0.1 ( )　LDB< IB0, MB0　=　Q0.1 当 IB0＜MB0 时，"＜B"触点闭合，Q0.1 线圈得电	

5.3.2 整数触点比较指令

整数触点比较指令用于比较两个字型整数值 IN1 和 IN2 的大小，整数比较的数值是有符号的，比较的整数范围是−32768～+32767，用十六进制表示为 16♯8000～16♯7FFFF。

整数触点比较指令说明见表 5-11。

表 5-11　　　　　　　　　　　整数触点比较指令说明

梯形图与指令格式	功能说明	操作数 (IN1/IN2)
????　==I├ LDW= IN1, IN2 ????	当 IN1＝IN2 时，"＝＝I"触点闭合	
????　<>I├ LDW<> IN1, IN2 ????	当 IN1≠IN2 时，"<>I"触点闭合	
????　>=I├ LDW>= IN1, IN2 ????	当 IN1≥IN2 时，">=I"触点闭合	IW, QW, VW, MW, SMW, SW, LW, T, C, AC, AIW＊VD、＊LD、＊AC、常数 (整数型)
????　<=I├ LDW<= IN1, IN2 ????	当 IN1≤IN2 时，"<=I"触点闭合	
????　>I├ LDW> IN1, IN2 ????	当 IN1>IN2 时，">I"触点闭合	
????　<I├ LDW< IN1, IN2 ????	当 IN1<IN2 时，"<I"触点闭合	

5.3.3 双字整数触点比较指令

双字整数触点比较指令用于比较两个双字型整数值 IN1 和 IN2 的大小，双字整数比较的数值是有符号的，比较的整数范围是−2147483648～+2147483647，用十六进制表示为 16♯80000000～16♯7FFFFFFF。

双字整数触点比较指令说明见表 5-12。

表 5-12　　　　　　　　　　　双字整数触点比较指令说明

梯形图与指令格式	功能说明	操作数 (IN1/IN2)
????　==D├ LDD= IN1, IN2 ????	当 IN1＝IN2 时，"＝＝D"触点闭合	
????　<>D├ LDD<> IN1, IN2 ????	当 IN1≠IN2 时，"<>D"触点闭合	ID、QD、VD、MD、SMD、SD、LD、AC、HC、＊VD、＊LD、＊AC、常数 (双整数型)
????　>=D├ LDD>= IN1, IN2 ????	当 IN1≥IN2 时，">=D"触点闭合	

续表

梯形图与指令格式	功能说明	操作数 (IN1/IN2)
???? ─┤<=D├─　LDD<= IN1, IN2 ????	当 IN1≤IN2 时，"<=D"触点闭合	
???? ─┤>D├─　LDD> IN1, IN2 ????	当 IN1>IN2 时，">D"触点闭合	ID、QD、VD、MD、SMD、SD、 LD、AC、HC、＊VD、＊LD、 ＊AC、常数 （双整数型）
???? ─┤<D├─　LDD< IN1, IN2 ????	当 IN1<IN2 时，"<D"触点闭合	

5.3.4　实数触点比较指令

实数触点比较指令用于比较两个双字长实数值 IN1 和 IN2 的大小，实数比较的数值是有符号的，负实数范围是 $-1.175495^{-38} \sim -3.402823^{+38}$，正实数范围是 $+1.175495^{-38} \sim +3.402823^{+38}$。

实数触点比较指令说明见表 5-13。

表 5-13　　　　　　　　　　　　　　　　实数触点比较指令说明

梯形图与指令格式	功能说明	操作数 (IN1/IN2)
???? ─┤==R├─　LDR= IN1, IN2 ????	当 IN1=IN2 时，"==R"触点闭合	
???? ─┤<>R├─　LDR<> IN1, IN2 ????	当 IN1≠IN2 时，"<>R"触点闭合	
???? ─┤>=R├─　LDR>= IN1, IN2 ????	当 IN1≥IN2 时，">=R"触点闭合	ID、QD、VD、MD、SMD、SD、 LD、AC、＊VD、＊LD、＊AC、 常数 （实数型）
???? ─┤<=R├─　LDR<= IN1, IN2 ????	当 IN1≤IN2 时，"<=R"触点闭合	
???? ─┤>R├─　LDR> IN1, IN2 ????	当 IN1>IN2 时，">R"触点闭合	
???? ─┤<R├─　LDR< IN1, IN2 ????	当 IN1<IN2 时，"<R"触点闭合	

5.3.5　字符串触点比较指令

字符串触点比较指令用于比较字符串 IN1 和 IN2 的 ASCII 码，满足条件时触点闭合，否则断开。

字符串触点比较指令说明见表 5-14。

表 5-14 　　　　　　　　　　　字符串触点比较指令说明

梯形图与指令格式	功能说明	操作数 (IN1/IN2)
???? —|==S|— LDS= IN1, IN2 ????	当 IN1＝IN2 时，"＝＝S"触点闭合	VB、LB、* VD、* LD、* AC, 常数（IN2 不能为常数） （字符型）
???? —|<>S|— LDS<> IN1, IN2 ????	当 IN1≠IN2 时，"<>S"触点闭合	

图 5-4　自动仓库控制程序

5.3.6　比较指令应用举例

有一个 PLC 控制的自动仓库，该自动仓库最多装货量为 600，在装货数量达到 600 时入仓门自动关闭，在出货时货物数量为 0 自动关闭出仓门，仓库采用一只指示灯来指示是否有货，灯亮表示有货。图 5-4 所示为自动仓库控制程序。I0.0 用作入仓检测，I0.1 用作出仓检测，I0.2 用作计数清 0，Q0.0 用作有货指示，Q0.1 用来关闭入仓门，Q0.2 用来关闭出仓门。

自动仓库控制程序工作原理：装货物前，让 I0.2 闭合一次，对计数器 C30 进行复位清 0。在装货时，每入仓一个货物，I0.0 闭合一次，计数器 C30 的计数值增 1，当 C30 计数值大于 0 时，"网络 2"中>I 触点闭合，Q0.0 得电，有货指示灯亮，当 C30 计数值等于 600 时，"网络 3"中＝＝I 触点闭合，Q0.1 得电，关闭入仓门，禁止再装入货物；在卸货时，每出仓一个货物，I0.1 闭合一次，计数器 C30 的计数值减 1，当 C30 计数值为 0 时，"网络 2"中>I 触点断，Q0.0 失电，有货指示灯灭，同时"网络 4"中＝＝I 触点闭合，Q0.2 得电，关闭出仓门。

5.4　数 学 运 算 指 令

数学运算指令可分为加减乘除运算指令和浮点数函数运算指令。加减乘除运算指令包括加法指令、减法指令、乘法指令、除法指令、加 1 指令和减 1 指令；浮点数函数运算指令主要包括正弦指令、余弦指令、正切指令、平方根指令、自然对数指令和自然指数指令等。

5.4.1　加减乘除运算指令

加减乘除运算指令包括加法、减法、乘法、除法、加 1 和减 1 指令。

1. 加法指令

加法指令的功能是将两个有符号的数相加后输出，它可分为整数加法指令（ADD_I）、双整数加法指令（ADD_DI）和实数加法指令（ADD_R）。

（1）指令说明。加法指令说明见表 5-15。

表 5-15 加法指令说明

加法指令	梯形图	功能说明	操作数	
			IN1、IN2	OUT
整数加法指令 （ADD_I）	ADD_I EN ENO ????-IN1 OUT-???? ????-IN2	将 IN1 端指定单元的整数与 IN1 端指定单元的整数相加，结果存入 OUT 端指定的单元中，即 IN1＋IN2＝OUT	IW, QW, VW, MW, SMW, SW, T, C, LW, AC, AIW, ＊VD、＊AC、＊LD、常数	IW, QW, VW, MW, SMW, SW, LW, T, C, AC, ＊VD、＊AC、＊LD
双整数加法指令 （ADD_DI）	ADD_DI EN ENO ????-IN1 OUT-???? ????-IN2	将 IN1 端指定单元的双整数与 IN1 端指定单元的双整数相加，结果存入 OUT 端指定的单元中，即 IN1＋IN2＝OUT	ID, QD, VD, MD. SMD. SD, LD. AC. HC. ＊VD、＊LD、＊AC、常数	ID、QD、VD、MD、SMD、SD、LD, AC, ＊VD、＊LD、＊AC
实数加法指令 （ADD_R）	ADD_R EN ENO ????-IN1 OUT-???? ????-IN2	将 IN1 端指定单元的实数与 IN1 端指定单元的实数相加，结果存入 OUT 端指定的单元中，即 IN1＋IN2＝OUT	ID, QD, VD. MD. SMD. SD. LD, AC. ＊VD、＊LD. ＊AC、常数	

（2）指令使用举例。加法指令使用举例如图 5-5 所示。当 I0.0 触点闭合时，P 触点接通一个扫描周期，ADD_I 和 ADD_DI 指令同时执行，ADD_I 指令将 VW10 单元中的整数（16 位）与＋200 相加，结果送入 VW30 单元中，ADD_DI 指令将 MD0、MD10 单元中的双整数（32 位）相加，结果送入 MD20 单元中；当 I0.1 触点闭合时，ADD_R 指令执行，将 AC0、AC1 单元中的实数（32 位）相加，结果保存在 AC1 单元中。

图 5-5 加法指令使用举例

2. 减法指令

减法指令的功能是将两个有符号的数相减后输出，它可分为整数减法指令（SUB_I）、双整数减法指令（SUB_DI）和实数减法指令（SUB_R）。

减法指令说明见表 5-16。

表 5-16 减法指令说明

减法指令	梯形图	功能说明	操作数	
			IN1、IN2	OUT
整数减法指令 (SUB_I)	SUB_I EN　ENO ????-IN1　OUT-???? ????-IN2	将 IN1 端指定单元的整数与 IN1 端指定单元的整数相减,结果存入 OUT 端指定的单元中,即 IN1－IN2＝OUT	IW、QW、VW、MW、SMW、SW、T、C、LW、AC、AIW、*VD、*AC、*LD、常数	IW、QW、VW、MW、SMW、SW、LW、T、C、AC、*VD、*AC、*LD
双整数减法指令 (SUB_DI)	SUB_DI EN　ENO ????-IN1　OUT-???? ????-IN2	将 IN1 端指定单元的双整数与 IN1 端指定单元的双整数相减,结果存入 OUT 端指定的单元中,即 IN1－IN2＝OUT	ID、QD、VD、MD、SMD、SD、LD、AC、HC、*VD、*LD、*AC、常数	ID、QD、VD、MD、SMD、SD、LD、AC、*VD、*LD、*AC
实数减法指令 (SUB_R)	SUB_R EN　ENO ????-IN1　OUT-???? ????-IN2	将 IN1 端指定单元的实数与 IN1 端指定单元的实数相减,结果存入 OUT 端指定的单元中,即 IN1－IN2＝OUT	ID、QD、VD、MD、SMD、SD、LD、AC、*VD、*LD、*AC、常数	

3. 乘法指令

乘法指令的功能是将两个有符号的数相乘后输出,它可分为整数乘法指令 (MUL_I)、双整数乘法指令 (MUL_DI)、实数乘法指令 (MUL_R) 和完全乘法指令 (MUL)。

乘法指令说明见表 5-17。

表 5-17 乘法指令说明

乘法指令	梯形图	功能说明	操作数	
			IN1、IN2	OUT
整数乘法指令 (MUL_I)	MUL_I EN　ENO ????-IN1　OUT-???? ????-IN2	将 IN1 端指定单元的整数与 IN1 端指定单元的整数相乘,结果存入 OUT 端指定的单元中,即 IN1×IN2＝OUT	IW、QW、VW、MW、SMW、SW、T、C、LW、AC、AIW、*VD、*AC、*LD、常数	IW、QW、VW、MW、SMW、SW、LW、T、C、AC、*VD、*AC、*LD
双整数乘法指令 (MUL_DI)	MUL_DI EN　ENO ????-IN1　OUT-???? ????-IN2	将 IN1 端指定单元的双整数与 IN1 端指定单元的双整数相乘,结果存入 OUT 端指定的单元中,即 IN1×IN2＝OUT	ID、QD、VD、MD、SMD、SD、LD、AC、HC、*VD、*LD、*AC、常数	ID、QD、VD、MD、SMD、SD、LD、AC、*VD、*LD、*AC
实数乘法指令 (MUL_R)	MUL_R EN　ENO ????-IN1　OUT-???? ????-IN2	将 IN1 端指定单元的实数与 IN1 端指定单元的实数相乘,结果存入 OUT 端指定的单元中,即 IN1×IN2＝OUT	ID、QD、VD、MD、SMD、SD、LD、AC、*VD、*LD、*AC、常数	

乘法指令	梯形图	功能说明	操作数	
			IN1、IN2	OUT
完全整数乘法指令（MUL）	MUL EN ENO ????—IN1 OUT—???? ????—IN2	将 IN1 端指定单元的整数与 IN1 端指定单元的整数相乘，结果存入 OUT 端指定的单元中，即 IN1×IN2＝OUT 完全整数乘法指令是将两个有符号整数（16 位）相乘，产生一个 32 位双整数存入 OUT 单元中，因此 IN 端操作数类型为字型，OUT 端的操作数为双字型	IW，QW，VW，MW，SMW，SW，T，C，LW，AC，AIW，＊VD，＊AC、＊LD、常数	ID、QD、VD、MD，SMD，SD，LD，AC，＊VD，＊LD、＊AC

4. 除法指令

除法指令的功能是将两个有符号的数相除后输出，它可分为整数除法指令（DIV_I）、双整数除法指令（DIV_DI）、实数除法指令（DIV_R）和带余数除法指令（DIV）。

除法指令说明见表 5-18。

表 5-18　　　　　　　　　　　　除法指令说明

除法指令	梯形图	功能说明	操作数	
			IN1、IN2	OUT
整数除法指令（DIV_I）	DIV_I EN ENO ????—IN1 OUT—???? ????—IN2	将 IN1 端指定单元的整数与 IN1 端指定单元的整数相除，结果存入 OUT 端指定的单元中，即 IN1/IN2＝OUT	IW，QW，VW，MW，SMW，SW，T，C，LW，AC，AIW，＊VD，＊AC、＊LD、常数	IW，QW，VW，MW，SMW，SW，LW，T，C，AC，＊VD，＊AC，＊LD
双整数除法指令（DIV_DI）	DIV_DI EN ENO ????—IN1 OUT—???? ????—IN2	将 IN1 端指定单元的双整数与 IN1 端指定单元的双整数相除，结果存入 OUT 端指定的单元中，即 IN1/IN2＝OUT	ID，QD，VD，MD，SMD，SD，LD，AC，HC，＊VD，＊LD，＊AC、常数	ID、QD、VD、MD，SMD，SD，LD，AC，＊VD，＊LD，＊AC
实数除法指令（DIV_R）	DIV_R EN ENO ????—IN1 OUT—???? ????—IN2	将 IN1 端指定单元的实数与 IN1 端指定单元的实数相除，结果存入 OUT 端指定的单元中，即 IN1/IN2＝OUT	ID，QD，VD，MD，SMD，SD，LD，AC，＊VD，＊LD，＊AC、常数	
带余数的整数除法指令（DIV）	DIV EN ENO ????—IN1 OUT—???? ????—IN2	将 IN1 端指定单元的整数与 IN1 端指定单元的整数相除，结果存入 OUT 端指定的单元中，即 IN1/IN2＝OUT 该指令是将两个 16 位整数相除，得到一个 32 位结果，其中低 16 位为商，高 16 位为余数。因此 IN 端操作数类型为字型，OUT 端的操作数为双字型	IW，QW，VW，MW，SMW，SW，T，C，LW，AC，AIW，＊VD，＊AC、＊LD、常数	ID，QD，VD，MD，SMD，SD，LD，AC，＊VD，＊LD，＊AC

5. 加 1 指令

加 1 指令的功能是将 IN 端指定单元的数加 1 后存入 OUT 端指定的单元中，它可分为字节加 1 指令（INC_B）、字加 1 指令（INC_W）和双字加 1 指令（INC_DW）。

加 1 指令说明见表 5-19。

表 5-19　　　　　　　　　　　　加 1 指令说明

加 1 指令	梯形图	功能说明	操作数	
			IN1	OUT
字节加 1 指令（INC_B）	INC_B EN ENO ????-IN OUT-????	将 IN1 端指定字节单元的数加 1，结果存入 OUT 端指定的单元中，即 IN+1=OUT 如果 IN、OUT 操作数相同，则为 IN 增 1	IB、QB、VB、MB、SMB、SB、LB、AC、*VD、*LD、*AC、常数	IB、QB、VB、MB、SMB、SB、LB、AC、*VD、*AC、*LD
字加 1 指令（INC_W）	INC_W EN ENO ????-IN OUT-????	将 IN1 端指定字单元的数加 1，结果存入 OUT 端指定的单元中，即 IN+1=OUT	IW、QW、VW、MW、SMW、SW、LW、T、C、AC、AIW、*VD、*LD、*AC、常数	IW、QW、VW、MW、SMW、SW、T、C、LW、AC、*VD、*LD、*AC
双字加 1 指令（INC_DW）	INC_DW EN ENO ????-IN OUT-????	将 IN1 端指定双字单元的数加 1，结果存入 OUT 端指定的单元中，即 IN+1=OUT	ID、QD、VD、MD、SMD、SD、LD、AC、HC、*VD、*LD、*AC、常数	ID、QD、VD、MD、SMD、SD、LD、AC、*VD、*LD、*AC

6. 减 1 指令

减 1 指令的功能是将 IN 端指定单元的数减 1 后存入 OUT 端指定的单元中，它可分为字节减 1 指令（DEC_B）、字减 1 指令（DEC_W）和双字减 1 指令（DEC_DW）。

减 1 指令说明见表 5-20。

表 5-20　　　　　　　　　　　　减 1 指令说明

减 1 指令	梯形图	功能说明	操作数	
			IN1	OUT
字节减 1 指令（DEC_B）	DEC_B EN ENO ????-IN OUT-????	将 IN1 端指定字节单元的数减 1，结果存入 OUT 端指定的单元中，即 IN-1=OUT 如果 IN、OUT 操作数相同，则为 IN 减 1	IB、QB、VB、MB、SMB、SB、LB、AC、*VD、*LD、*AC、常数	IB、QB、VB、MB、SMB、SB、LB、AC、*VD、*AC、*LD
字减 1 指令（DEC_W）	DEC_W EN ENO ????-IN OUT-????	将 IN1 端指定字单元的数减 1，结果存入 OUT 端指定的单元中，即 IN-1=OUT	IW、QW、VW、MW、SMW、SW、LW、T、C、AC、AIW、*VD、*LD、*AC、常数	IW、QW、VW、MW、SMW、SW、T、C、LW、AC、*VD、*LD、*AC

续表

减 1 指令	梯形图	功能说明	操作数	
			IN1	OUT
双字减 1 指令 (DEC _ DW)	DEC_DW EN ENO ????-IN OUT-????	将 IN1 端指定双字单元的 数减 1,结果存入 OUT 端指 定的单元中,即 IN-1=OUT	ID, QD, VD, MD, SMD, SD, LD, AC, HC, * VD, * LD, * AC、常数	ID、QD、VD、 MD、SMD、SD、 LD、AC、 * VD、 * LD、* AC

7. 加减乘除运算指令应用举例

图 5-6 所示为实现 $Y=\dfrac{X+30}{6}\times 2-8$ 运算的程序。

图 5-6 加减乘除运算指令应用举例

在 PLC 运行时 SM0.0 触点始终闭合,先执行 MOV _ B 指令,将 IB0 单元的一个字节数据(由于 IB0.0~IB0.7 端子输入)送入 VB1 单元,然后由 ADD _ I 指令将 VW0 单元数据(即 VB0、VB1 单元的数据,VB1 为低字节)加 30 后存入 VW2 单元中,再依次执行除、乘和减指令,最后将 VB9 中的运算结果作为 Y 送入 QB0 单元,由 Q0.0~Q0.7 端子外接的显示装置将 Y 值显示出来。

5.4.2　浮点数函数运算指令

浮点数函数运算指令包括实数加、减、乘、除指令和正弦、余弦、正切、平方根、自然对数、自然指数指令及 PID 指令。实数加、减、乘、除指令在前面的加减乘除指令中已介绍过,PID 指令是一条很重要的指令,将在后面详细说明,下面仅介绍浮点数函数运算指令,即正弦、余弦、正切、平方根、自然对数、自然指数指令。

浮点数函数运算指令说明见表 5-21。

表 5-21 浮点数函数运算指令说明

浮点数函数运算指令	梯形图	功能说明	操作数	
			IN	OUT
平方根指令 (SQRT)	SQRT EN ENO ????-IN OUT-????	将 IN 端指定单元的实数（即浮点数）取平方根，结果存入 OUT 端指定的单元中，即 SQRT (IN) =OUT 也即 $\sqrt{IN}$ =OUT	ID, QD, VD, MD, SMD, SD, LD, AC, * VD, * LD, * AC, 常数	ID, QD, VD, MD, SMD, SD, LD, AC, * VD, * LD, * AC
正弦指令 (SIN)	SIN EN ENO ????-IN OUT-????	将 IN 端指定单元的实数取正弦，结果存入 OUT 端指定的单元中，即 SIN (IN) =OUT		
余弦指令 (COS)	COS EN ENO ????-IN OUT-????	将 IN 端指定单元的实数取余弦，结果存入 OUT 端指定的单元中，即 COS (IN) =OUT		
正切指令 (TAN)	TAN EN ENO ????-IN OUT-????	将 IN 端指定单元的实数取正切，结果存入 OUT 端指定的单元中，即 TAN (IN) =OUT 正切、正弦和余弦的 IN 值要以弧度为单位，在求角度的三角函数时，要先将角度值乘以 π/180（即 0.01745329）转换成弧度值，再存入 IN，然后用指令求 OUT		
自然对数指令 (LN)	LN EN ENO ????-IN OUT-????	将 IN 端指定单元的实数取自然对数，结果存入 OUT 端指定的单元中，即 LN (IN) =OUT		
自然指数指令 (EXP)	EXP EN ENO ????-IN OUT-????	将 IN 端指定单元的实数取自然指数值，结果存入 OUT 端指定的单元中，即 EXP (IN) =OUT		

5.5 逻辑运算指令

逻辑运算指令包括取反指令、与指令、或指令和异或指令，每种指令又分为字节、字和双字指令。

5.5.1 取反指令

取反指令的功能是 IN 端指定单元的数据逐位取反，结果存入 OUT 端指定的单元中。取反指令可分为字节取反指令（INV_B）、字取反指令（INV_W）和双字取反指令（INV_DW）。

1. 指令说明

取反指令说明见表 5-22。

表5-22 取反指令说明

取反指令	梯形图	功能说明	操作数	
			IN1	OUT
字节取反指令（INV_B）	INV_B EN ENO ????-IN OUT-????	将IN端指定字节单元中的数据逐位取反，结果存入OUT端指定的单元中	IB、QB、VB、MB、SMB、SB、LB、AC、*VD、*LD、*AC、常数	IB、QB、VB、MB、SMB、SB、LB、AC、*VD、*AC、*LD
字取反指令（INV_W）	INV_W EN ENO ????-IN OUT-????	将IN端指定字单元中的数据逐位取反，结果存入OUT端指定的单元中	IW、QW、VW、MW、SMW、SW、LW、T、C、AC、AIW、*VD、*LD、*AC、常数	IW、QW、VW、MW、SMW、SW、T、C、LW、AIW、AC、*VD、*LD、*AC
双字取反指令（INV_DW）	INV_DW EN ENO ????-IN OUT-????	将IN端指定双字单元中的数据逐位取反，结果存入OUT端指定的单元中	ID、QD、VD、MD、SMD、SD、LD、AC、HC、*VD、*LD、*AC、常数	ID、QD、VD、MD、SMD、SD、LD、AC、*VD、*LD、*AC

2. 指令使用举例

取反指令使用举例如图5-7所示，当I1.0触点闭合时，执行INV_W指令，将AC0中的数据逐位取反。

图5-7 取反指令使用举例

5.5.2 与指令

与指令的功能是IN1、IN2端指定单元的数据按位相与，结果存入OUT端指定的单元中。与指令可分为字节与指令（WAND_B）、字与指令（WAND_W）和双字与指令（WAND_DW）。

1. 指令说明

与指令说明见表5-23。

表5-23 与指令说明

与指令	梯形图	功能说明	操作数	
			IN1	OUT
字节与指令（WAND_B）	WAND_B EN ENO ????-IN1 OUT-???? ????-IN2	将IN1、IN2端指定字节单元中的数据按位相与，结果存入OUT端指定的单元中	IB、QB、VB、MB、SMB、SB、LB、AC、*VD、*LD、*AC、常数	IB、QB、VB、MB、SMB、SB、LB、AC、*VD、*AC、*LD

续表

与指令	梯形图	功能说明	操作数	
			IN1	OUT
字与指令 （WAND_W）	WAND_W EN　ENO ????-IN1　OUT-???? ????-IN2	将 IN1、IN2 端指定字单元中的数据按位相与，结果存入 OUT 端指定的单元中	IW、QW、VW、MW、SMW、SW、LW、T、C、AC、AIW、*VD、*LD、*AC、常数	IW、QW、VW、MW、SMW、SW、T、C、LW、AIW、AC、*VD、*LD、*AC
双字与指令 （WAND_DW）	WAND_DW EN　ENO ????-IN1　OUT-???? ????-IN2	将 IN1、IN2 端指定双字单元中的数据按位相与，结果存入 OUT 端指定的单元中	ID、QD、VD、MD、SMD、SD、LD、AC、HC、*VD、*LD、*AC、常数	ID、QD、VD、MD、SMD、SD、LD、AC、*VD、*LD、*AC

2. 指令使用举例

与指令使用举例如图 5-8 所示，当 I1.0 触点闭合时，执行 WAND_W 指令，将 AC1、AC0 中的数据按位相与，结果存入 AC0。

图 5-8　与指令使用举例

5.5.3　或指令

或指令的功能是 **IN1、IN2** 端指定单元的数据按位相或，结果存入 **OUT** 端指定的单元中。或指令可分为字节或指令（**WOR_B**）、字或指令（**WOR_W**）和双字或指令（**WOR_DW**）。

1. 指令说明

或指令说明见表 5-24。

表 5-24 或指令说明

或指令	梯形图	功能说明	操作数	
			IN1	OUT
字节或指令 （WOR_B）	WOR_B EN　ENO ????-IN1　OUT-???? ????-IN2	将 IN1、IN2 端指定字节单元中的数据按位相或，结果存入 OUT 端指定的单元中	IB、QB、VB、MB、SMB、SB、LB、AC、*VD、*LD、*AC、常数	IB、QB、VB、MB、SMB、SB、LB、AC、*VD、*AC、*LD
字或指令 （WOR_W）	WOR_W EN　ENO ????-IN1　OUT-???? ????-IN2	将 IN1、IN2 端指定字单元中的数据按位相或，结果存入 OUT 端指定的单元中	IW、QW、VW、MW、SMW、SW、LW、T、C、AC、AIW、*VD、*LD、*AC、常数	IW、QW、VW、MW、SMW、SW、T、C、LW、AIW、AC、*VD、*LD、*AC
双字或指令 （WOR_DW）	WOR_DW EN　ENO ????-IN1　OUT-???? ????-IN2	将 IN1、IN2 端指定双字单元中的数据按位相或，结果存入 OUT 端指定的单元中	ID、QD、VD、MD、SMD、SD、LD、AC、HC、*VD、*LD、*AC、常数	ID、QD、VD、MD、SMD、SD、LD、AC、*VD、*LD、*AC

2. 指令使用举例

或指令使用举例如图 5-9 所示，当 I1.0 触点闭合时，执行 WOR_W 指令，将 AC1、VW100 中的数据按位相或，结果存入 VW100。

图 5-9　或指令使用举例

5.5.4　异或指令

异或指令的功能是 IN1、IN2 端指定单元的数据按位进行异或运算，结果存入 OUT 端指定的单元中。异或运算时，两位数相同，异或结果为 0，相反异或结果为 1。异或指令可分为字节异或指令（WXOR_B）、字异或指令（WXOR_W）和双字异或指令（WXOR_DW）。

1. 指令说明

异或指令说明见表 5-25。

表 5-25　　　　　　　　　　　　　　　异或指令说明

异或指令	梯形图	功能说明	操作数	
			IN1	OUT
字节异或指令 （WXOR_B）	WXOR_B EN　ENO ????-IN1　OUT-???? ????-IN2	将 IN1、IN2 端指定字节单元中的数据按位相异或，结果存入 OUT 端指定的单元中	IB、QB、VB、MB、SMB、SB、LB、AC、*VD、*LD、*AC、常数	IB、QB、VB、MB、SMB、SB、LB、AC、*VD、*AC、*LD
字异或指令 （WXOR_W）	WXOR_W EN　ENO ????-IN1　OUT-???? ????-IN2	将 IN1、IN2 端指定字单元中的数据按位相异或，结果存入 OUT 端指定的单元中	IW、QW、VW、MW、SMW、SW、LW、T、C、AC、AIW、*VD、*LD、*AC、常数	IW、QW、VW、MW、SMW、SW、T、C、LW、AIW、AC、*VD、*LD、*AC
双字异或指令 （WXOR_DW）	WXOR_DW EN　ENO ????-IN1　OUT-???? ????-IN2	将 IN1、IN2 端指定双字单元中的数据按位相异或，结果存入 OUT 端指定的单元中	ID、QD、VD、MD、SMD、SD、LD、AC、HC、*VD、*LD、*AC、常数	ID、QD、VD、MD、SMD、SD、LD、AC、*VD、*LD、*AC

2. 指令使用举例

异或指令使用举例如图 5-10 所示，当 I1.0 触点闭合时，执行 WXOR_W 指令，将 AC1、AC0 中的数据按位相异或，结果存入 AC0。

图 5-10　异或指令使用举例

5.6 移位与循环指令

移位与循环指令包括左移位指令、右移位指令、循环左移位指令、循环右移位指令和移位寄存器指令，根据操作数不同，前面4种指令又分为字节、字和双字型指令。

5.6.1 左移位与右移位指令

左移位与右移位指令的功能是将 IN 端指定单元的各位数向左或向右移动 N 位，结果保存在 OUT端指定的单元中。根据操作数不同，左移位与右移位指令又分为字节、字和双字型指令。

1. 指令说明

左移位与右移位指令说明见表 5-26。

表 5-26   左移位与右移位指令说明

指令名称		梯形图	功能说明	操作数		
				IN1	OUT	N
左移位指令	字节左移位指令（SHL_B）	SHL_B — EN ENO — ????-IN OUT -???? ????-N	将 IN 端指定字节单元中的数据向左移动 N 位，结果存入 OUT 端指定的单元中	IB、QB、VB、MB、SMB、SB、LB、AC、*VD、*LD、*AC、常数	IB、QB、VB、MB、SMB、SB、LB、AC、*VD、*AC、*LD	IB、QB、VB、MB、SMB、SB、LB、AC、*VD、*LD、*AC、常数
	字左移位指令（SHL_W）	SHL_W — EN ENO — ????-IN OUT -???? ????-N	将 IN 端指定字单元中的数据向左移动 N 位，结果存入 OUT 端指定的单元中	IW、QW、VW、MW、SMW、SW、LW、T、C、AC、AIW、*VD、*LD、*AC、常数	IW、QW、VW、MW、SMW、SW、T、C、LW、AIW、AC、*VD、*LD、*AC	
	双字左移位指令（SHL_DW）	SHL_DW — EN ENO — ????-IN OUT -???? ????-N	将 IN 端指定双字单元中的数据向左移动 N 位，结果存入 OUT 端指定的单元中	ID、QD、VD、MD、SMD、SD、LD、AC、HC、*VD、*LD、*AC、常数	ID、QD、VD、MD、SMD、SD、LD、AC、*VD、*LD、*AC	
右移位指令	字节右移位指令（SHR_B）	SHR_B — EN ENO — ????-IN OUT -???? ????-N	将 IN 端指定字节单元中的数据向右移动 N 位，结果存入 OUT 端指定的单元中	IB、QB、VB、MB、SMB、SB、LB、AC、*VD、*LD、*AC、常数	IB、QB、VB、MB、SMB、SB、LB、AC、*VD、*AC、*LD	
	字右移位指令（SHR_W）	SHR_W — EN ENO — ????-IN OUT -???? ????-N	将 IN 端指定字单元中的数据向右移动 N 位，结果存入 OUT 端指定的单元中	IW、QW、VW、MW、SMW、SW、LW、T、C、AC、AIW、*VD、LD、*AC、常数	IW、QW、VW、MW、SMW、SW、T、C、LW、AIW、AC、*VD、*LD、*AC	
	双字右移位指令（SHR_DW）	SHR_DW — EN ENO — ????-IN OUT -???? ????-N	将 IN 端指定双字单元中的数据向左移动 N 位，结果存入 OUT 端指定的单元中	ID、QD、VD、MD、SMD、SD、LD、AC、HC、*VD、*LD、*AC、常数	ID、QD、VD、MD、SMD、SD、LD、AC、*VD、*LD、*AC	

2. 指令使用举例

移位指令使用举例如图5-11所示，当I1.0触点闭合时，执行SHL_W指令，将VW200中的数据向左移3位，最后一位移出值"1"保存在溢出标志位SM1.1中。

图5-11 移位指令使用举例

移位指令对移走而变空的位自动补0。如果将移位数N设为大于或等于最大允许值（对于字节操作为8，对于字操作为16，对于双字操作为32），移位操作的次数自动为最大允许位。如果移位数N大于0，溢出标志位SM1.1保存最后一次移出的位值；如果移位操作的结果为0，零标志位SM1.0置1。字节操作是无符号的，对于字和双字操作，当使用有符号数据类型时，符号位也被移动。

5.6.2 循环左移与右移指令

循环左移位与右移位指令的功能是将IN端指定单元的各位数向左或向右循环移动N位，结果保存在OUT端指定的单元中。循环移位是环形的，一端移出的位会从另一端移入。根据操作数不同，左移位与右移位指令又分为字节、字和双字型指令。

1. 指令说明

循环左移位与右移位指令说明见表5-27。

表 5-27 循环左移位与右移位指令说明

指令名称	梯形图	功能说明	操作数		
			IN1	OUT	N
字节循环左移位指令（ROL_B）	ROL_B EN ENO ????-IN OUT-???? ????-N	将IN端指定字节单元中的数据向左循环移动N位，结果存入OUT端指定的单元中	IB、QB、VB、MB、SMB、SB、LB、AC、* VD、* LD、* AC、常数	IB、QB、VB、MB、SMB、SB、LB、AC、* VD、* AC、* LD	IB、QB、VB、MB、SMB、SB、LB、AC、* VD、* LD、* AC、常数
字循环左移位指令（ROL_W）	ROL_W EN ENO ????-IN OUT-???? ????-N	将IN端指定字单元中的数据向左循环移动N位，结果存入OUT端指定的单元中	IW、QW、VW、MW、SMW、SW、LW、T、C、AC、AIW、* VD、* LD、* AC、常数	IW、QW、VW、MW、SMW、SW、T、C、LW、AIW、AC、* VD、* LD、* AC	
双字循环左移位指令（ROL_DW）	ROL_DW EN ENO ????-IN OUT-???? ????-N	将IN端指定双字单元中的数据向左循环移动N位，结果存入OUT端指定的单元中	ID、QD、VD、MD、SMD、SD、LD、AC、HC、* VD、* LD、* AC、常数	ID、QD、VD、MD、SMD、SD、LD、AC、* VD、* LD、* AC	

续表

指令名称	梯形图	功能说明	操作数		
			IN1	OUT	N
循环右移位指令 字节循环右移位指令（ROR_B）	ROR_B EN ENO ????-IN OUT-???? ????-N	将 IN 端指定字节单元中的数据向右循环移动 N 位，结果存入 OUT 端指定的单元中	IB、QB、VB、MB、SMB、SB、LB、AC、＊VD、＊LD、＊AC、常数	IB、QB、VB、MB、SMB、SB、LB、AC、＊VD、＊AC、＊LD	IB、QB、VB、MB、SMB、SB、LB、AC、＊VD、＊LD、＊AC、常数
字循环右移位指令（ROR_W）	ROR_W EN ENO ????-IN OUT-???? ????-N	将 IN 端指定字单元中的数据向右循环移动 N 位，结果存入 OUT 端指定的单元中	IW、QW、VW、MW、SMW、SW、LW、T、C、AC、AIW、＊VD、LD、＊AC、常数	IW、QW、VW、MW、SMW、SW、T、C、LW、AIW、AC、＊VD、＊LD、＊AC	
双字循环右移位指令（ROR_DW）	ROR_DW EN ENO ????-IN OUT-???? ????-N	将 IN 端指定双字单元中的数据向左循环移动 N 位，结果存入 OUT 端指定的单元中	ID、QD、VD、MD、SMD、SD、LD、AC、HC、＊VD、＊LD、＊AC、常数	ID、QD、VD、MD、SMD、SD、LD、AC、＊VD、＊LD、＊AC	

2. 指令使用举例

循环移位指令使用举例如图 5-12 所示，当 I1.0 触点闭合时，执行 ROR_W 指令，将 AC0 中的数据循环右移 2 位，最后一位移出值"0"同时保存在溢出标志位 SM1.1 中。

图 5-12　循环移位指令使用举例

如果移位数 N 大于或者等于最大允许值（字节操作为 8，字操作为 16，双字操作为 32），在执行循环移位之前，会执行取模操作，如对于字节操作，取模操作过程是将 N 除以 8 取余数作为实际移位数，字节操作实际移位数是 0～7，字操作是 0～15，双字操作是 0～31。如果移位次数为 0，循环移位指令不执行。

执行循环移位指令时，最后一个移位值会同时移入溢出标志位 SM1.1。当循环移位结果是 0 时，零标志位（SM1.0）被置 1。字节操作是无符号的，对于字和双字操作，当使用有符号数据类型时，符号位也被移位。

5.6.3　移位寄存器令

移位寄存器指令的功能是将一个数值移入移位寄存器中。使用该指令，每个扫描周期，整个移位寄存器的数据移动一位。

1. 指令说明

移位寄存器指令说明见表 5-28。

表 5-28   移位寄存器指令说明

指令名称	梯形图及指令格式	功能说明	操作数	
			DATA、S_BIT	N
移位寄存器指令 (SHRB)	SHRB EN ENO ???? — DATA ???? — S_BIT ???? — N SHRB DATA，S_BIT，N	将 S_BIT 端为最低地址的 N 个位单元设为移动寄存器，DATA 端指定数据输入的位单元。 N 指定移位寄存器的长度和移位方向。当 N 为正值时正向移动，输入数据从最低位 S_BIT 移入，最高位移出，移出的数据放在溢出标志位 SM1.1 中；当 N 为负值时反向移动，输入数据从最高位移入，最低位 S_BIT 移出，移出的数据放在溢出标志位 SM1.1。 移位寄存器的最大长度为 64 位，可正可负	I、Q、V、M、SM、S、T、C、L （位型）	IB、QB、VB、MB、SMB、SB、LB、AC、*VD、*LD、*AC、常数 （字节型）

2. 指令使用举例

移位寄存器指令使用举例如图 5-13 所示，当 I1.0 触点第一次闭合时，P 触点接通一个扫描周期，执行 SHRB 指令，将 V100.0（S_BIT）为最低地址的 4（N）个连续位单元 V100.3～V100.0 定义为一个移位寄存器，并把 I0.3（DATA）位单元送来的数据 "1" 移入 V100.0 单元中，V100.3～V100.0 原先的数据都会随之移动一位，V100.3 中先前的数据 "0" 被移到溢出标志位 SM1.1 中；当 I1.0 触点第二次闭合时，P 触点又接通一个扫描周期，又执行 SHRB 指令，将 I0.3 送来的数据 "0" 移入 V100.0 单元中，V100.3～V100.1 的数据也都会移动一位，V100.3 中的数据 "1" 被移到溢出标志位 SM1.1 中。

在图 5-13 中，如果 N＝－4，I0.3 位单元送来的数据会从移位寄存器的最高位 V100.3 移入，最低位 V100.0 移出的数据会移到溢出标志位 SM1.1 中。

图 5-13 移位寄存器指令使用举例

5.7 转 换 指 令

PLC 的主要数据类型有字节型、整数型、双整数型和实数型，数据的编码类型主要有二进制、十进制、十六进制、BCD 码和 ASCII 码等。在编程时，指令对操作数类型有一定的要求，如字节型与字型数据不能直接进行相加运算。为了让指令能对不同类型数据进行处理，要先对数据的类型进行转换。

转换指令是一种转换不同类型数据的指令。转换指令可分为标准转换指令、ASCII 转换指令、字符串转换指令和编码、解码指令。

5.7.1 标准转换指令

标准转换指令可分为数字转换指令、四舍五入取整指令和段译码指令。

1. 数字转换指令

数字转换指令有字节与整数间的转换指令、整数与双整数间的转换指令、BCD 码与整数间的转换指令和双整数转实数指令等。

BCD 码是一种用 4 位二进制数组合来表示十进制数的编码。BCD 码的 0000～1001 分别对应十进制数的 0～9。一位十进制数的二进制编码和 BCD 码是相同的，如 6 的二进制编码 0110，BCD 码也为 0110；但多位数十进制数两种编码是不同的，如 64 的 8 位二进制编码为 0100 0000，BCD 码则为 0110 0100，由于 BCD 码采用 4 位二进制数来表示 1 位十进制数，故 16 位 BCD 码能表示十进制数范围是 0000～9999。

（1）指令说明。数字转换指令说明见表 5-29。

表 5-29 　　　　　　　　　　　　　　数字转换指令说明

指令名称	梯形图	功能说明	操作数	
			IN	OUT
字节转整数指令（B_I）	B_I EN　ENO ????-IN　OUT-????	将 IN 端指定字节单元中的数据（8 位）转换成整数（16 位），结果存入 OUT 端指定的单元中。 字节是无符号的，因而没有符号位扩展	IB、QB、VB、MB、SMB、SB、LB、AC、*VD、*LD、*AC、常数 （字节型）	IW、QW、VW、MW、SMW、SW、T、C、LW、AIW、AC、*VD、*LD、*AC （整数型）
整数转字节指令（I_B）	I_B EN　ENO ????-IN　OUT-????	将 IN 端指定单元的整数（16 位）转换成字节数据（8 位），结果存入 OUT 端指定的单元中。 IN 中只有 0～255 范围内的数值能被转换，其他值不会转换，但会使溢出位 SM1.1 会置 1	IW、QW、VW、MW、SMW、SW、LW、T、C、AC、AIW、*VD、*LD、*AC、常数 （整数型）	IB、QB、VB、MB、SMB、SB、LB、AC、*VD、*LD、*AC （字节型）
整数转双整数指令（I_DI）	I_DI EN　ENO ????-IN　OUT-????	将 IN 端指定单元的整数（16 位）转换成双整数（32 位），结果存入 OUT 端指定的单元中。符号位扩展到高字节中	IW、QW、VW、MW、SMW、SW、LW、T、C、AC、AIW、*VD、*LD、*AC、常数 （整数型）	ID、QD、VD、MD、SMD、SD、LD、AC、*VD、*LD、*AC （双整数型）

续表

指令名称	梯形图	功能说明	操作数	
			IN	OUT
双整数转整数指令 (DI _ I)	DI_I EN ENO ????-IN OUT-????	将 IN 端指定单元的双整数转换成整数,结果存入 OUT 端指定的单元中。 若需转换的数值太大无法在输出中表示,则不会转换,但会使溢出标志位 SM1.1 置 1	ID, QD, VD, MD, SMD, SD, LD, AC, HC, *VD, *LD, *AC、常数 (双整数型)	IW, QW, VW, MW, SMW, SW, T, C, LW, AIW, AC, *VD, *LD, *AC (整数型)
双整数转实数指令 (DI _ R)	DI_R EN ENO ????-IN OUT-????	将 IN 端指定单元的双整数(32 位)转换成实数(32 位),结果存入 OUT 端指定的单元中	ID, QD, VD, MD, SMD, SD, LD, AC, HC, *VD, *LD, *AC、常数 (双整数型)	ID、QD、VD、MD、SMD、SD、LD, AC, *VD, *LD, *AC (实数型)
整数转 BCD 码指令 (I _ BCD)	I_BCD EN ENO ????-IN OUT-????	将 IN 端指定单元的整数(16 位)转换成 BCD 码(16 位),结果存入 OUT 端指定的单元中。 IN 是 0～9999 范围的整数,如果超出该范围,会使 SM1.6 置 1	IW, QW, VW, MW, SMW, SW, LW, T, C, AC, AIW, *VD, *LD, *AC、常数 (整数型)	IW, QW, VW, MW, SMW, SW, T, C, LW, AIW, AC, *VD, *LD, *AC (整数型)
BCD 码转整数指令 (BCD _ I)	BCD_I EN ENO ????-IN OUT-????	将 IN 端指定单元的 BCD 码转换成整数,结果存入 OUT 端指定的单元中。 IN 是 0～9999 范围的 BCD 码		

(2) 指令使用举例。数字转换指令使用举例如图 5-14 所示,当 I0.0 触点闭合时,执行 I _ DI 指令,将 C10 中的整数转换成双整数,然后存入 AC1 中。当 I0.1 触点闭合时,执行 BCD _ I 指令,将 AC0 中的 BCD 码转换成整数,如指令执行前 AC0 中的 BCD 码为 0000 0001 0010 0110 (即 126),BCD _ I 指令执行后,AC0 中的 BCD 码被转换成整数 0000000001111110。

图 5-14 数字转换指令使用举例

2. 四舍五入取整指令

(1) 指令说明。四舍五入取整指令说明见表 5-30。

表 5-30   四舍五入取整指令说明

指令名称	梯形图	功能说明	操作数	
			IN	OUT
四舍五入取整指令（ROUND）	ROUND EN ENO ???? IN OUT ????	将 IN 端指定单元的实数换成双整数，结果存入 OUT 端指定的单元中。 在转换时，如果实数的小数部分大于 0.5，则整数部分加 1，再将加 1 后的整数送入 OUT 单元中，如果实数的小数部分小于 0.5，则将小数部分舍去，只将整数部分送入 OUT 单元。 如果要转换的不是一个有效的或者数值太大的实数，转换不会进行，但会使溢出标志位 SM1.1 置 1	ID、QD、VD、MD、SMD、SD、LD、AC、*VD、*LD、*AC、常数 （实数型）	ID、QD、VD、MD、SMD、SD、LD、AC、*VD、*LD、*AC （双整数型）
舍小数点取整指令（TRUNC）	TRUNC EN ENO ???? IN OUT ????	将 IN 端指定单元的实数换成双整数，结果存入 OUT 端指定的单元中。 在转换时，将实数的小数部分舍去，仅将整数部分送入 OUT 单元中		

(2) 指令使用举例。四舍五入取整指令使用举例如图 5-15 所示，当 I0.0 触点闭合时，执行 ROUND 指令，将 VD8 中的实数采用四舍五入取整的方式转换成双整数，然后存入 VD12 中。

```
LD        I0.0
ROUND     VD8，VD12
```

图 5-15   四舍五入取整指令使用举例

图 5-16   七段数码显示器
(a) 结构；(b) 外形

3. 段译码指令

段译码指令的功能是将 IN 端指定单元中的低 4 位数转换成能驱动七段数码显示器显示相应字符的七段码。

(1) 七段数码显示器与七段码。七段数码显示器一种采用七段发光体来显示十进制数 0~9 的显示装置，其结构和外形如图 5-16 所示，当某段加有高电平"1"时，该段发光，如要显示十进制数"5"，可让 gfedcba = 1101101，这里的 1101101 为 7 段码，七段码只有 7 位，通常在最高位补 0 组成 8 位（一个字节）。段译码指令 IN 端指定单元中的低 4 位实际上是十进制数的二进制编码值，经指令转换后变成七段码存入 OUT 端指定的单元中。十进制数、二进制数、七段码及显示的字符对应关系见表 5-31。

表 5-31 十进制数、二进制数、七段码及显示字符的对应关系

十进制数	二进制制 (IN 低 4 位)	七段码 (OUT) —gfedcba	显示字符	七段码 显示器
0	0000	0011 1111		
1	0 001	0000 0110		
2	0 010	0101 1011		
3	0011	0100 1111		
4	0100	0110 0110		
5	0101	0110 1101		
6	0110	0111 1101		
7	0 111	0000 0111		
8	1000	0111 1111		
9	1001	0110 0111		
A	1010	0111 0111		
B	1011	0111 1100		
C	1100	0011 1001		
D	1 101	0101 1110		
E	1110	0111 1001		
F	1111	0111 0001		

（2）指令说明。段译码指令说明见表 5-32。

表 5-32 段译码指令说明

指令名称	梯形图	功能说明	操作数	
			IN	OUT
段译码 指令 （SEG）	SEG EN ENO ????—IN OUT—????	将 IN 端指定单元的低 4 位 数换成七段码，结果存入 OUT 端指定的单元中	IB、QB、VB、MB、 SMB、SB、LB、AC、 *VD、*LD、*AC、 常数 （字节型）	IB、QB、VB、 MB、SMB、SB、LB、 AC、*VD、*LD、 *AC （字节型）

（3）指令使用举例。段译码指令使用举例如图 5-17 所示，当 I0.0 触点闭合时，执行 SEG 指令，将 VB40 中的低 4 位数转换成七段码，然后存入 AC0 中，如 VB0 中的数据为 00000110，执行 SEG 指令后，低 4 位 0110 转换成七段码 01111101，存入 AC0 中。

```
LD      I0.0
SEG     VB40, AC0
```

图 5-17 段译码指令使用举例

5.7.2 ASCII 码转换指令

ASCII 码转换指令包括整数、双整数、实数转 ASCII 码指令和十六进制数与 ASCII 码转换指令。

1. ASCII 码知识

ASCII 码意为美国标准信息交换码，是一种使用 7 位或 8 位二进制数编码的方案，最多可以对 256 个字符（包括字母、数字、标点符号、控制字符及其他符号）进行编码。ASCII 编码表见表 5-33。计算机等很多数字设备的字符采用 ASCII 编码方式，如当按下键盘上的"8"键时，键盘内的编码电路就将

该键编码成 011 1000，再送入计算机处理，在 7 位 ASCII 码最高位加 0 就是 8 位 ASCII 码。

表 5-33　　　　　　　　　　　　　　　　　　ASCII 编码表

b₇ b₆ b₅ b₄ b₃ b₂ b₁	000	001	010	011	100	101	110	111
0000	nul	dle	sp	0	@	P	、	p
0001	soh	dc1	!	1	A	Q	a	q
0010	stx	dc2	"	2	B	R	b	r
0011	etx	dc3	#	3	C	S	c	s
0100	eot	dc4	$	4	D	T	d	t
0101	enq	nak	%	5	E	U	e	n
0110	ack	svn	&	6	F	V	f	v
0111	bel	etb	'	7	G	W	g	w
1000	bs	can	(	8	H	X	h	x
1001	ht	em	)	9	I	Y	i	y
1010	1f	sub	*	:	J	Z	j	z
1011	vt	esc	+	;	K	[	k	{
1100	ff	fs	,	〈	L	\	l	|
1101	cr	gs	—	=	M	]	m	}
1110	so	rs	.	〉	N	ˆ	n	~
1111	si	ns	/	!	O	_	o	del

2. 整数转 ASCII 码指令

（1）指令说明。整数转 ASCII 码指令说明见表 5-34。

表 5-34　　　　　　　　　　　　　　整数转 ASCII 码指令说明

指令名称	梯形图	功能说明	操作数	
			IN	FMT、OUT
整数转 ASCII 码指令 （ITA）	ITA EN　　ENO ????－IN　OUT－???? ????－FMT	将 IN 端指定单元中的整数转换成 ASCII 字符字符串，存入 OUT 端指定首地址的 8 个连续字节单元中。 FMT 端指定单元中的数据用来定义 ASCII 码字符串在 OUT 存储区的存放形式	IW、QW、VW、MW、SMW、SW、LW、T、C、AC、AIW、*VD、*LD、*AC、常数 （整数型）	IB、QB、VB、MB、SMB、SB、LB、AC、*VD、*LD、*AC、常数 OUT 禁用 AC 和常数 （字节型）

在整数转 ASCII 码指令中，IN 端为整数型操作数，FMT 端指定字节单元中的数据用来定义 ASCII 码字符串在 OUT 存储区的存放格式，OUT 存储区是指 OUT 端指定首地址的 8 个连续字节单元，又称输出存储区。FMT 端单元中的数据定义如下：

(2) 指令使用举例。整数转 ASCII 码指令使用举例如图 5-18 所示,当 I0.0 触点闭合时,执行 ITA 指令,将 IN 端 VW10 中的整数转换成 ASCII 码字符串,保存在 OUT 端指定首地址的 8 个连续单元(VB12～VB19)构成的存储区中,ASCII 码字符串在存储区的存放形式由 FMT 端 VB0 单元中的数据低 4 位规定。

图 5-18 整数转 ASCII 码指令使用举例

如 VW10 中整数为 12,VB0 中的数据为 3(即 00000011),执行 ITA 指令后,VB12～VB19 单元中存储的 ASCII 码字符串为 "0.012",各单元具体存储的 ASCII 码见表 5-35,其中 VB19 单元存储的为 "2" 的 ASCII 码 "00110010"。

表 5-35 FMT 单元取不同值时存储区中 ASCII 码的存储形式

FMT	IN	OUT							
VB0	VW10	VB12	VB13	VB14	VB15	VB16	VB17	VB18	VB19
3 (00000011)	12				0	.	0	1	2
	1234				1	.	2	3	4
11 (0001011)	−12345	−	1	2	,	3	4	5	
0 (00000000)	−12345			−	1	2	3	4	5
7 (00000111)	−12345	空格 ASCII 码	空格 ASCII 码	空格 ASCII 码	空格 ASCII 码	空格 ASCII 码	空格 ASCII 码	空格 ASCII 码	空格 ASCII 码

输出存储区的 ASCII 码字符串格式有以下规律。

1) 正数值写入输出存储区时没有符号位。

2) 负数值写入输出存储区时以负号(−)开头。

3) 除小数点左侧最靠近的 0 外,其他左侧 0 去掉。

4) 输出存储区中的数值是右对齐的。

3. 双整数转 ASCII 码指令

(1) 指令说明。双整数转 ASCII 码指令说明见表 5-36。

表 5-36 双整数转 ASCII 码指令说明

指令名称	梯形图	功能说明	操作数	
			IN	FMT、OUT
双整数转 ASCII 码 指令 (DTA)	DTA EN ENO ????－IN OUT－???? ????－FMT	将 IN 端指定单元中的双整数转换成 ASCII 码字符串,存入 OUT 端指定首地址的 12 个连续字单元中。 FMT 端指定单元中的数据用来定义 ASCII 码字符串在 OUT 存储区的存放形式	ID, QD, VD, MD, SMD, SD, LD, AC, HC, * VD, * LD, * AC、常数 (双整数型)	IB, QB, VB, MB, SMB, SB, LB, AC, * VD, * LD, * AC、常数 OUT 禁用 AC 和常数 (字节型)

在 DTA 指令中,IN 端为双整数型操作数,FMT 端字节单元中的数据用来指定 ASCII 码字符串在 OUT 存储区的存放格式,OUT 存储区是指 OUT 端指定首地址的 12 个连续字节单元。FMT 端单元中的数据定义与整数转 ASCII 码指令相同。

(2) 指令使用举例。双整数转 ASCII 码指令使用举例如图 5-19 所示,当 I0.0 触点闭合时,执行 DTA 指令,将 IN 端 VD10 中的双整数转换成 ASCII 码字符串,保存在 OUT 端指定首地址的 8 个连续单元(VB14～VB25)构成的存储区中,ASCII 码字符串在存储区的存放形式由 VB0 单元(FMT 端指

图 5-19　双整数转 ASCII 码指令使用举例

定）中的低 4 位数据规定。

如 VD10 中双整数为 3456789，VB0 中的数据为 3（即 00000011），执行 DTA 指令后，VB14～VB25 中存储的 ASCII 码字符串为"3456.789"。

输出存储区的 ASCII 码字符串格式有以下规律。

1）正数值写入输出存储区时没有符号位。

2）负数值写入输出存储区时以负号（一）开头。

3）除小数点左侧最靠近的 0 外，其他左侧 0 去掉。

4）输出存储区中的数值是右对齐的。

4. 实数转 ASCII 码指令

(1) 指令说明。实数转 ASCII 码指令说明见表 5-37。

表 5-37　　　　　　　　　　　　　　　　实数转 ASCII 码指令说明

指令名称	梯形图	功能说明	操作数	
			IN	FMT、OUT
实数转 ASCII 码指令（RTA）	RTA EN　ENO ????-IN　OUT-???? ????-FMT	将 IN 端指定单元中的实数转换成 ASCII 码字符串，存入 OUT 端指定首地址的 3～15 个连续字节单元中。 FMT 端指定单元中的数据用来定义 OUT 存储区的长度和 ASCII 码字符串在 OUT 存储区的存放形式	ID, QD, VD, MD, SMD, SD, LD, AC, HC, *VD, *LD, *AC、常数 （实数型）	IB, QB, VB, MB, SMB, SB, LB, AC, *VD, *LD, *AC、常数 OUT 禁用 AC 和常数 （字节型）

在 RTA 指令中，IN 端为实数型操作数，FMT 端指定单元中的数据用来定义 OUT 存储区的长度和 ASCII 码字符串在 OUT 存储区的存放形式。FMT 端单元中的数据定义如下：

(2) 指令使用举例。实数转 ASCII 码指令使用举例如图 5-20 所示，当 I0.0 触点闭合时，执行 RTA 指令，将 IN 端 VD10 中的实数转换成 ASCII 码字符串，保存在 OUT 端指定首地址的存储区中，存储区的长度由 FMT 端 VB0 单元中的数据高 4 位规定，ASCII 码字符串在存储区的存放形式由 FMT 端 VB0 单元中的低 4 位数据规定。

图 5-20　实数转 ASCII 码指令使用举例

如 VD10 中实数为 1234.5，VB0 中的数据为 97（即 01100001），执行 RTA 指令后，VB14～VB19

中存储的 ASCII 码字符串为"1234.5"。FMT 单元取不同值时存储区中 ASCII 码的存储格式见表 5-38。

表 5-38 FMT 单元取不同值时存储区中 ASCII 码的存储格式

FMT	IN	OUT					
VB0	VD10	VB14	VB15	VB16	VB17	VB18	VB19
97 (0110 0001)	1234.5	1	2	3	4	.	5
	−0.0004				0	.	0
	−3.67526				3	.	7
	1.95				2	.	0

输出存储区的 ASCII 码字符串格式有以下规律。

1) 正数值写入输出存储区时没有符号位。

2) 负数值写入输出存储区时以负号（一）开头。

3) 除小数点左侧最靠近的 0 外，其他左侧 0 去掉。

4) 若小数点右侧数据超过规定位数，会按四舍五入去掉低位以满足位数要求。

5) 输出存储区的大小应至少比小数点右侧的数字位数多 3 个字节。

6) 输出存储区中的数值是右对齐的。

5. ASCII 码转十六进制数指令

(1) 指令说明。ASCII 码转十六进制数指令说明见表 5-39。

表 5-39 ASCII 码转十六进制数指令说明

指令名称	梯形图	功能说明	操作数	
			IN、OUT	LEN
ASCII 码转十六进制数指令 (ATH)	ATH EN ENO ????─IN OUT─???? ????─LEN	将 IN 端指定首地址、LEN 端指定长度的连续字节单元中的 ASCII 码字符串转换成十六进制数，存入 OUT 端指定首地址的连续字节单元中。 IN 端用来指定待转换字节单元的首地址，LEN 用来指定待转换连续字节单元的个数，OUT 端用来指定转换后数据存放单元的首地址	IB、QB、VB、MB、SMB、SB、LB、*VD、*LD、*AC （字节型）	IB、QB、VB、MB、SMB、SB、LB、AC、*VD、*LD、*AC、常数 （字节型）

(2) 指令使用举例。ASCII 码转十六进制数指令使用举例如图 5-21 所示，当 I1.0 触点闭合时，执行 ATH 指令，将 IN 端 VB30 为首地址的连续 3 个（LEN 端指定）字节单元（VB30~VB32）中的 ASCII 码字符串转换成十六进制数，保存在 OUT 端 VB40 为首地址的连续字节单元中。

图 5-21 ASCII 码转十六进制数指令使用

如 VB30、VB31、VB32 单元中的 ASCII 码字符分别是 3（00110011）、E（01000101）、

A（01000001），执行 ATH 指令后，VB30～VB32 中的 ASCII 码转换成十六进制数，并存入 VB40、VB41 单元，其中 VB40 存放十六进制数 3E（即 0011 1110）、VB41 存放 Ax（即 1010 xxxx），x 表示 VB41 原先的数值不变。

在 ATH、HTA 指令中，有效的 ASCII 码字符为 0～9、A～F，用二进制数表示为 00110011～00111001、01000001～01000110，用十六进制表示为 33～39、41～46。另外，ATH、HTA 指令可转换的 ASCII 码和十六进制数字的最大个数为 255 个。

6. 十六进制数转 ASCII 码指令

（1）指令说明。

十六进制数转 ASCII 码指令说明见表 5-40。

表 5-40　　　　　　　　　　　　十六进制数转 ASCII 码指令说明

指令名称	梯形图	功能说明	操作数	
			IN、OUT	LEN
十六进制数转 ASCII 码指令（HTA）	HTA EN　ENO ????—IN　OUT—???? ????—LEN	将 IN 端指定首地址、LEN 端指定长度的连续字节单元中的十六进制数转换成 ASCII 码字符，存入 OUT 端指定首地址的连续字节单元中。 IN 端用来指定待转换字节单元的首地址，LEN 用来指定待转换连续字节单元的个数，OUT 端用来指定转换后数据存放单元的首地址	IB、QB、VB、MB、SMB、SB、LB、* VD、* LD、* AC （字节型）	IB、QB、VB、MB、SMB、SB、LB、AC、* VD、* LD、* AC、常数 （字节型）

（2）指令使用举例。十六进制数转 ASCII 码指令使用举例如图 5-22 所示，当 I1.0 触点闭合时，执行 HTA 指令，将 IN 端 VB30 为首地址的连续 2 个（LEN 端指定）字节单元（VB30、VB31）中的十六进制数转换成 ACII 码字符，保存在 OUT 端 VB40 为首地址的连续字节单元中。

图 5-22　十六进制数转 ASCII 码指令使用举例

如 VB30、VB31 单元中的十六进制数分别是 3E（0011 1110）、1A（00011010），执行 HTA 指令后，VB30、VB31 中的十六进制数转换成 ASCII 码，并存入 VB40～VB43 单元中，其中 VB40 存放 3 的 ASCII 码（00110011）、VB41 存放 E 的 ASCII 码、VB42 存放 1 的 ASCII 码、VB43 存放 A 的 ASCII 码。

5.7.3　字符串转换指令

字符串转换指令包括整数、双整数、实数转字符串指令和子字符串转整数、双整数、实数指令。

1. 整数、双整数、实数转字符串指令

（1）指令说明。整数、双整数、实数转字符串指令说明见表 5-41。

表 5-41 　　　　　　　　　　　整数、双整数、实数转字符串指令说明

指令名称	梯形图	功能说明	操作数		
			IN	FMT、	OUT
整数转字符串指令（I_S）	I_S EN ENO ????-IN OUT-???? ????-FMT	将 IN 端指定单元中的整数转换成 ASCII 码字符串，存入 OUT 端指定首地址的 9 个连续字节单元中。FMT 端指定单元中的数据用来定义 ASCII 码字符串在 OUT 存储区的存放形式	IW、QW、VW、MW、SMW、SW、T、C、LW、AIW、*VD、*LD、*AC、常数（整数型）	IB、QB、VB、MB、SMB、SB、LB、AC、*VD、*LD、*AC、常数（字节型）	VB、LB、*VD、*LD、*AC（字符型）
双整数转字符串指令（DI_S）	DI_S EN ENO ????-IN OUT-???? ????-FMT	将 IN 端指定单元中的双整数转换成 ASCII 码字符串，存入 OUT 端指定首地址的 13 个连续字节单元中。FMT 端指定单元中的数据用来定义 ASCII 码字符串在 OUT 存储区的存放形式	ID、QD、VD、MD、SMD、SD、LD、AC、HC、*VD、*LD、*AC、常数（双整数型）		
实数转字符串指令（R_S）	R_S EN ENO ????-IN OUT-???? ????-FMT	将 IN 端指定单元中的实数转换成 ASCII 码字符串，存入 OUT 端指定首地址的 3～15 个连续字节单元中。FMT 端指定单元中的数据用来定义 OUT 存储区的长度和 ASCII 码字符串在 OUT 存储区的存放形式	ID、QD、VD、MD、SMD、SD、LD、AC、*VD、*LD、*AC、常数（实数型）		

　　整数、双整数、实数转字符串指令中 FMT 的定义与整数、双整数、实数转 ASCII 码指令基本相同，两者的区别在于：字符串转换指令中 OUT 端指定的首地址单元用来存放字符串的长度，其后单元才存入转换后的字符串，对于整数、双整数转字符串指令，OUT 首地址单元的字符串长度值分别固定为 8、12，对于实数转字符串指令，OUT 首地址单元的字符串长度值由 FMT 的高 4 位来决定。

　　（2）指令使用举例。图 5-23 为实数转字符串指令使用举例，当 I0.0 触点闭合时，执行 R_S 指令，将 IN 端 VD10 中的实数转换成 ASCII 码字符串，保存在 OUT 端指定首地址的存储区中，存储区的长度由 FMT 端 VB0 单元中的数据高 4 位规定，ASCII 码字符串在存储区的存放形式由 FMT 端 VB0 单元中的低 4 位数据规定。

图 5-23　实数转字符串指令使用举例

　　如 VD10 中实数为 1234.5，VB0 中的数据为 97（即 01100001），执行 R_S 指令后，VB14～VB20 中存储的 ASCII 码字符串为"61234.5"。FMT 单元取不同值时存储区中 ASCII 码字符串的存储形式见表 5-42。

表 5-42   FMT 单元取不同值时存储区中 ASCII 码字符串的存储形式

FMT	IN	OUT						
VB0	VD10	VB14	VB15	VB16	VB17	VB18	VB19	VB20
97 (0110 0001)	1234.5	6	1	2	3	4	.	5
	−0.0004	6				0	.	0
	−3.67526	6			−	3	.	7
	1.95	6				2	.	0

　　整数、双整数、实数转字符串指令中的输出存储区存放 ASCII 码字符串格式与整数、双整数、实数转 ASCII 码指令基本相同，主要区别在于前者的输出存储区首地址单元存放字符串长度，其后才存入字符串。

　　2. 字符串转整数、双整数、实数指令

　　(1) 指令说明。字符串转整数、双整数、实数指令说明见表 5-43。

表 5-43   字符串转整数、双整数、实数指令说明

指令名称	梯形图	功能说明	操作数		
			IN	INDX	OUT
字符串转整数指令 (S_I)	S_I EN ENO ????－IN OUT－???? ????－INDX	将 IN 端指定首地址的第 INDX 个及后续单元中的字符串转换成整数，存入 OUT 端指定的单元中	IB、QB、VB、MB、SMB、SB、LB、*VD、*LD、*AC、常数 (字符型)	VB、IB、QB、MB、SMB、SB、LB、AC、*VD、*LD、*AC、常数 (字节型)	VW、IW、QW、MW、SMW、SW、T、C、LW、AC、AQW、*VD、*LD、*AC (整数型)
字符串转双整数指令 (S_DI)	S_DI EN ENO ????－IN OUT－???? ????－INDX	将 IN 端指定首地址的第 INDX 个及后续单元中的字符串转换成双整数，存入 OUT 端指定的单元中			VD、ID、QD、MD、SMD、SD、LD、AC、*VD、*LD、*AC (双整数型和实数型)
字符串转实数指令 (S_R)	S_R EN ENO ????－IN OUT－???? ????－INDX	将 IN 端指定首地址的第 INDX 个及后续单元中的字符串转换成实数，存入 OUT 端指定的单元中			

　　在字符串转整数、双整数、实数指令中，INDX 端用于设置开始转换单元相对首地址的偏移量，通常设置为 1，即从首地址单元中的字符串开始转换。INDX 也可以被设置为其他值，可以用于避开转换非法字符 (非 0～9 的字符)，例如 IN 端指定首地址为 VB10，VB10～VB17 单元存储的字符串为 "Key：1236"，如果将 INDX 设为 5，则转换从 VB14 单元开始，VB10～VB13 单元中的字符串 "Key" 不会被转换。

　　字符串转实数指令不能用于转换以科学计数法或者指数形式表示实数的字符串，强行转换时，指令不会产生溢出错误 (SM1.1＝1)，但会转换指数之前的字符串，然后停止转换，如转换字符串 "1.234E6" 时，转换后的实数值为 1.234，并且没有错误提示。

　　指令在转换时，当到达字符串的结尾或者遇到第一个非法字符时，转换指令结束。当转换产生的

整数值过大以致输出值无法表示时，溢出标志（SM1.1）会置位。

（2）指令使用举例。字符串转整数、双整数、实数指令使用举例如图 5-24 所示，当 I0.0 触点闭合时，依次执行 S_I、S_D、S_D 指令。S_I 指令将相对 VB0 偏移量为 7 的 VB6 及后续单元中的字符串转换成整数，并保存在 VW100 单元中；S_DI 指令将相对 VB0 偏移量为 7 的 VB7 及后续单元中的字符串转换成双整数，并保存在 VD200 单元中；S_R 指令将相对 VB0 偏移量为 7 的 VB7 及后续单元中的字符串转换成整数，并保存在 VD300 单元中。

图 5-24　字符串转整数、双整数、实数指令使用举例

如果 VB0～VB11 单元中存储的 ASCII 码字符串为"11、T、3、m、p、空格、空格、9、8、.、6、F"，执行 S_I、S_D、S_D 指令后，在 VW100 单元中得到整数 98，在 VD200 单元中得到双整数 98，在 VD300 单元中得到整数 98.6。

5.7.4　编码与解码指令

1. 指令说明

编码与解码指令说明见表 5-44。

表 5-44　　　　　　　　　　　编码与解码指令说明

编码与解码指令	梯形图	功能说明	操作数	
			IN	OUT
编码指令（ENCO）	ENCO EN　ENO ????—IN　OUT—????	将 IN 字单元中最低有效位（即最低位中的 1）的位号写入 OUT 字节单元的低半字节中	IW、QW、VW、MW、SMW、SW、LW、T、C、AC、AIW、*VD、*LD、*AC、常数 （整数型）	IB、QB、VB、MB、SMB、SB、LB、AC、*VD、*LD、*AC （字节型）
解码指令（DECO）	DECO EN　ENO ????—IN　OUT—????	根据 IN 字节单元中低半字节表示的位号，将 OUT 字单元相应的位值置 1，字单元其他的位值全部清 0	IB、QB、VB、MB、SMB、SB、LB、AC、*VD、*LD、*AC、常数 （字节型）	IW、QW、VW、MW、SMW、SW、T、C、LW、AC、AQW、*VD、*LD、*AC （整数型）

2. 指令使用举例

编码与解码指令使用举例如图 5-25 所示，当 I0.0 触点闭合时，执行 DECO 和 ENCO 指令，在执

行 ENCO（编码）指令时，将 AC3 中最低有效位 1 的位号"9"写入 VB50 单元的低 4 位，在执行 DECO 指令时，根据将 AC2 中低半字节表示的位号"3"将 VW40 中的第 3 位置 1，其他位全部清 0。

图 5-25　编码与解码指令使用举例

5.8　时　钟　指　令

时钟指令的功能是调取系统的实时时钟和设置系统的实时时钟，它包括读取实时时钟指令和设置实时时钟指令（又称写实时时钟指令）。这里的系统实时时钟是指 PLC 内部时钟，其时间值会随实际时间变化而变化，在 PLC 切断外接电源时依靠内部电容或电池供电。

1. 时钟指令说明

时钟指令说明见表 5-45。

表 5-45　　　　　　　　　　　时钟指令说明

指令名称	梯形图	功能说明	操作数 T
设置实时时钟指令（TODW）	SET_RTC EN ENO ????-T	将 T 端指定首地址的 8 个连续字节单元中的日期和时间值写入系统的硬件时钟	IB、QB、VB、MB、SMB、SB、LB、* VD、* LD、* AC（字节型）
读取实时时钟指令（TODR）	READ_RTC EN ENO ????-T	将系统的硬件时钟的日期和时间值读入 T 端指定首地址的 8 个连续字节单元中	

时钟指令 T 端指定首地址的 8 个连续字节单元（T～T+7）存放不同的日期时间值，其格式为：

T	T+1	T+2	T+3	T+4	T+5	T+6	T+7
年 00—99	月 01—12	日 01—31	小时 00—23	分钟 00—59	秒 00—59	0	星期几 0—7 1=星期日 7=星期六 0 禁止星期

在使用时钟指令时应注意以下要点。

（1）日期和时间的值都要用 BCD 码表示。如：对于年，16#10（即 00010000）表示 2010 年；对于小时 16#22 表示晚上 10 点；对于星期 16#07 表示星期六。

（2）在设置实时时钟时，系统不会检查时钟值是否正确，如2月31日虽是无效日期，但系统仍可接受，因此要保证设置时输入时钟数据正确。

（3）在编程时，不能在主程序和中断程序中同时使用读写时钟指令，否则会产生错误，中断程序中的实时时钟指令不能执行。

（4）只有CPU224型以上的PLC才有硬件时钟，低端型号的PLC要使用实时时钟，须外插带电池的实时时钟卡。

（5）对于没有使用过时钟指令的PLC，在使用指令前需要设置实时时钟，既可使用TODW指令来设置，也可以在编程软件中执行菜单命令"PLC→实时时钟"来设置和启动实时时钟。

2. 时钟指令使用举例

时钟指令使用举例如图5-26所示，其实现的控制功能是：在12：00～20：00让Q0.0线圈得电，在7：30～22：30让Q0.1线圈得电。

图5-26 时钟指令使用举例（一）

图 5-26　时钟指令使用举例（二）

"网络1"用于设置PLC的实时时钟：当I0.0触点闭合时，上升沿P触点接通一个扫描周期，开始由上往下执行MOV_B和SET_RTC指令，指令执行的结果是将PLC的实时时钟设置为"2009年12月28日8点16分20秒星期一"。"网络2"用于读取实时时钟，并将实时读取的BCD码小时、分钟值转换成整数表示的小时、分钟值。"网络3"的功能是让Q0.0线圈在12：00～20：00内得电。"网络4"的功能是让Q0.1线圈在7：30～22：30内得电，它将整个时间分成8：00～22：00、7：30～8：00和22：00～22：30 3段来控制。

5.9 程序控制指令

5.9.1 跳转与标签指令

1. 指令说明

跳转与标签指令说明见表5-46。

表5-46   跳转与标签指令说明

指令名称	梯形图	功能说明	操作数
			N
跳转指令 （JMP）	???? —(JMP)	让程序跳转并执行标签为N（????）的程序段	常数（0到255） （字型）
标签指令 （LBL）	???? LBL	用来对某程序段进行标号，为跳转指令设定跳转目转	

跳转与标签指令可用在主程序、子程序或者中断程序中，但跳转和与之相应的标号指令必须位于同性质程序段中，即不能从主程序跳到子程序或中断程序，也不能从子程序或中断程序跳出。在顺序控制SCR程序段中也可使用跳转指令，但相应的标号指令必须也在同一个SCR段中。

2. 指令使用举例

跳转与标签指令使用举例如图5-27所示，当I0.2触点闭合时，JMP 4指令执行，程序马上跳转到网络10处的LBL 4标签，开始执行该标签后面的程序段，如果I0.2触点未闭合，程序则从"网络2"依次往下执行。

图5-27 跳转与标签指令使用举例

5.9.2 循环指令

循环指令包括**FOR、NEXT**两条指令，这两条指令必须成对使用，当需要某个程序段反复执行多次时，可以使用循环指令。

1. 指令说明

循环指令说明见表5-47。

表 5-47   循环指令说明

指令名称	梯形图	功能说明	操作数	
			INDX	INIT、FINAL
循环开始指令 （FOR）	FOR EN ENO ????—INDX ????—INIT ????—FINAL	循环程序段开始，INDX端指定单元用作对循环次数进行计数，INIT 端为循环起始值，FINAL 端为循环结束值	IW、QW、VW、MW、SMW、SW、T、C、LW、AIW、AC、* VD、* LD、* AC （整数型）	VW、IW、QW、MW、SMW、SW、T、C、LW、AC、AIW、* VD、* AC、常数 （整数型）
循环结束指令 （NEXT）	——(NEXT)	循环程序段结束		

2. 指令使用举例

循环指令使用举例如图 5-28 所示，该程序有两个循环程序段（循环体），循环程序段 2（网络 2～网络 3）处于循环程序段 1（网络 1～网络 4）内部，这种一个程序段包含另一个程序段的形式称为嵌套，一个 FOR、NEXT 循环体内部最多可嵌套 8 个 FOR、NEXT 循环体。

图 5-28 循环指令使用举例

在图 5-28 中，当 I0.0 触点闭合时，循环程序段 1 开始执行，如果在 I0.0 触点闭合期间 I0.1 触点也闭合，那么在循环程序段 1 执行一次时，内部嵌套的循环程序段 2 需要反复执行 3 次，循环程序段 2 每执行完一次后，INDX 端指定单元 VW22 中的值会自动增 1（在第一次执行 FOR 指令时，INIT 值会传送给 INDX），循环程序段 2 执行 3 次后，VW22 中的值由 1 增到 3，然后程序执行网络 4 的 NEXT 指令，该指令使程序又回到"网络1"，开始下一次循环。

使用循环指令的要点如下。

(1) FOR、NEXT 指令必须成对使用；

(2) 循环允许嵌套，但不能超过 8 层；

(3) 每次使循环指令重新有效时，指令会自动将 INIT 值传送给 INDX；

(4) 当 INDX 值大于 FINAL 值时，循环不被执行；

(5) 在循环程序执行过程中，可以改变循环参数。

5.9.3 结束、停止和监视定时器复位指令

1. 指令说明

结束、停止和监视定时器复位指令说明见表 5-48。

表 5-48 结束、停止和监视定时器复位指令说明

指令名称	梯形图	功能说明
条件结束指令（END）	——(END)	该指令的功能是根据前面的逻辑条件终止当前扫描周期。它可以用在主程序中，不能用在子程序或中断程序中
停止指令（STOP）	——(STOP)	该指令的功能是让 PLC 从 RUN（运行）模式到 STOP（停止）模式，从而可以立即终止程序的执行。 如果在中断程序中使用 STOP 指令，可使该中断立即终止，并且忽略所有等待的中断，继续扫描执行主程序的剩余部分，然后在主程序的结束处完成从 RUN 到 STOP 模式的转变
监视定时器复位指令（WDR）	——(WDR)	监视定时器又称看门狗，其定时时间为 500ms，每次扫描会自动复位，然后开始对扫描时间进行计时，若程序执行时间超过 500ms，监视定时器会使程序停止执行，一般情况下程序执行周期小于 500ms，监视定时器不起作用。 在程序适当位置插入 WDR 指令对监视定时器进行复位，可以延长程序执行时间

2. 指令使用举例

结束、停止和监视定时器复位指令使用举例如图 5-29 所示。当 PLC 的 I/O 端口发生错误时，SM5.0 触点闭合，STOP 指令执行，让 PLC 由 RUN 转为 STOP 模式；当 I0.0 触点闭合时，WDR 指令执行，监视定时器复位，重新开始计时；当 I0.1 触点闭合时，END 指令执行，结束当前的扫描周期，后面的程序不会执行，即 I0.2 触点闭合时 Q0.0 线圈也不会得电。

在使用 WDR 指令时，如果用循环指令去阻止扫描完成或过度延迟扫描时间，下列程序只有在扫描周期完成后才能执行：①通信（自由端口方式除外）；②I/O 更新（立即 I/O 除外）；③强制更新；④SM 位更新（不能更新 SM0、SM5~ SM29）；⑤运行时间诊断；⑥如果扫描时间超过 25s，10ms 和 100ms 定时器将不会正确累计时间；⑦在中断程序中的 STOP 指令。

图 5-29 结束、停止和监视定时器复位指令使用举例

5.10 子程序指令

5.10.1 子程序

图 5-30 两种程序结构

(a) 单主程序结构；(b) 主、子程序结构

在编程时经常会遇到相同的程序段需要多次执行的情况，如图 5-30 所示，程序段 A 要执行两次，编程时要写两段相同的程序段，这样比较麻烦，解决这个问题的方法是将需要多次执行的程序段从主程序中分离出来，单独写成一个程序，这个程序称为子程序，然后在主程序相应的位置进行子程序调用即可。

在编写复杂的 PLC 程序时，可以将全部的控制功能划分为几个功能块，每个功能块的控制功能可用子程序来实现，这样会使整个程序结构清晰简单、易于调试、查找错误和维护。

5.10.2 子程序指令

子程序指令有子程序调用指令（CALL）和子程序条件返回指令（CRET）两条。

1. 指令说明

子程序指令说明见表 5-49。

表 5-49　　　　　　　　　　　　　　子程序指令说明

指令名称	梯形图	功能说明
子程序调用指令 （CALL）	SBR_N —EN	用于调用并执行名称为 SBR_N 的子程序。调用子程序时可以带参数也可以不带参数。子程序执行完成后，返回到调用程序的子程序调用指令的下一条指令。 N 为常数，对于 CPU 221、CPU 222 和 CPU 224，N＝0～63；对于 CPU 224XP 和 CPU 226，N＝0～127
子程序条件返回指令 （CRET）	—(RET)	根据该指令前面的条件决定是否终止当前子程序而返回调用程序

子程序指令使用要点如下。

（1）CREF 指令多用于子程序内部，该指令是否执行取决于它前面的条件，该指令执行的结果是结束当前的子程序返回调用程序。

（2）子程序允许嵌套使用，即在一个子程序内部可以调用另一个子程序，但子程序的嵌套深度最多为 9 级。

（3）当子程序在一个扫描周期内被多次调用时，在子程序中不能使用上升沿、下降沿、定时器和计数器指令。

（4）在子程序中不能使用 END（结束）指令。

2. 子程序的建立

编写子程序要在编程软件中进行，打开 STEP 7-Micro/WIN 编程软件，在程序编辑区下方有"主程序""SBR_0""INT_0" 3 个标签，单击 "SBR_0" 标签即可切换到子程序编辑页面，如图 5-31（a）所示，在该页面就可以编写名称为 "SBR_0" 的子程序。

如果需要编写第 2 个或更多的子程序，可执行菜单命令"编辑→插入→子程序"，即在程序编辑区下方增加一个子程序名为 "SBR_1" 的标签，同时在指令树的"调用子程序"下方也多出一个

"SBR_1"指令，如图 5-31（b）所示。在程序编辑区下方子程序名标签上右击，在弹出的菜单中选择重命名，标签名变成可编辑状态，输入新子程序名即可。

图 5-31 切换与建立子程序

3. 子程序指令使用举例

子程序指令使用如图 5-32 所示，其中图 5-32（a）为主程序的梯形图和指令语句表，图 5-32（b）为子程序 0 的梯形图，图 5-32（c）为子程序 1 的梯形图。

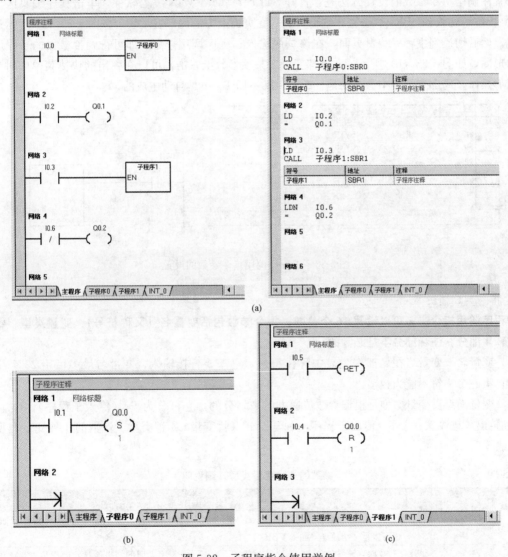

图 5-32 子程序指令使用举例
（a）主程序及指令语句表；（b）子程序 0；（c）子程序 1

主、子程序执行的过程是：当 I0.0 触点闭合时，调用子程序 0 指令执行，转入执行子程序 0，在子程序 0 中，如果 I0.1 触点闭合，则将 Q0.0 线圈置位，然后又返回到主程序，开始执行调用子程序 0 指令的下一条指令（即"网络 2"），当程序运行到"网络 3"时，如果 I0.3 触点闭合，调用子程序 1

指令执行，转入执行子程序 1，如果 I0.3 触点断开，则执行"网络 4"中的指令，不会执行子程序 1。若 I0.3 触点闭合，转入执行子程序 1 后，如果 I0.5 触点处于闭合状态，条件返回指令执行，提前从子程序 1 返回到主程序，子程序 1 中的"网络 2"无法执行。

5.10.3 带参数的子程序调用指令

子程序调用指令可以带参数，使用带参数的子程序调用指令可以扩大子程序的使用范围。在子程序调用时，如果存在数据传递，通常要求子程序调用指令带有相应的参数。

1. 参数的输入

子程序调用指令默认是不带参数的，也无法在指令梯形图符号上直接输入参数，使用子程序编辑页面上方的局部变量表可给子程序调用指令设置参数。

子程序调用指令参数的设置方法是：打开 STEP 7-Micro/WIN 编程软件，单击程序编辑区下方的 SBR_0 标签，切换到 SBR_0 子程序编辑页面，在页面上方的局部变量表内按图 5-33（a）所示进行输入设置，然后切换到主程序编辑页面，在该页面输入子程序调用指令，即可得到带参数的子程序调用指令梯形图，如图 5-33（b）所示。在局部变量表某项参数上右击，可以在弹出的快捷菜单中对参数进行增删等操作。局部变量表中参数的地址编号 LB0、LB1、⋯是自动生成的。

(a)   (b)

图 5-33　子程序调用指令参数的设置

2. 指令参数说明

子程序调用指令最多可以设置 16 个参数，每个参数包括变量名（又称符号）、变量类型、数据类型和注释 4 部分，注释部分不是必需的。

（1）变量名。变量名在局部变量表中称作符号，它需要直接输入，变量名最多可用 23 个字符表示，并且第一个字符不能为数字。

（2）变量类型。变量类型是根据参数传递方向来划分的，它可分为 IN（传入子程序）、IN_OUT（传入和传出子程序）、OUT（传出子程序）和 TEMP（暂变量）4 种类型。参数的 4 种变量类型详细说明见表 5-50。

表 5-50　　　　　　　　　　参数的 4 种变量类型详细说明

变量类型	说　　明
IN	将参数传入子程序。该参数可以是直接寻址（如 VB10）、间接寻址（如 * AC1）、常数（如 16♯1234），也可以是一个地址（如 &VB100）
IN_OUT	调用子程序时，该参数指定位置的值被传入子程序，子程序返回的结果值被到同样位置。该参数可采用直接或间接寻址，常数（如 16♯1234）和地址（如 &VB100）不允许作为输入/输出参数
OUT	子程序执行得到的结果值被返回到该参数位置。该参数可采用直接或间接寻址，常数和地址不允许作为输出参数
TEMP	在子程序内部用来暂存数据，任何不用于传递数据的局部存储器都可以在子程序中作为临时存储器使用

（3）数据类型。参数的数据类型有布尔型（BOOL）、字节型（BYTE）、字型（WORD）、双字型（DWORD）、整数型（INT）、双整数型（DINT）、实数型（REAL）和字符型（STRING）。

3. 指令使用注意事项

在使用带参数子程序调用指令时，要注意以下事项。

（1）常数参数必须指明数据类型。如输入一个无符号双字常数 12345 时，该常数必须指定为 DW♯12345，如果遗漏常数的数据类型，该常数可能会被当作不同的类型使用。

（2）输入或输出参数没有自动数据类型转换功能。如局部变量表明一个参数为实数型，而在调用时使用一个双字，子程序中的值就是双字。

（3）在带参数调用的子程序指令中，参数必须按照一定顺序排列，参数排列顺序依次是：输入、输入/输出、输出和暂变量。如果用语句表编程，CALL 指令的格式是：

CALL 子程序号，参数 1，参数 2，…，参数 n

4. 指令使用举例

带参数的子程序调用指令使用举例如图 5-34 所示，该程序可以实现 $Y=(X+20)\times3\div8$ 运算。图 5-34（a）为主程序，图 5-34（b）为子程序及局部变量表。

图 5-34 带参数的子程序调用指令使用举例

（a）主程序；（b）子程序及局部变量表

程序执行过程：在主程序中，通电常闭触点 SM0.0 处于闭合状态，首先执行第一个带参数子程序调用指令，转入执行子程序，同时将 VW0 单元中的数据作为 X 值传入子程序的 LW0 单元（局部变量存储器），在子程序中，ADD＿I指令先将 LW0 中的值＋20，结果存入 LW10 中，然后 MUL＿I 指令将 LW10 中的值×3，结果存入 LW12 中，DIV＿I 指令再将 LW12 中的值÷8，结果存入 LW2 中，最后子程序结束返回到主程序，同时子程序 LW2 中的数据作为 Y 值被传入主程序的 VW10 单元中。子程序返回到主程序后，接着执行主程序中的第二个带参数子程序调用指令，又将 VW2 中的数据作为 X 值传入子程序进行 （X＋20）×3÷8 运算，运算结果作为 Y 值返回到 VW20 单元中。

5.11 中断与中断指令

在生活中，人们经常遇到这样的情况：当你正在书房看书时，突然客厅的电话响了，你会停止看书，转而去接电话，接完电话后又继续去看书。**这种停止当前工作，转而去做其他工作，做完后又返回来做先前工作的现象称为中断。**

PLC 也有类似的中断现象，当系统正在执行某程序时，如果突然出现意外事情，它就需要停止当前正在执行的程序，转而去处理意外事情，处理完后又接着执行原来的程序。

5.11.1 中断事件与中断优先级

1. 中断事件

让 PLC 产生中断的事件称为中断事件。S7-200 PLC 最多有 34 个中断事件，为了识别这些中断事件，给每个中断事件都分配有一个编号，称为中断事件号。**中断事件主要可分为通信中断、I/O 中断和定时中断 3 类。**

（1）通信中断事件。PLC 的串口通信可以由用户程序控制，通信口的这种控制模式称为自由端口通信模式。在该模式下，接收完成、发送完成均可产生一个中断事件，利用接收、发送中断可以简化程序对通信的控制。

（2）I/O 中断事件。I/O 中断事件包括外部输入上升沿或下降沿中断、高速计数器（HSC）中断和高速脉冲输出（PTO）中断。外部输入中断是利用 I0.0～I0.3 端口的上升沿或下降沿产生中断请求，这些输入端口可用作连接某些一旦发生就必须及时处理的外部事件；高速计数器中断可以响应当前值等于预设值、计数方向改变、计数器外部复位等事件引起的中断；高速脉冲输出中断可以用来响应给定数量的脉冲输出完成后产生的中断，常用作步进电动机的控制。

（3）定时中断事件。定时中断事件包括定时中断和定时器中断。

1）定时中断可以用来支持一个周期性的活动，以 1ms 为计量单位，周期时间可以是 1～255ms。对于定时中断 0，必须把周期时间值写入 SMB34；对定时中断 1，必须把周期时间值写入 SMB35。每当到达定时值时，相关定时器溢出，执行中断程序。定时中断可以用固定的时间间隔去控制模拟量输入的采样或者执行一个 PID 回路。如果某个中断程序已连接到一个定时中断事件上，为改变定时中断的时间间隔，首先必须修改 SM3.4 或 SM3.5 的值，然后重新把中断程序连接到定时中断事件上。当重新连接时，定时中断功能清除前一次连接时的定时值，并用新值重新开始计时。定时中断一旦允许，中断就连续地运行，每当定时时间到时就会执行被连接的中断程序。如果退出 RUN 模式或分离定时中断，则定时中断被禁止。如果执行了全局中断禁止指令，定时中断事件仍会继续出现，每个出现的定时中断事件将进入中断队列，直到中断允许或队列满。

2）定时器中断可以利用定时器来对一个指定的时间段产生中断，这类中断只能使用分辨率为 1ms 的定时器 T32 和 T96 来实现。当所用定时器的当前值等于预设值时，在 CPU 的 1ms 定时刷新中，执行被连接的中断程序。

2. 中断优先级

PLC 可以接受的中断事件很多，但如果这些中断事件同时发出中断请求，要同时处理这些请求是不可能的，正确的方法是对这些中断事件进行优先级别排队，先响应优先级别高的中断事件请求，然后再响应优先级别低的中断事件请求。

S7-200 PLC 的中断事件优先级别从高到低的类别依次是：通信中断事件、I/O 中断事件、定时中断事件。由于每类中断事件中又有多种中断事件，所以每类中断事件内部也要进行优先级别排队。所有中断事件的优先级别顺序见表 5-51。

表 5-51   **中断事件的优先级别顺序**

中断优先级	中断事件编号	中断事件说明		组内优先级
通信中断 （最高）	8	端口 0：	接收字符	0
	9	端口 0：	发送完成	0
	23	端口 0：	接收消息完成	0
	24	端口 1：	接收消息完成	1
	25	端口 1：	接收字符	1
	26	端口 1：	发送完成	1
I/O 中断 （中等）	19	PTO	0 完成中断	0
	20	PTO	1 完成中断	1
	0	上升沿	I0.0	2
	2	上升沿	I0.1	3
	4	上升沿	I0.2	4
	6	上升沿	I0.3	5
	1	下降沿	I0.0	6
	3	下降沿	I0.1	7
	5	下降沿	I0.2	8
	7	下降沿	I0.3	9
	12	HSC0	CV＝PV（当前值＝预设值）	10
	27	HSC0	输入方向改变	11
	28	HSC0	外部复位	12
	13	HSC1	CV＝PV（当前值＝预设值）	13
	14	HSC1	输入方向改变	14
	15	HSC1	外部复位	15
	16	HSC2	CV＝PV（当前值＝预设值）	16
	17	HSC2	输入方向改变	17
	18	HSC2	外部复位	18
	32	HSC3	CV＝PV（当前值＝预设值）	19
	29	HSC4	CV＝PV（当前值＝预设值）	20
	30	HSC4	输入方向改变	21
	31	HSC4	外部复位	22
	33	HSC5	CV＝PV（当前值＝预设值）	23
定时中断 （最低）	10	定时中断 0	SMB34	0
	11	定时中断 1	SMB35	1
	21	定时器 T32	CT＝PT 中断	2
	22	定时器 T96	CT＝PT 中断	3

PLC 的中断处理规律主要如下。

（1）当多个中断事件发生时，按事件的优先级顺序依次响应，对于同级别的事件，则按先发生先响应的原则。

（2）在执行一个中断程序时，不会响应更高级别的中断请求，直到当前中断程序执行完成。

（3）在执行某个中断程序时，若有多个中断事件发生请求，这些中断事件则按优先级顺序排成中断队列等候，中断队列能保存的中断事件个数有限，如果超出了队列的容量，则会产生溢出，将某些特殊标志继电器置位，S7-200 系列 PLC 的中断队列容量及溢出置位继电器见表 5-52。

表 5-52　　　　　　　　　S7-200 系列 PLC 的中断队列容量及溢出置位继电器

中断队列	CPU211、CPU222、CPU224	CPU224XP 和 CPU226	溢出置位
通信中断队列	4	8	SM4.0
I/O 中断队列	16	16	SM4.1
定时中断队列	8	8	SM4.2

5.11.2　中断指令

中断指令有中断允许指令（ENI）、中断禁止指令（DISI）、中断连接指令（ATCH）、中断分离指令（DTCH）、清除中断事件指令（CEVNT）和中断条件返回指令（CRETI）6 条。

1. 指令说明

中断指令说明见表 5-53。

表 5-53　　　　　　　　　　　　　中断指令说明

指令名称	梯形图	功能说明	操作数	
			IND	EVNT
中断允许指令（ENI）	—(ENI)	允许所有中断事件发出的请求		
中断禁止指令（DISI）	—(DISI)	禁止所有中断事件发出的请求		
中断连接指令（ATCH）	ATCH EN　ENO ????-INT ????-EVNT	将 EVNT 端指定的中断事件与 INT 端指定的中断程序关联起来，并允许该中断事件	常数 （0～127） （字节型）	常数 CPU 221、CPU 222： 0～12、19～23、27～33； CPU 224： 0～23、27～33； CPU 224XP、CPU 226： 0～33 （字节型）
中断分离指令（DTCH）	DTCH EN　ENO ????-EVNT	将 EVNT 端指定的中断事件断开，并禁止该中断事件		
清除中断事件指令（CEVNT）	CLR_EVNT EN　ENO ????-EVNT	清除 EVNT 端指定的中断事件		
中断条件返回指令（CRETI）	—(RETI)	若前面的条件使该指令执行，可让中断程序中返回		

2. 中断程序的建立

中断程序是为处理中断事件而事先写好的程序，它不像子程序要用指令调用，而是当中断事件发生后系统会自动执行中断程序，如果中断事件未发生，中断程序就不会执行。 在编写中断程序时，要求程序越短越好，并且在中断程序中不能使用 DISI、ENI、HDEF、LSCR 和 END 指令。

编写中断程序要在编程软件中进行，打开 STEP 7-Micro/WIN 编程软件，在程序编辑区下方有"主程序""SBR_0""INT_0"三个标签，单击"INT_0"标签即可切换到中断程序编辑页面，在该页面就可以编写名称为"INT_0"的中断程序。

如果需要编写第 2 个或更多的中断程序，可执行菜单命令"编辑→插入→中断程序"，即在程序编辑区下方增加一个中断程序名称为"INT_1"的标签，在标签上单击右键，在弹出的菜单中可进行更多操作，如图 5-35 所示。

图 5-35　新增中断程序的操作方式

3. 指令使用举例

（1）使用举例一。中断指令使用举例一如图 5-36 所示，图 5-36（a）为主程序，图 5-36（b）为名称为 INT_0 的中断程序。

PLC第一次扫描时SM0.1触点闭合，中断连接ATCH指令首先执行，将中断事件1与INT_0中断程序连接起来，然后中断允许ENI指令执行，允许系统接收所有的中断事件。

当检测到I/O发生错误时，SM5.0置位，该触点闭合，中断分离DTCH指令执行，分离中断事件1，即不接受中断事件1发出的中断请求。

如果I0.6触点处于闭合状态，中断禁止DISI指令执行，禁止所有的中断事件，即不接受任何的中断请求。

(a)

图 5-36　中断指令使用举例一（一）

(a) 主程序

网络1

I0.5
┤├——————(RETI)

如果I0.5触点处于闭合状态，中断条件返回RETI指令执行，中断程序提前返回，即中断程序后续内容不会执行。

网络2

M0.1   Q0.0
┤/├————————( )

如果M0.1触点闭合，Q0.0线圈得电。

(b)

图 5-36 中断指令使用举例一（二）

（b）中断程序（INT_0）

在主程序运行时，若 I0.0 端口输入一个脉冲下降沿（如 I0.0 端口外接开关突然断开），马上会产生一个中断请求，即中断事件 1 产生中断请求，由于在主程序中已用 ATCH 指令将中断事件 1 与 INT_0 中断程序连接起来，故系统响应此请求，停止主程序的运行，转而执行 INT_0 中断程序，中断程序执行完成后又返回主程序。在主程序运行时，如果系统检测到 I/O 发生错误，会使 SM5.0 触点闭合，中断分离 DTCH 指令执行，禁用中断事件 1，即当 I0.0 端口输入一个脉冲下降沿时，系统不理会该中断，也就不会执行 INT_0 中断程序，但还会接受其他中断事件发出的请求；如果 I0.6 触点闭合，中断禁止 DISI 指令执行，禁止所有的中断事件。在中断程序运行时，如果 I0.5 触点闭合，中断条件返回 RETI 指令执行，中断程序提前返回，不会执行该指令后面的内容。

（2）使用举例二。中断指令使用举例二如图 5-37 所示，其功能为对模拟量输入信号每 10ms 采样一次。

SM0.1
┤├——————

    MOV_B
  EN   ENO
10-IN   OUT-SMB34

PLC第一次扫描时SM0.1触点闭合，首先MOV_B指令执行，将10传送至SMB34(定时中断的时间间隔存储器)，设置定时中断时间间隔为10ms，然后中断连接ATCH指令执行，将中断事件10与INT_0中断程序连接起来，更执行中断允许ENI指令，允许系统接收所有的中断事件。

         ATCH
       EN   ENO
INT_0:INT0-INT
       10-EVNT

——————(ENI)

(a)

SM0.0
┤├——————

    MOV_W
  EN   ENO
AIW0-IN   OUT-VW100

在PLC运行时SM0.0触点始终闭合，MOV_W指令执行，将AIW0单元的数据(PLC模拟量输入端口的模拟信号经内部模/数转换得到的数据)传送到VW100单元中。

(b)

图 5-37 中断指令使用举例二

（a）主程序；（b）中断程序（INT_0）

在主程序运行时，PLC 第一次扫描时 SM0.1 触点接通一个扫描周期，MOV_B 指令首先执行，将常数 10 送入定时中断时间存储器 SMB34 中，将定时中断时间间隔设为 10ms，然后中断连接 ATCH 指令执行，将中断事件 10（即定时器中断 0）与 INT_0 中断程序连接起来，再执行中断允许 ENI 指令，允许所有的中断事件。当定时中断存储器 SMB34 10ms 定时时间间隔到，会向系统发出中断请求，由于该中断事件对应的 INT＿0 中断程序，所以 PLC 马上执行 INT＿0 中断程序，将模拟量输入 AIW0 单元中的数据传送到 VW100 单元中，当 SMB34 下一个 10ms 定时时间间隔到，又会发出中断请求，从而又执行一次中断程序，这样程序就可以每隔 10ms 时间对模拟输入 AIW0 单元数据采样一次。

5.12 高速计数器指令

普通计数器的计数速度与 PLC 的扫描周期有关，扫描周期越长，计数速度越慢，即计数频率越低，一般仅几十赫兹，普通计数器适用于计数速度要求不高的场合。为了满足高速计数要求，S7-200 PLC 专门设计了高速计数器，其计数速度很快，CPU22X 系列 PLC 计数频率最高为 30kHz，CPU224XP CN 最高计数频率达 230kHz，并且不受 PLC 扫描周期影响。

在 S7-200 系列 PLC 中，CPU 224、CPU 224XP 和 CPU 226 支持 HSC0～HSC5 6 个高速计数器；而 CPU 221 和 CPU 222 支持 HSC0、HSC3、HSC4 和 HSC5 4 个高速计数器，不支持 HSC1 和 HSC2。高速计数器有 0～12 种（即 13 种）工作模式。

5.12.1 指令说明

高速计数器指令包括高速计数器定义指令（HDEF）和高速计数器指令（HSC）。

高速计数器指令说明见表 5-54。

表 5-54 高速计数器指令说明

指令名称	梯形图	功能说明	操作数	
			HSC、MODE	N
高速计数器定义指令（HDEF）	HDEF EN ENO ????－HSC ????－MODE	让 HSC 端指定的高速计数器工作在 MODE 端指定的模式下。 HSC 端用来指定高速计数器的编号，MODE 端用来指定高速计数器的工作模式	常数 HSC：0～5 MODE：0～12 （字节型）	常数 N：0～5 （字型）
高速计数器指令（HSC）	HSC EN ENO ????－N	让编号为 N 的高速计数器按 HDEF 指令设定的模式，并按有关特殊存储器某些位的设置和控制工作		

5.12.2 高速计数器的计数模式

高速计数器有内部控制方向的单相加/减计数、外部控制方向的单相加/减计数、双相脉冲输入的加/减计数和双相脉冲输入的正交加/减计数 4 种计数模式。

1. 内部控制方向的单相加/减计数

在该计数模式下，只有一路脉冲输入，计数器的计数方向（即加计数或减计数）由特殊存储器某位值来决定，该位值为 1 为加计数，该位值为 0 为减计数。内部控制方向的单相加/减计数说明如图 5-38 所示，以高速计数器 HSC0 为例，它采用 I0.0 端子为计数脉冲输入端，SM37.3 的位值决定计数方向，SMD42 用于写入计数预置值。当高速计速器的计数值达到预置值时会产生中断请求，触发中断程序的执行。

图 5-38　内部控制方向的单相加/减计数说明

2. 外部控制方向的单相加/减计数

在该计数模式下，只有一路脉冲输入，计数器的计数方向由某端子输入值来决定，该位值为 **1** 为**加计数，该位值为 0 为减计数**。外部控制方向的单相加/减计数说明如图 5-39 所示，以高速计数器 HSC4 为例，它采用 I0.3 端子作为计数脉冲输入端，I0.4 端子输入值决定计数方向，SMD152 用于写入计数预置值。

图 5-39　外部控制方向的单相加/减计数说明

3. 双相脉冲输入的加/减计数

在该计数模式下，有两路脉冲输入端，一路为加计数输入端，另一路为减计数输入端。双相脉冲输入的加/减计数说明如图 5-40 所示，以高速计数器 HSC0 为例，当其工作模式为 6 时，它采用 I0.0 端子作为加计数脉冲输入端，I0.1 为减计数脉冲输入端，SMD42 用于写入计数预置值。

4. 双相脉冲输入的正交加/减计数

在该计数模式下，有两路脉冲输入端，一路为 A 脉冲输入端，另一路为 B 脉冲输入端，A、B 脉冲**相位相差 90°（即正交），A、B 两脉冲相差 1/4 周期。若 A 脉冲超前 B 脉冲 90°，为加计数；若 A 脉冲滞后 B 脉冲 90°，为减计数。在这种计数模式下，可选择 1x 模式或 4x 模式**，1X 模式又称单倍频模式，当输入一个脉冲时计数器值增 1 或减 1，4x 模式又称四倍频模式，当输入一个脉冲时计数器值增 4 或减

图 5-40 双相脉冲输入的加/减计数说明

4。1x 模式和 4x 模式的双相脉冲输入的加/减计数说明如图 5-41 所示。

(a)

(b)

图 5-41 双相脉冲输入的加/减计数说明

(a) 1x 模式；(b) 4x 模式

5.12.3 高速计数器的工作模式

高速计数器有 0～12 共 13 种工作模式。0～2 模式采用内部控制方向的单相加/减计数；3～5 模式采用外部控制方向的单相加/减计数；6～8 模式采用双相脉冲输入的加/减计数；9～11 模式采用双相脉冲输入的正交加/减计数；模式 12 只有 HSC0 和 HSC3 支持，HSC0 用于 Q0.0 输出脉冲的计数，HSC3 用于 Q0.1 输出脉冲的计数。

S7-200 PLC 有 HSC0～HSC5 6 个高速计数器，每个高速计数器都可选择不同的工作模式。HSC0、HSC4 可选择的工作模式有 0、1、3、4、6、7、8、9、10；HSC1、HSC2 可选择的工作模式有 0～11；HSC3、HSC5 只能选择工作模式 0。

高速计数器的工作模式及占用的输入端子见表 5-55，表中列出了与高速计数器相关的脉冲输入、方向控制、复位和启动输入端。同一个输入端不能用于两种不同的功能，但是任何一个没有被高速计数器当前模式使用的输入端，均可以被用作其他用途，如若 HSC0 工作在模式 1，会占用 I0.0 和 I0.2，则 I0.1 可以被 HSC3 占用。HSC0 的所有模式（模式 12 除外）总是使用 I0.0，HSC4 的所有模式总是使用 I0.3，因此在使用这些计数器时，相应的输入端不能用于其他功能。

表 5-55　　　　　　　　　高速计数器的工作模式及占用的输入端子

高速计数器与工作模式编号		说　明	占用的输入端子及其功能			
高速计数器	HSC0		I0.0	I0.1	I0.2	
	HSC4		I0.3	I0.4	I0.5	
	HSC1		I0.6	I0.7	I1.0	I1.1
	HSC2		I1.2	I1.3	I1.4	I1.5
	HSC3		I0.1			
	HSC5		I0.4			
工作模式	0	单路脉冲输入的内部方向控制加/减计数。控制字 SM37.3=0，减计数；控制字 SM37.3=1，加计数	脉冲输入			
	1				复位	
	2				复位	启动
	3	单路脉冲输入的外部方向控制加/减计数。方向控制端=0，减计数；方向控制端=1，加计数	脉冲输入	方向控制		
	4				复位	
	5				复位	启动
	6	两路脉冲输入的单相加/减计数。加计数有脉冲输入，加计数；减计数端脉冲输入，减计数	加计数脉冲输入	减计数脉冲输入		
	7				复位	
	8				复位	启动
	9	两路脉冲输入的双相正交计数；A 相脉冲超前 B 相脉冲，加计数；A 相脉冲滞后 B 相脉冲，减计数	A 相脉冲输入	B 相脉冲输入		
	10				复位	
	11				复位	启动
	12	只有 HSC0 和 HSC3 支持模式 12，HSC0 用于计数 Q0.0 输出的脉冲数，HSC3 用于计数 Q0.1 输出的脉冲数				

5.12.4 高速计数器的控制字节

高速计数器定义 HDEF 指令只能让某编号的高速计数器工作在某种模式，无法设置计数器的方向和复位、启动电平等内容。为此，每个高速计数器都备有一个专用的控制字节来对计数器进行各种控制设置。

1. 控制字节功能说明

高速计数器控制字节的各位功能说明见表 5-56。如高速计数器 HSC0 的控制字节是 SMB37，其中 SM37.0 位用来设置复位有效电平，当该位为 0 时高电平复位有效，该位为 1 时低电平复位有效。

表 5-56　　　　　　　　　　　高速计数器控制字节的各位功能说明

HSC0 (SMB37)	HSC1 (SMB47)	HSC2 (SMB57)	HSC3 (SMB137)	HSC4 (SMB147)	HSC5 (SMB157)	说明
SM37.0	SM47.0	SM57.0		SM147.0		复位有效电平控制 （0：复位信号高电平有效；1：低电平有效）
	SM47.1	SM57.1				启动有效电平控制 （0：启动信号高电平有效；1：低电平有效）
SM37.2	SM47.2	SM57.2		SM147.2		正交计数器计数速率选择 （0：4x 计数速率；1：1x 计数速率）
SM37.3	SM47.3	SM57.3	SM137.3	SM147.3	SM157.3	计数方向控制位 （0：减计数；1：加计数）
SM37.4	SM47.4	SM57.4	SM137.4	SM147.4	SM157.4	将计数方向写入 HSC （0：无更新；1：更新计数方向）
SM37.5	SM47.5	SM57.5	SM137.5	SM147.5	SM157.5	将新预设值写入 HSC （0：无更新；1：更新预置值）
SM37.6	SM47.6	SM57.6	SM137.6	SM147.6	SM157.6	将新的当前值写入 HSC （0：无更新；1：更新初始值）
SM37.7	SM47.7	SM57.7	SM137.7	SM147.7	SM157.7	HSC 指令执行允许控制 （0：禁用 HSC；1：启用 HSC）

2. 控制字节的设置举例

控制字节的设置举例如图 5-42 所示。PLC 第一次扫描时 SM0.1 触点接通一个扫描周期，首先 MOV_B 指令执行，将十六进制数 F8（即 11111000）送入 SMB47 单元，则 SM47.7～SM47.0 为 11111000，这样就将高速计数器 HSC1 的复位、启动设为高电平，正交计数设为 4x 模式，然后 HDEF 指令执行，将高 HSC1 工作模式设为模式 11（正交计数）。

MOV_B 指令执行，将十六进制数 F8（即 11111000）送入 SMB47，则 SM47.7～SM47.0 为 11111000，将 HSC1 的复位、启动设为高电平，正交计数设为 4x 模式。

HDEF 指令执行，将高速计数器 HSC1 工作模式设为模式 11（正交计数）。

图 5-42　控制字节的设置举例

5.12.5　高速计数器计数值的读取与预设

1. 计数值的读取

高速计数器的当前计数值都保存在 HC 存储单元中，高速计数器 HSC0～HSC5 的当前值分别保存在 HC0～HC5 单元中，这些单元中的数据为只读类型，即不能向这些单元写入数据。

图 5-43　高速计数器计数值的读取

高速计数器计数值的读取如图 5-43 所示。当 I0.0 触点由断开转为闭合时，上升沿 P 触点接通一个扫描周期，MOV_DW 指令执行，将高速计数器 HSC0 当前的计数值（保存 HC0 单元中）读入并保存在 VD200 单元。

2. 计数值的设置

每个高速计数器都用两个单元分别存放当前计数值（CV）和预设计数值（PV），这两个值都是 32 位。 在高速计数器工作时，当 CV＝PV 时会触发一个中断。当前计数值可从 HC 单元中读取，预设值则无法直接读取。要将新的 CV 值或 PV 值载入高速计数器，必须先设置相应的控制字节和特殊存储双字单元，再执行 HSC 指令以将新值传送到高速计数器。

各高速计数器存放 CV 值和 PV 值的存储单元见表 5-57，如高速计数器 HSC0 采用 SMD38 双字单元存放新 CV 值，采用 SMD42 双字单元存放新 PV 值。

表 5-57　　　　　　　　　各高速计数器存放 CV 值和 PV 值的存储单元

计数值	HSC0	HSC1	HSC2	HSC3	HSC4	HSC5
新当前计数值（新 CV 值）	SMD38	SMD48	SMD58	SMD138	SMD148	SMD158
新预设计数值（新 PV 值）	SMD42	SMD52	SMD62	SMD142	SMD152	SMD162

高速计数器计数值的设置程序如图 5-44 所示。当 I0.2 触点由断开转为闭合时，上升沿 P 触点接通一个扫描周期，首先第 1 个 MOV_DW 指令执行，将新 CV 值（当前计数值）"100" 送入 SMD38 单元，然后第 2 个 MOV_DW 指令执行，将新 PV 值（预设计数值）"200" 送入 SMD38 单元，接着高速计数器 HSC0 的控制字节中的 SM37.5、SM37.6 两位得电为 1，允许 HSC0 更新 CV 值和 PV 值，最后 HSC 指令执行，将新 CV 值和 PV 值载入高速计数器 HSC0。

在执行 HSC 指令前，设置控制字节和修改 SMD 单元中的新 CV 值、PV 值不影响高速计数器的运行，执行 HSC 指令后，高速计数器才按设置的值工作。

图 5-44　高速计数器计数值的设置程序

5.12.6 高速计数器的状态字节

每个高速计数器都有一个状态字节，该字节用来指示当前计数值与预置计数值的关系和当前计数方向。高速计数器的状态字节见表 5-58，其中每个状态字节的 0~4 位不用。监视高速计数器状态的目的是使其他事件能够产生中断以完成更重要的操作。

表 5-58 高速计数器的状态字节

HSC0	HSC1	HSC2	HSC3	HSC4	HSC5	说明
SM36.5	SM46.5	SM56.5	SM136.5	SM146.5	SM156.5	当前计数方向状态位； 0=减计数；1=加计数
SM36.6	SM46.6	SM56.6	SM136.6	SM146.6	SM156.6	当前值等于预设值状态位； 0=不等；1=相等
SM36.7	SM46.7	SM56.7	SM136.7	SM146.7	SM156.7	当前值大于预设值状态位； 0=小于等于；1=大于

5.12.7 高速计数器指令的使用

1. 指令使用步骤

高速计数器指令的使用较为复杂，一般使用步骤如下。

(1) **根据计数要求设置高速计数器的控制字节。** 如让 HSC1 的控制字节 SMB47＝16♯F8，则将 HSC1 设为允许计数、允许写入计数初始值、允许写入计数预置值、更新计数方向为加计数、正交计数为 4x 模式、高电平复位、高电平启动。

(2) **执行 HDEF 指令，将某编号的高速计数器设为某种工作模式。**

(3) **将计数初始值写入当前值存储器。** 当前值存储器是指 SMD38、SMD48、SMD58、SMD138、SMD148 和 SMD158。

(4) **将计数预置值写入预置值存储器。** 预置值存储器是指 SMD42、SMD52、SMD62、SMD142、SMD152 和 SMD162。如果往预置值存储器写入 16♯00，则高速计数器不工作。

(5) **为了捕捉当前值（CV）等于预置值（PV），可用中断连接 ATCH 指令将条件 CV＝PV 中断事件（如中断事件 13）与某中断程序连接起来。**

(6) **为了捕捉计数方向改变，可用中断连接 ATCH 指令将方向改变中断事件（如中断事件 14）与某中断程序连接起来。**

(7) **为了捕捉计数器外部复位，可用中断连接 ATCH 指令将外部复位中断事件（如中断事件 15）与某中断程序连接起来。**

(8) **执行中断允许 ENI 指令，允许系统接受高速计数器（HSC）产生的中断请求。**

(9) **执行 HSC 指令，启动某高速计数器按前面的设置工作。**

(10) **编写相关的中断程序。**

2. 指令的应用举例

高速计数器（HDEF、HSC）指令的应用举例如图 5-45 所示。在主程序中，PLC 第一次扫描时 SM0.1 触点接通一个扫描周期，由上往下执行指令，依次进行高速计数器 HSC1 控制字节的设置、工作模式的设置、写入初始值、写入预置值、中断事件与中断程序连接、允许中断、启动 HSC1 工作。

HSC1 开始计数后，如果当前计数值等于预置值，此为中断事件 13，由于已将中断事件 13 与 INT＿0 中断程序连接起来，产生中断事件 13 后系统马上执行 INT＿0 中断程序。在中断程序中，

SM0.1 ┤ ┤ MOV_B
EN ENO
16#F8 IN OUT - SMB47

MOV_B指令执行，将十六进制数F8（即11111000）写入SMB47字节单元，将HSC1设为允许计数、允许写入计数初始值、允许写入计数预置值、更新计数方向为加计数、正交计数为4X模式、高电平复位、高电平启动。

HDEF
EN ENO
1 - HSC
11 - MODE

高速计数器定义HDEF指令执行，让高速计数器HSC1工作在模式11

MOV_DW
EN ENO
0 - IN OUT - SMD48

MOV_DW指令执行，将0写入SMD48双字单元，清除HSC1当前计数值。

MOV_DW
EN ENO
+50 - IN OUT - SMD52

MOV_DW指令执行，将50写入SMD52双字单元，将HSC1预置值设为50。

ATCH
EN ENO
INT_0 - INT
13 - EVNI

中断连接ATCH指令执行，将中断事件13与INT_0中断程序连接起来

(ENI)

中断允许ENI指令执行，允许系统接受所有的中断请求

HSC
EN ENO
1 - N

高速计数器HSC指令执行，启动HSC1按上述设置开始工作

(a)

SM0.0 ┤ ┤ MOV_DW
EN ENO
HC1 - IN OUT - VD100

MOV_DW指令执行，将高速计数器HSC1的当前计数值送入VD100单元

MOV_B
EN ENO
16#F8 - IN OUT - SMB47

MOV_B指令执行，重新设置HSC1的控制字节

MOV_DW
EN ENO
0 - IN OUT - SMD48

MOV_DW指令执行，将0写入SMD48双字节单元，清除HSC1当前计数值。

HSC
EN ENO
1 - N

高速计数器HSC指令执行，重新启动HSC1工作

(b)

图 5-45 高速计数器（HDEF、HSC）指令的应用举例
(a) 主程序；(b) 中断程序（INT_0）

SM0.0 触点闭合，由上往下执行指令，先读出 HSC1 的当前计数值，然后重新设置 HSC1 并对当前计数值清 0，再启动 HSC1 重新开始工作。

5.13 高速脉冲输出指令

S7-200 PLC 内部有两个高速脉冲发生器，通过设置可让它们产生占空比为 50%、周期可调的方波脉冲（即 **PTO 脉冲**），或者产生占空比及周期均可调节的脉宽调制脉冲（即 **PWM 脉冲**）。占空比是指高电平时间与周期时间的比值。PTO 脉冲和 PWM 脉冲如图 5-46 所示。

图 5-46 PTO 脉冲和 PWM 脉冲说明
(a) PTO 脉冲；(b) PWM 脉冲

在使用脉冲发生器功能时，其产生的脉冲从 Q0.0 和 Q0.1 端子输出，当指定一个发生器输出端为 Q0.0 时，另一个发生器的输出端自动为 Q0.1，若不使用脉冲发生器，这两个端子恢复普通端子功能。要使用高速脉冲发生器功能，PLC 应选择晶体管输出型，以满足高速输出要求。

5.13.1 指令说明

高速脉冲输出指令说明见表 5-59。

表 5-59 高速脉冲输出指令说明

指令名称	梯形图	功能说明	操作数 Q0.X
高速脉冲输出指令 (PLS)	PLS EN ENO ???? - Q0.X	根据相关特殊存储器（SM）的控制和参数设置要求，启动高速脉冲发生器从 Q0.X 指定的端子输出相应的 PTO 或 PWM 脉冲	常数 0：Q0.0； 1：Q0.1 （字型）

5.13.2 高速脉冲输出的控制字节、参数设置和状态位

要让高速脉冲发生器产生符合要求的脉冲，须对其进行有关控制及参数设置，另外，通过读取其工作状态可触发需要的操作。

1. 控制字节

高速脉冲发生器的控制采用一个 **SM 控制字节（8 位）**，用来设置脉冲输出类型（**PTO 或 PWM**）、脉冲时间单位等内容。高速脉冲发生器的控制字节说明见表 5-60，如当 SM67.6=0 时，让 Q0.0 端子输出 PTO 脉冲；当 SM77.3=1 时，让 Q0.1 端子输出时间单位为 ms 的脉冲。

表 5-60 高速脉冲发生器的控制字节说明

控制字节		说明		
Q0.0	Q0.1			
SM67.0	SM77.0	PTO/PWM 更新周期：	0=无更新；	1=更新周期
SM67.1	SM77.1	PWM 更新脉宽时间：	0=无更新；	1=更新脉宽

续表

控制字节		说　明		
Q0.0	Q0.1			
SM67.2	SM77.2	PTO更新脉冲计数值：	0＝无更新；	1＝更新脉冲计数
SM67.3	SM77.3	PTO/PWM时间基准：	0＝1μs/刻度；	1＝1ms/刻度
SM67.4	SM77.4	PWM更新方法：	0＝异步；	1＝同步
SM67.5	SM77.5	PTO单个/多个段操作：	0＝单位；	1＝多个
SM67.6	SM77.6	PTO/PWM模式选择：	0＝PTO；	1＝PWM
SM67.7	SM77.7	PTO/PWM启用：	0＝禁止；	1＝启用

2. 参数设置

高速脉冲发生器采用 SM 存储器来设置脉冲的有关参数。脉冲参数设置存储器说明见表 5-61，如 SM67.3＝1，SMW68＝25，则将脉冲周期设为 25ms。

表 5-61　　　　　　　　　　　脉冲参数设置存储器说明

脉冲参数设置存储器		说　明	
Q0.0	Q0.1		
SMW68	SMW78	PTO/PWM 周期数值范围：	2～65535
SMW70	SMW80	PWM 脉宽数值范围：	0～65535
SMD72	SMD82	PTO 脉冲计数数值范围：	1～4294967295

3. 状态位

高速脉冲发生器的状态采用 SM 位来显示，通过读取状态位信息可触发需要的操作。高速脉冲发生器的状态位说明见表 5-62，如 SM66.7＝1 表示 Q0.0 端子脉冲输出完成。

表 5-62　　　　　　　　　　　高速脉冲发生器的状态位说明

状态位		说　明		
Q0.0	Q0.1			
SM66.4	SM76.4	PTO包络液中止（增量计算错误）：	0＝无错	1＝中止
SM66.5	SM76.5	由于用户中止了PTO包络：	0＝不中止	1＝中止
SM66.6	SM76.6	PTO/PWM管线上溢/下溢	0＝无上溢	1＝溢出/下溢
SM66.7	SM76.7	PTO空闲	0＝在进程中	1＝PTO空闲

5.13.3　PTO脉冲的产生与使用

PTO 脉冲是一种占空比为 50%、周期可调节的方波脉冲。PTO 脉冲的周期范围为 10～65535μs 或 2～65535ms，为 16 位无符号数；PTO 脉冲数范围为 1～4294967295，为 32 位无符号数。

在设置脉冲个数时，若将脉冲个数设为 0，系统会默认为个数为 1；在设置脉冲周期时，如果周期小于两个时间单位，系统会默认周期值为两个时间单位，如时间单位为 ms，周期设为 1.3ms，系统默认周期为 2ms，另外，如果将周期值设为奇数值（如 75ms），产生的脉冲波形会失真。

PTO 脉冲可分为单段脉冲串和多段脉冲串，多段脉冲串由多个单段脉冲串组成。

1. 单段脉冲串的产生

要让 Q0.0 或 Q0.1 端子输出单段脉冲串，须先对相关的控制字节和参数进行设置，再执行高速脉冲输出 PLS 指令。

图 5-47 是一段用来产生单段脉冲串的程序。在 PLC 首次扫描时，SM0.1 触点闭合一个扫描周期，复位指令将 Q0.0 输出映像寄存器（即 Q0.0 线圈）置 0，以便将 Q0.0 端子用作高速脉冲输出；当 I0.1 触点闭合时，上升沿 P 触点接通一个扫描周期，MOV_B、MOV_W 和 MOV_DW 依次执行，对高速脉冲发生器的控制字节和参数进行设置，然后执行高速脉冲输出 PLS 指令，让高速脉冲发生器按设置产生单段 PTO 脉冲串并从 Q0.0 端子输出。在 PTO 脉冲串输出期间，如果 I0.2 触点闭合，MOV_B、MOV_DW 依次执行，将控制字节设为禁止脉冲输出、脉冲个数设为 0，然后执行 PLS 指令，高速脉冲发生器马上按新的设置工作，即停止从 Q0.0 端子输出脉冲。单段 PTO 脉冲串输出完成后，状态位 SM66.7 会置 1，表示 PTO 脉冲输出结束。

若网络 2 中不使用边沿 P 触点，那么在单段 PTO 脉冲串输出完成后如果 I0.1 触点仍处于闭合，则会在前一段脉冲串后面继续输出相同的下一段脉冲串。

图 5-47 一段用来产生单段脉冲串的程序

2. 多段脉冲串的产生

多段脉冲串有单段管道脉冲串和多段管道脉冲串两种类型。

（1）单段管道脉冲串。**单段管道脉冲串是由多个单段脉冲串组成，每个单段脉冲串的参数可以不同，但单段脉冲串中的每个脉冲参数要相同。** 由于控制单元参数只能对单段脉冲串产生作用，因此在输出单段管道脉冲串时，要求执行 PLS 指令产生首段脉冲串后，马上按第二段脉冲串要求刷新控制参数单元，并再次执行 PLS 指令，这样首段脉冲串输出完成后，会接着按新的控制参数输出第二段脉冲串。单段管道脉冲串的每个脉冲串可采用不同参数，这样易出现脉冲串之间连接不平稳，在输出多个参数不同的脉冲串时，编程也很复杂。

（2）多段管道脉冲串。**多段管道脉冲串也由多个单段脉冲串组成，每个单段脉冲串的参数可以不同，单段脉冲串中的每个脉冲参数也可以不同。**

1）参数设置包络表。由于多段管道脉冲串的各个脉冲串允许有较复杂的变化，无法用产生单段管道脉冲串的方法来输出多段管道脉冲串，S7-200 PLC 采用在变量存储区建立一个包络表，由该表来设置多段管道脉冲串中的各个脉冲串的参数。多段管道脉冲串的参数设置包络表见表 5-63。从包络表可以看出，每段脉冲串的参数占用 8 个字节，其中 2 字节为 16 位初始周期值，2 字节为 16 位周期增量值，4 字节为 32 位脉冲数值，可以通过编程的方式使脉冲的周期自动增减，在周期增量处输入一个正值会增加周期，输入一个负值会减少周期，输入 0 将不改变周期。

表 5-63　　　　　　　　　　　　　　多段管道脉冲串的参数设置包络表

变量存储单元	脉冲串段号	说　明
VB_n		段数（1～255）；数值 0 产生非致命错误，无 PTO 输出
VB_{n+1}		初始周期（2～65535 个时基单位）
VB_{n+3}	1	每个脉冲的周期增量（符号整数：−32768～32767 个时基单位）
VB_{n+5}		脉冲数（1～4294967295）
VB_{n+9}		初始周期（2～65535 个时基单位）
VB_{n+11}	2	每个脉冲的周期增量（符号整数：−32768～32767 个时基单位）
VB_{n+13}		脉冲数（1～4294967295）
VB_{n+17}		初始周期（2～65535 个时基单位）
VB_{n+19}	3	每个脉冲的周期增量（符号整数：−32768～32767 个时基单位）
VB_{n+21}		脉冲数（1～4294967295）

图 5-48　一个步进电动机的控制包络线

在多段管道模式下，系统仍使用特殊存储器区的相应控制字节和状态位，每个脉冲串的参数则从包络表的变量存储器区读出。在多段管道编程时，必须将包络表的变量存储器起始地址（即包络表中的 n 值）装入 SMW168 或 SMW178 中，在包络表中的所有周期值必须使用同一个时间单位，而且在运行时不能改变包络表中的内容，执行 PLS 指令来启动多段管道操作。

2）多段管道脉冲串的应用举例。多段管道脉冲串常用于步进电机的控制。图 5-48 所示为一个步进电动机的控制包络线，包络线分 3 段：第 1 段（AB 段）为加速运行，电动机的起始频率为 2kHz（周期为 500μs），终止频率为 10kHz（周期为 100μs），要求运行脉冲数目为 200 个；第 2 段

（BC 段）为恒速运行，电机的起始和终止频率均为 10kHz（周期为 100μs），要求运行脉冲数目为 3600 个；第 3 段（CD 段）为减速运行，电机的起始频率为 10kHz（周期为 100μs），终止频率为 2kHz（500μs），要求运行脉冲数目为 200 个。

列包络表除了要知道段脉冲的起始周期和脉冲数目外，还须知道每个脉冲的周期增量，周期增量可用下面公式计算获得

$$周期增量值 = （段终止脉冲周期值 - 段起始脉冲周期值）/ 该段脉冲数$$

如 AB 段周期增量值 = （100μs - 500μs）/200 = -2μs。

根据步进电动机的控制包络线可列出相应的包络表，包络表见表 5-64。

表 5-64 根据步进电动机的控制包络线列出的包络表

变量存储器地址	段 号	参数值	说 明
VB200		3	段数
VB201	段 1	500μs	初始周期
VB203		-2μs	每个脉冲的周期增量
VB205		200	脉冲数
VB209		100μs	初始周期
VB211	段 2	0	每个脉冲的周期增量
VB212		3600	脉冲数
VB217		100μs	初始周期
VB219	段 3	2μs	每个脉冲的周期增量
VB221		200	脉冲数

根据包络表可编写出步进电动机的控制程序，如图 5-49 所示。该程序由主程序、SBR_0 子程序和 INT_0 中断程序组成。

在主程序中，PLC 首次扫描时 SM0.1 触点闭合一个扫描周期，先将 Q0.0 端子输出映像寄存器置 0，以便将该端子用作高速脉冲输出，然后执行子程序调用指令转入 SBR_0 子程序。在 SBR_0 子程序中，"网络 1"用于设置多段管道脉冲串的参数包络表（段数、第 1 段参数、第 2 段参数和第 3 段参数），"网络 2"先设置脉冲输出的控制字节，并将包络表起始单元地址号送入 SMW168 单元，然后用中断连接指令将 INT_0 中断程序与中断事件 19（PTO 0 脉冲串输出完成产生中断）连接起来，再用 ENI 指令允许所有的中断，最后执行 PLS 指令，让高速脉冲发生器按设定的控制方式和参数（由包络表设置）工作，即从 Q0.0 端子输出多段管道脉冲串，去驱动步进电动机按加速、恒速和减速顺序运行。当 Q0.0 端子的多管道 PTO 脉冲输出完成后，马上会向系统发出中断请求，系统则执行 INT_0 中断程序，Q1.0 线圈得电。

PLC 首次扫描时 SM0.1 触点闭合一个扫描周期，先将 Q0.0 端子的输出映像寄存器置 0，然后去执行 SBR_0 子程序。

(a)

图 5-49 步进电机控制程序（一）

（a）主程序

网络1

SM0.0

MOV_B
EN   ENO
3 — IN   OUT — VB200

MOV_B指令执行,将包络表的段数"3"送入VB200单元。

MOV_W
EN   ENO
500 — IN   OUT — VW201

MOV_W指令执行,将第1段脉冲串的初始脉冲周期值"500"送入VW201单元。

MOV_W
EN   ENO
−2 — IN   OUT — VW203

MOV_W指令执行,将第1段脉冲串的脉冲周期增量值"−2"送入VW203单元。

MOV_DW
EN   ENO
200 — IN   OUT — VD205

MOV_DW指令执行,将第1段脉冲串的脉冲数"200"送入VD205单元。

MOV_W
EN   ENO
100 — IN   OUT — VW209

MOV_W指令执行,将第2段脉冲串的初始脉冲周期值"100"送入VW209单元。

MOV_W
EN   ENO
0 — IN   OUT — VW211

MOV_W指令执行,将第2段脉冲串的脉冲周期增量值"0"送入VW211单元。

MOV_DW
EN   ENO
3600 — IN   OUT — VD213

MOV_DW指令执行,将第2段脉冲串的脉冲数"3600"送入VD213单元。

MOV_W
EN   ENO
100 — IN   OUT — VW217

MOV_W指令执行,将第3段脉冲串的初始脉冲周期值"100"送入VW217单元。

MOV_W
EN   ENO
2 — IN   OUT — VW219

MOV_W指令执行,将第3段脉冲串的脉冲周期增量值"2"送入VW219单元。

MOV_DW
EN   ENO
200 — IN   OUT — VD221

MOV_DW指令执行,将第3段脉冲串的脉冲数"200"送入VD221单元。

(b)

图 5-49 步进电机控制程序（二）

（b）子程序（SBR _ 0）（一）

网络2

MOV_B指令执行，将16#A0(即2#10100000)送入SMB67单元，将脉冲输出控制字节设为允许多段PTO脉冲输出，时间单位为μs。

MOV_W指令执行，将包络表V存储区起始单元地址号"200"送入SMW168单元。

中断连接ATCH指令执行，将中断事件19与中断程序INT_0连接起来。

中断允许ENI指令执行，允许所有的中断请求。

高速脉冲输出PLS指令执行，让高速脉冲发生器按设定的控制方式和参数(由包络表设置)工作，即从Q0.0端子输出多段管道脉冲串。

(b)

PLC运行常ON触点SM0.0闭合，Q1.0线圈得电。

(c)

图5-49 步进电机控制程序（三）

(b) 子程序（SBR _ 0）（二）；(c) 中断程序（INT _ 0）

5.13.4 PWM脉冲的产生与使用

PWM脉冲是一种占空比和周期都可调节的脉冲。PWM脉冲的周期范围为 $10\sim65535\,\mu s$ 或 $2\sim65535\,ms$，为16位无符号数，在设置脉冲周期时，如果周期小于两个时间单位，系统会默认周期值为两个时间单位；PWM脉宽时间为 $0\sim65535\,\mu s$ 或 $0\sim65535\,ms$，为16位无符号数，若设定的脉宽等于周期（即占空比为100%），输出一直接通；若设定脉宽等于0（即占空比为0%），输出断开。

1. 波形改变方式

PWM脉冲的波形改变方式有同步更新和异步更新两种。

（1）同步更新。如果不需改变时间基准，则可以使用同步更新方式，利用同步更新，信号波形特性的变化发生在周期边沿，使波形能平滑转换。

（2）异步更新。如果需要改变PWM发生器的时间基准，就要使用异步更新，异步更新会使PWM功能被瞬时禁止，PWM信号波形过渡不平滑，这会引起被控设备的振动。

由于异步更新生成的 PWM 脉冲有较大的缺陷，一般情况下应尽量使用脉宽变化、周期不变的 PWM 脉冲，这样可使用同步更新。

2. 产生 PWM 脉冲的编程方法

要让高速脉冲发生器产生 PWM 脉冲，可按以下步骤编程：

（1）根据需要设置控制字节 SMB67 或 SMB68。

（2）根据需要设置脉冲的周期值和脉宽值。周期值在 SMW68 或 SMW78 中设置，脉宽值在 SMW70 或 SMW80 中设置。

（3）执行高速脉冲输出 PLS 指令，系统则会让高速脉冲发生器按设置从 Q0.0 或 Q0.1 端子输出 PWM 脉冲。

3. 产生 PWM 脉冲的编程实例

图 5-50 所示为一个产生 PWM 脉冲的程序，其实现的功能是：让 PLC 从 Q0.0 端子输出 PWM 脉冲，要求 PWM 脉冲的周期固定为 5s，初始脉宽为 0.5s，每周期脉宽递增 0.5s，当脉宽达到 4.5s 后开始递减，每周期递减 0.5s，直到脉宽为 0。以后重复上述过程。

该程序由主程序、SBR_0 子程序和 INT_0、INT_1 两个中断程序组成，SBR_0 子程序为 PWM 初始化程序，用来设置脉冲控制字节和初始脉冲参数，INT_0 中断程序用于实现脉宽递增，INT_1 中断程序用于实现脉宽递减。由于程序采用中断事件 0（I0.0 上升沿中断）产生中断，因此要将脉冲输出端子 Q0.0 与 I0.0 端子连接，这样在 Q0.0 端子输出脉冲上升沿时，I0.0 端子会输入脉冲上升沿，从而触发中断程序，实现脉冲递增或递减。

程序工作过程说明如下：

在主程序中，PLC 上电首次扫描时 SM0.1 触点接通一个扫描周期，子程序调用指令执行，转入执行 SBR_0 子程序。在子程序中，先将 M0.0 线圈置 1，然后设置脉冲的控制字节和初始参数，再允许所有的中断，最后执行高速脉冲输出 PLS 指令，让高速脉冲发生器按设定的控制字节和参数产生并从 Q0.0 端子输出 PWM 脉冲，同时从子程序返回到主程序"网络 2"，由于"网络 2""网络 3"指令条件不满足，程序执行"网络 4"，M0.0 常开触点闭合（在子程序中 M0.0 线圈被置 1），中断连接 ATCH 指令执行，将 INT_0 中断程序与中断事件 0（I0.0 上升沿中断）连接起来。当 Q0.0 端子输出脉冲上升沿时，I0.0 端子输入脉冲上升沿，中断事件 0 马上发出中断请求，系统响应该中断而执行 INT_0 中断程序。

在 INT_0 中断程序中，ADD_I 指令将脉冲宽度值增加 0.5s，再执行 PLS 指令，让 Q0.0 端子输出完前一个 PWM 脉冲后按新设置的宽度输出下一个脉冲，接着执行中断分离 DTCH 指令，将中断事件 0 与 INT_0 中断程序分离，然后从中断程序返回主程序。在主程序中，又执行中断连接 ATCH 指令，又将 INT_0 中断程序与中断事件 0 连接起来，在 Q0.0 端子输出第二个 PWM 脉冲上升沿时，又会产生中断而再次执行 INT_0 中断程序，将脉冲宽度值再增加 0.5s，然后执行 PLS 指令让 Q0.0 端子输出的第三个脉冲宽度增加 0.5s。以后 INT_0 中断程序会重复执行，直到 SMW70 单元中的数值增加到 4500。

当 SMW70 单元中的数值增加到 4500 时，主程序中的"SMW70 | >= I | 4500"触点闭合，将 M0.0 线圈复位，网络 4 中的 M0.0 常开触点断开，中断连接 ATCH 指令无法执行，INT_0 中断程序也无法执行，"网络 5"中的 M0.0 常闭触点闭合，中断连接 ATCH 指令执行，将 INT_1 中断程序与中断事件 0 连接起来。当 Q0.0 端子输出脉冲上升沿（I0.0 端子输入脉冲上升沿）时，中断事件 0 马上发出中断请求，系统响应该中断而执行 INT_1 中断程序。

在 INT_1 中断程序中，将脉冲宽度值减 0.5s，再执行 PLS 指令，让 Q0.0 端子输出 PWM 脉冲宽度减 0.5s，接着执行中断分离 DTCH 指令，分离中断，然后从中断程序返回主程序。在主程序中，又执行"网络 5"中的中断连接 ATCH 指令，又将 INT_1 中断程序与中断事件 0 连接起来，在 Q0.0 端

网络1
SM0.1 —| |— SBR_0 EN
PLC上电首次扫描时SM0.1触点接通一个扫描周期，子程序调用指令执行，转入执行SBR_0子程序(PWM初始化程序)。

网络2
SMW70 —|>=I|— M0.0 —(R)— 1
4500
当SMW70单元中的数据大于或等于4500时，"SMW70|>=I|4500"触点闭合，将M0.0线圈复位。

网络3
SMW70 —|==I|— SBR_0 EN
0
当SMW70单元中的数据等于0时，"SMW70|==I|0"触点闭合，子程序调用指令执行，转入执行SBR_0子程序。

网络4
M0.0 —| |— ATCH EN ENO
INT_0:INT0—INT
0—EVNT
当M0.0常开触点闭合时，中断连接ATCH指令执行，将INT_0中断程序与中断事件0(I0.0上升沿中断)连接起来。

网络5
M0.0 —|/|— ATCH EN ENO
INT_1:INT1—INT
0—EVNT
当M0.0常闭触点闭合时，中断连接ATCH指令执行，将INT_1中断程序与中断事件0(I0.0上升沿中断)连接起来。

(a)

网络1
SM0.0 —| |— M0.0 —(S)— 1
PLC运行常ON触点SM0.0闭合，将M0.0线圈置1。

MOV_B EN ENO
16#DA—IN OUT—SMB67
MOV_B指令执行，将16#DA送入SMB67，将脉冲控制字节设为允许PWM脉冲输出，时间单位为ms，脉冲宽度同步更新。

MOV_W EN ENO
500—IN OUT—SMW70
MOV_W指令执行，将500送入SMB70，将PWM初始脉冲宽度设为500ms。

MOV_W EN ENO
5000—IN OUT—SMW68
MOV_W指令执行，将5000送入SMB68，将PWM脉冲周期设为5s。

—(ENI)—
ENI指令执行，允许所有的中断事件。

PLS EN ENO
0—Q0.X
高速脉冲输出PLS指令执行，让高速脉冲发生器按设置产生并从Q0.0端子输出PWM脉冲。

(b)

图 5-50 产生 PWM 脉冲的程序 (一)
(a) 主程序；(b) 子程序 (SBR_0)

图 5-50 产生 PWM 脉冲的程序（二）

(c) 中断程序（INT_0）；(d) 中断程序（INT_1）

子输出 PWM 脉冲上升沿时，又会产生中断而再次执行 INT_1 中断程序，将脉冲宽度值再减 0.5s。以后 INT_1 中断程序会重复执行，直到 SMW70 单元中的数值减少到 0。

当 SMW70 单元中的数值减少到 0 时，主程序中的"SMW70｜==I｜0"触点闭合，子程序调用指令执行，转入执行 SBR_0 子程序，又进行 PWM 初始化操作。

以后程序重复上述工作过程，从而使 Q0.0 端子输出先递增 0.5s、后递减 0.5s、周期为 5s 连续的 PWM 脉冲。

5.14 PID 指令及使用

5.14.1 PID 控制

PID 控制又称比例积分微分（Proportion Integration Differentiation）控制，是一种闭环控制。下面以图 5-51 所示的恒压供水系统来说明 PID 控制原理。

电动机驱动水泵将水抽入水池，水池中的水除了经出水口提供用水外，还经阀门送到压力传感器，传感器将水压大小转换成相应的电信号 X_f，X_f 反馈到比较器与给定信号 X_i 进行比较，得到偏差信号 ΔX（$\Delta X = X_i - X_f$）。

图 5-51 恒压供水系统的 PID 控制

若 $\Delta X > 0$，表明水压小于给定值，偏差信号经 PID 运算得到控制信号，控制变频器，使之输出频率上升，电动机转速加快，水泵抽水量增多，水压增大。

若 $\Delta X < 0$，表明水压大于给定值，偏差信号经 PID 运算得到控制信号，控制变频器，使之输出频率下降，电动机转速变慢，水泵抽水量减少，水压下降。

若 $\Delta X = 0$，表明水压等于给定值，偏差信号经 PID 运算得到控制信号，控制变频器，使之输出频率不变，电动机转速不变，水泵抽水量不变，水压不变。

由于控制回路的滞后性，会使水压值总与给定值有偏差。如当用水量增多水压下降时，$\Delta X > 0$，控制电动机转速变快，提高水泵抽水量，从压力传感器检测到水压下降到控制电动机转速加快，提高抽水量，恢复水压需要一定时间。通过提高电动机转速恢复水压后，系统又要将电动机转速调回正常值，这也要一定时间，在这段回调时间内水泵抽水量会偏多，导致水压又增大，又需进行反调。这样的结果是水池水压会在给定值上下波动（振荡），即水压不稳定。

采用了 PID 运算可以有效减小控制环路滞后和过调问题（无法彻底消除）。**PID 运算包括 P 运算、I 运算和 D 运算。P（比例）运算是将偏差信号 ΔX 按比例放大，提高控制的灵敏度；I（积分）运算是对偏差信号进行积分运算，消除 P 运算比例引起的误差和提高控制精度，但积分运算使控制具有滞后性；D（微分）运算是对偏差信号进行微分运算，使控制具有超前性和预测性。**

5.14.2 PID 指令介绍

1. 指令说明

PID 指令说明见表 5-65。

表 5-65 PID 指令说明

指令名称	梯形图	功能说明	操作数	
			TBL	LOOP
PID 指令 （PID）	PID — EN ENO — ????—TBL ????—LOOP	从 TBL 指定首地址的参数表中取出有关值对 LOOP 回路进行 PID 运算。 TBL：PID 参数表的起始地址； LOOP：PID 回路号	VB （字节型）	常数 0～7 （字节型）

2. PID 控制回路参数表

PID 运算由 P（比例）、I（积分）和 D（微分）3 项运算组成，PID 运算公式为

$$M_n = [K_c \times (SP_n - PV_n)] + [K_c \times (T_s / T_i) \times (SP_n - PV_n) + M_x]$$
$$+ [K_c \times (T_d / T_s) \times (SP_n - PV_n)]$$

式中，M_n 为 PID 运算输出值，$[K_c \times (SP_n - PV_n)]$ 为比例运算项，$[K_c \times (T_s / T_i) \times (SP_n - PV_n) + M_x]$ 为积分运算项，$[K_c \times (T_d / T_s) \times (SP_n - PV_n)]$ 为微分运算项。

要进行 PID 运算，须先在 PID 控制回路参数表中设置运算公式中的变量值。PID 控制回路参数表见

表 5-66。在表中，过程变量（PV_n）相当于图 5-51 中的反馈信号，设定值（SP_n）相当于图 5-51 中的给定信号，输出值（M_n）为 PID 运算结果值，相当于图 5-51 中的控制信号，如果将过程变量（PV_n）值存放在 VD200 双字单元，那么设定值（SP_n）、输出值（M_n）则要分别存放在 VD204、VD208 单元。

表 5-66　　　　　　　　　　　　　　　　　　　**PID 控制回路参数表**

地址偏移量	变量名	格式	类型	说　明
0	过程变量（PV_n）	实型	输入	过程变量，必须在 0.0～1.0
4	设定值（SF_n）	实型	输入	设业值必须标定在 0.0 和 1.0
8	输出值（M_n）	实型	输入/输出	输出值必须在 0.0～1.0
12	增益（K_c）	实型	输入	增益是比例常数，可正可负
16	采样时间（T_s）	实型	输入	采样时间单位为 s，必须是正数
20	积分时间（T_i）	实型	输入	积分时间单位为 min，必须是正数
24	微分时间（T_d）	实型	输入	微分时间单位为 min，必须是正数
28	上一次的积分值（M_x）	实型	输入/输出	积分项前项、必须在 0.0～1.0
32	上一次过程变量值（PV_{n-1}）	实型	输入/输出	是近一次运算的过程变量值

3. PID 运算项的选择

PID 运算由 P（比例）、I（积分）和 D（微分）3 项运算组成，可以根据需要选择其中的一项或两项运算。

（1）如果不需要积分运算，应在参数表中将积分时间（T_i）设为无限大，这样（T_s/T_i）值接近 0，虽然没有积分运算，但由于有上一次的积分值 M_x，积分项的值也不为 0。

（2）如果不需要微分运算，应将微分时间（T_d）设为 0.0。

（3）如果不需要比例运算，但需要积分或微分回路，可以把增益（K_c）设为 0.0，系统会在计算积分项和微分项时，把增益（K_c）当作 1.0 看待。

4. PID 输入量的转换与标准化

PID 控制电路有设定值和过程变量两个输入量。设定值通常是人为设定的参照值，如设置的水压值；过程变量值来自受控对象，如压力传感器检测到的水压值。**由于现实中的设定值和过程变量值的大小、范围和工程单位可能不一样，在执行 PID 指令进行 PID 运算前，必须先把输入量转换成标准的浮点型数值。**

PID 输入量的转换与标准化过程如下。

（1）将输入量从 16 位整数值转换成 32 位实数（浮点数）。该转换程序如图 5-52 所示。

图 5-52　16 位整数值转换成 32 位实数的程序

（2）将实数转换成 0.0～1.0 的标准化数值。转换表达式为：输入量的标准化值＝输入量的实数值/跨度＋偏移量。跨度值通常取 32000（针对 0～32000 单极性数值）或 64000（针对 -32000～+

32000 双极性数值）；偏移量取 0.0（单极性数值）或 0.5（双极性数值）。该转换程序如图 5-53 所示。

图 5-53 实数转换成 0.0～1.0 的标准化数值的程序

5. PID 输出量的转换

在 PID 运算前，需要将实际输入量转换成 0.0～1.0 的标准值，然后进行 PID 运算，PID 运算后得到的输出量也是 0.0～1.0 的标准值，这样的数值无法直接驱动 PID 的控制对象，因此需要将 PID 运算输出的 0.0～1.0 标准值按比例转换成 16 位整数，再送到模拟量输出单元，通过模拟量输出端子输出。

PID 输出量的转换表达式为：PID 输出量整数值＝（PID 运算输出量标准值－偏移量）×跨度

PID 输出量的转换程序如图 5-54 所示。

图 5-54 PID 输出量的转换程序

5.14.3 PID 指令的应用举例

下面以图 5-51 所示的恒压供水控制系统为例来说明 PID 指令的应用。

1. 确定 PID 控制回路参数表的内容

在编写 PID 控制程序前，首先要确定 PID 控制回路参数表的内容，参数表中的给定值 SP_n、增益值 K_c、采样时间 T_s、积分时间 T_i、微分时间 T_d 需要在 PID 指令执行前输入，来自压力传感器的过程变量值需要在 PID 指令执行前转换成标准化数值并存入过程变量单元。参数表中的变量值要根据具体情况来确定，还要在实际控制时反复调试以达到最佳控制效果。本例中的 PID 控制回路参数表的值见表 5-67，因为希望水箱水压维持在满水压的 70%，故将给定值 SP_n 设为 0.7，不需要微分运算，将微分时间设为 0。

表 5-67   PID 控制回路参数表的值

变量存储地址	变量名	数 值
VB100	过程变量当前值 PV_n	来自压力传感器，并经 A/D 转换和标准化处理得到的标准化数值
VB104	给定值 SP_n	0.7
VB108	输出值 M_n	PID 回路的输出值（标准化数值）
VB112	增益 K_c	0.3
VB116	采样时间 T_s	0.1
VB120	积分时间 T_i	30
VB124	微分时间 T_d	0（关闭微分作用）
VB128	上一次积分值 M_x	根据 PID 运算结果更新
VB132	上一次过程变量 PV_{n-1}	最近一次 PID 的变量值

2. PID 控制程序

恒压供水的 PID 控制程序如图 5-55 所示。

图 5-55   恒压供水的 PID 控制程序（一）

图 5-55 恒压供水的 PID 控制程序（二）

在程序中，"网络 1"用于设置 PID 控制回路的参数表，包括设置给定值 SP_n、增益值 K_c、采样时间 T_s、积分时间 T_i 和微分时间 T_d；"网络 2"用于将模拟量输入 AIW0 单元中的整数值转换成 $0.0 \sim$

1.0 的标准化数值,再作为过程变量值 PV_n 存入参数表的 VD100 单元,AIW0 单元中的整数值由压力传感器产生的模拟信号经 PLC 的 A/D(模/数)转换模块转换而来;"网络 3"用于启动系统从参数表取变量值进行 PID 运算,运算输出值 M_n 存入参数表的 VD108 单元;"网络 4"用于将 VD108 中的标准化输出值(0.0~1.0)按比例转换成相应的整数值(0~32000),再存入模拟量输出 AQW0 单元,AQW0 单元的整数经 D/A(数/模)转换模块转换成模拟信号,去控制变频器工作频率,进而控制水泵电机的转速来调节水压。

第6章

PLC 通信

在科学技术迅速发展的推动下，为了提高效率，越来越多的企业工厂使用可编程设备（如工业控制计算机、PLC、变频器、机器人和数控机床等），为了便于管理和控制，需要将这些设备连接起来，实现分散控制和集中管理，要实现这一点，就必须掌握这些设备的通信技术。

6.1　通　信　基　础　知　识

通信是指一地与另一地之间的信息传递。PLC 通信是指 PLC 与计算机、PLC 与 PLC、PLC 与人机界面（触摸屏）和 PLC 与其他智能设备之间的数据传递。

6.1.1　通信方式

1. 有线通信和无线通信

有线通信是指以导线、电缆、光缆、纳米材料等看得见的材料为传输媒质的通信。无线通信是指以看不见的材料（如电磁波）为传输媒质的通信，常见的无线通信有微波通信、短波通信、移动通信和卫星通信等。

2. 并行通信与串行通信

（1）并行通信。同时传输多位数据的通信方式称为并行通信。并行通信如图 6-1 所示，计算机中的 8 位数据 10011101 通过 8 条数据线同时送到外部设备中。并行通信的特点是数据传输速度快，它由于需要的传输线多，故成本高，只适合近距离的数据通信。PLC 主机与扩展模块之间通常采用并行通信。

（2）串行通信。逐位依次传输数据的通信方式称为串行通信。串行通信如图 6-2 所示，计算机中的 8 位数据 10011101 通过一条数据逐位传送到外部设备中。串行通信的特点是数据传输速度慢，但由于只需要一条传输线，故成本低，适合远距离的数据通信。PLC 与计算机、PLC 与 PLC、PLC 与人机界面之间通常采用串行通信。

图 6-1　并行通信

图 6-2　串行通信

3. 异步通信和同步通信

串行通信又可分为异步通信和同步通信。PLC 与其他设备通常采用串行异步通信方式。

图 6-3 异步通信

（1）异步通信。在异步通信中，数据是一帧一帧地传送的。异步通信如图 6-3 所示，这种通信是以帧为单位进行数据传输，一帧数据传送完成后，可以接着传送下一帧数据，也可以等待，等待期间为空闲位（高电平）。

串行通信时，数据以帧为单位传送，帧数据有一定的格式。帧数据格式如图 6-4 所示，从中可以看出，**一帧数据由起始位、数据位、奇偶校验位和停止位组成。**

图 6-4 帧数据格式

1）**起始位。起始位表示一帧数据的开始，起始位一定为低电平。**当甲机要发送数据时，先送一个低电平（起始位）到乙机，乙机接收到起始信号后，马上开始接收数据。

2）**数据位。数据位是要传送的数据，紧跟在起始位后面。**数据位的数据为 5～8 位，传送数据时是从低位到高位逐位进行的。

3）**奇偶校验位。奇偶校验位用于检验传送的数据有无错误。**奇偶校验是检查数据传送过程中有无发生错误的一种校验方式，它分为奇校验和偶校验。奇校验是指数据和校验位中 1 的总个数为奇数，偶校验是指数据和校验位中 1 的总个数为偶数。以奇校验为例，如果发送设备传送的数据中有偶数个 1，为保证数据和校验位中 1 的总个数为奇数，奇偶校验位应为 1，如果在传送过程中数据产生错误，其中一个 1 变为 0，那么传送到接收设备的数据和校验位中 1 的总个数为偶数，外部设备就知道传送过来的数据发生错误，会要求重新传送数据。数据传送采用奇校验或偶校验均可，但要求发送端和接收端的校验方式一致。在帧数据中，奇偶校验位也可以不用。

4）**停止位：停止位表示一帧数据的结束。**停止位可以是 1 位、1.5 位或 2 位，但一定为高电平。

一帧数据传送结束后，可以接着传送第二帧数据，也可以等待，等待期间数据线为高电平（空闲位）。如果要传送下一帧，只要让数据线由高电平变为低电平（下一帧起始位开始），接收器就开始接收下一帧数据。

（2）同步通信。在异步通信中，每一帧数据发送前要用起始位，在结束时要用停止位，这样会占用一定的时间，导致数据传输速度较慢。为了提高数据传输速度，在计算机与一些高速设备数据通信时，常采用同步通信。同步通信的数据格式如图 6-5 所示。

图 6-5 同步通信的数据格式

从中可以看出，同步通信的数据后面取消了停止位，前面的起始位用同步信号代替，在同步信号后面可以跟很多数据，所以同步通信传输速度快，但由于同步通信要求发送端和接收端严格保持同步，这需要用复杂的电路来保证，所以 PLC 不采用这种通信方式。

4. 单工通信和双工通信

在串行通信中，根据数据的传输方向不同，可分为单工通信、半双工通信和全双工通信，3 种通信方式，如图 6-6 所示。

（1）单工通信。在单工通信方式下，数据只能往一个方向传送。单工通信如图 6-6（a）所示，数据只能由发送端（T）传输给接收端（R）。

（2）半双工通信。在半双工通信方式下，数据可以双向传送，但同一时间内，只能往一个方向传送，只有一个方向的数据传送完成后，才能往另一个方向传送数据。半双工通信如图 6-6（b）所示，通信的双方都有发送器和接收器，一方发送时，另一方接收，由于只有一条数据线，所以双方不能在发送时同时进行接收。

图 6-6 3 种通信方式
（a）单工通信；（b）半双工通信；（c）全双工通信

（3）全双工通信。在全双工通信方式下，数据可以双向传送，通信的双方都有发送器和接收器，由于有两条数据线，所以双方在发送数据的同时可以接收数据。全双工通信如图 6-6（c）所示。

6.1.2 通信传输介质

有线通信采用传输介质主要有双绞线、同轴电缆和光缆 3 种，如图 6-7 所示。

图 6-7 3 种通信传输介质
（a）双绞线；（b）同轴电缆；（c）光缆

1. 双绞线

双绞线是将两根导线扭绞在一起，以减少电磁波的干扰，如果再加上屏蔽套层，则抗干扰能力更好。双绞线的成本低、安装简单，RS-232C，RS-422A 和 RS-485 等接口多用双绞线电缆进行通信连接。

2. 同轴电缆

同轴电缆的结构是从内到外依次为内导体（芯线）、绝缘线、屏蔽层及外保护层。由于从截面看这 4 层构成了 4 个同心圆，故称为同轴电缆。根据通频带不同，同轴电缆可分为基带（50Ω）和宽带（75Ω）两种，其中基带同轴电缆常用于 Ethernet（以太网）中。同轴电缆的传送速率高、传输距离远，但价格较双绞线高。

3. 光缆

光缆是由石英玻璃经特殊工艺拉成细丝结构，这种细丝的直径比头发丝还要细，一般直径在 8～95μm（单模光缆）及 50/62.5μm（多模光缆，50μm 为欧洲标准，62.5μm 为美国标准），但它能传输的数据量却是巨大的。

光缆是以光的形式传输信号的，其优点是传输的为数字的光脉冲信号，不会受电磁干扰，不怕雷击，不易被窃听，数据传输安全性好，传输距离长，且带宽宽、传输速度快。但由于通信双方发送和接收的都是电信号，因此通信双方都需要价格昂贵光纤设备进行光电转换，另外光纤连接头的制作与光纤连接需要专门工具和专门的技术人员。

4. 通信传输介质参数特性

双绞线、同轴电缆和光缆参数特性见表 6-1。

表 6-1 　　　　　　　　　双绞线、同轴电缆和光缆参数特性

特性	双绞线	同轴电缆		光缆
		基带（50Ω）	宽带（75Ω）	
传输速率	1～4Mbit/s	1～10Mbit/s	1～450Mbit/s	10～500Mbit/s
网络段最大长度	1.5km	1～3km	约 10km	90km
抗电磁干扰能力	弱	中	中	强

6.2　S7-200 PLC 通信硬件

6.2.1　PLC 通信接口标准

PLC 采用串行异步通信方式，通信接口主要有 RS-232C、RS-422A 和 RS-485 3 种标准。

1. RS-232C 接口

RS-232C 接口又称 COM 接口，如图 6-8 所示。RS-232C 接口是美国 1969 年公布的串行通信接口，至今在计算机和 PLC 等工业控制中还广泛使用。RS-232C 标准有以下特点。

（1）采用负逻辑，用 +5～+15V 表示逻辑"0"，用 -5～-15V 表示逻辑"1"。

（2）只能进行一对一方式通信，最大通信距离为 15m，最高数据传输速率为 20kbit/s。

（3）该标准有 9 针和 25 针两种类型的接口，9 针接口使用更广泛，PLC 采用 9 针接口。

（4）该标准的接口采用单端发送、单端接收电路，如图 6-8（b）所示，这种电路的抗干扰性较差。

图 6-8　RS-232C 接口

(a) 信号连接；(b) 电路结构

2. RS-422A 接口

RS-422A 接口采用平衡驱动差分接收电路，如图 6-9 所示，该电路采用极性相反的两根导线传送信号，这两根线都不接地，当 B 线电压较 A 线电压高时，规定传送的为 "1" 电平，当 A 线电压较 B 线电压高时，规定传送的为 "0" 电平，A、B 线的电压差可从零的几伏到近十伏。采用平衡驱动差分接收电路作接口电路，可使 RS-422A 接口有较强的抗干扰性。

RS-422A 接口采用发送和接收分开处理，数据传送采用 4 根导线。RS-422A 接口的电路结构如图 6-10 所示，**由于发送和接收独立，两者可同时进行，故 RS-422A 通信是全双工方式**。与 RS-232C 接口相比，RS-422A 接口的通信速率和传输距离有了很大的提高，在最高通信速率 10Mbit/s 时最大通信距离为 12m，在通信速率为 100kbit/s 时最大通信距离可达 1200m，一台发送端可接 12 个接收端。

图 6-9 平衡驱动差分接收电路

图 6-10 RS-422 接口的电路结构

3. RS-485 接口

RS-485 接口是 RS-422A 接口的变形，RS-485 接口只有一对平衡驱动差分信号线，其电路结构如图 6-11 所示，**发送和接收不能同时进行，属于半双工通信方式**。使用 RS-485 接口与双绞线可以组成分布式串行通信网络，如图 6-12 所示，网络中最多可接 32 个站。

图 6-11 RS-485 接口的电路结构

图 6-12 RS-485 接口与双绞线组成的分布式串行通信网络

RS-485、RS-422A、RS-232C 接口通常采用相同的 9 针 D 型连接器，但连接器中的 9 针功能定义有所不同，故不能混用。当需要将 RS-232C 接口与 RS-422A 接口连接通信时，两接口之间须有 RS-232C/RS-422A 转换器，转换器结构如图 6-13 所示。

图 6-13 RS-232C/RS-422A 转换器结构

6.2.2　通信端口

　　每个 S7-200 PLC 都有与 RS-485 标准兼容的 9 针 D 型通信端口，该端口也符合欧洲标准 EN50170 中的 PROFIBUS 标准。S7-200 PLC 通信端口外形与功能名称见表 6-2。

表 6-2　　　　　　　　　　　　　S7-200 PLC 通信端口外形与功能名称

外形	针号	端口 0/端口 1	PROFIUBUS 标准名称
	1	机壳接地	屏蔽
	2	逻辑地	24V 返回
	3	RS-485 信号 B	RS-485 信号 B
针1　针6	4	RTS（TTL）	请求—发送
	5	逻辑地	5V 返回
	6	+5V、100Ω 串联电阻器	+5V
	7	+24V	+24V
针5　针9	8	RS-485 信号 A	RS-485 信号 A
	9	10 位协议选择（输入）	不适用
	连接器外壳	机壳接地	屏蔽

6.2.3　通信连接电缆

　　计算机通常采用 PC/PPI 电缆与 S7-200 PLC 进行串行通信，由于计算机通信接口的信号类型为 RS-232C，而 S7-200 PLC 通信接口的信号类型为 RS-485，因此 PC/PPI 电缆在连接两者同时还要进行信号转换。

　　PC/PPI 电缆如图 6-14 所示，电缆一端为 RS-232C 接口，用于接计算机，另一端为 RS-485 接口，用于接 PLC，电缆中间为转换器及 8 个设置开关，开关上置为 1，下置为 0，1、2、3 开关用来设置通信的波特率（速率），4～8 开关用作其他设置，各开关对应的功能如图 6-15 所示。一般情况下将 2、4 开关设为"1"，其他开关均设为"0"，这样就将计算机与 PLC 的通信设为 9.6kbit/s、PPI 通信。

图 6-14　PC/PPI 电缆

收发转换时间/ms	通信波特率/(bit/s)	
0.15	115200	110
0.3	57600	111
0.5	38400	000
1.0	19200	001
2.0	9600	010
4.0	4800	011
7.0	2400	100
14.0	1200	101

空闲
1=10 位 / 0=11 位
1=远端 / 0=本地
1=PPI / 0=PPI/自由端口
空闲

图 6-15　PC/PPI 电缆各开关对应的功能

在通信时，如果数据由 RS-232C 往 RS-485 接口传送，电缆为发送状态，反之为接收状态，发送和接收转换需要一定的时间，称为电缆收发转换时间，通信波特率越高，需要的转换时间越短。

6.2.4 网络连接器

一条 PC/PPI 电缆仅能连接两台设备通信，如果将多台设备连接起来通信就要使用网络连接器。西门子提供两种类型的网络连接器，如图 6-16 所示，一种连接器仅有一个与 PLC 连接的接口（图中第 2、3 个连接器属于该类型），另一种连接器还增加一个编程接口（图中第 1 个连接器属于该类型）。带编程接口的连接器可将编程站（如计算机）或 HMI（人机界面）设备连接至网络，而不会干扰现有的网络连接，这种连接器不但能连接 PLC、编程站或 HMI，还能将来自 PLC 端口的所有信号（包括电源）传到编程接口，这对于那些需从 PLC 取电源的设备（如触摸屏 TD200）尤为有用。

网络连接器的编程接口与编程计算机之间一般采用 PC/PPI 电缆连接，连接器的 RS-485 接口与 PLC 之间采用 9 针 D 型双头电缆连接。

图 6-16 西门子提供的两种类型的网络连接器

两种连接器都有两组螺钉连接端子，用来连接输入电缆和输出电缆，电缆连接方式如图 6-16 所示。两种连接器上还有网络偏置和终端匹配的选择开关，当连接器处于网络的始端或终端时，一组螺钉连接端子会处于悬空状态，为了吸收网络上的信号反射和增强信号强度，需要将连接器上的选择开关置于 ON，这样就会在给连接器接上网络偏置和终端匹配电阻，如图 6-17（a）所示，当连接器处于网络的中间时，两组螺钉连接端子都接有电缆，连接器无须接网络偏置和终端匹配电阻，选择开关应置于 OFF，如图 6-17（b）所示。

图 6-17 网络连接器的开关处于不同位置时的电路结构
（a）开关置于 ON 时接有网络偏置和终端匹配电阻；（b）开关置于 OFF 时无网络偏置和终端匹配电阻

6.3 S7-200 网络通信协议

通信协议是指通信双方为网络数据交换而建立的规则或标准，通信时如果没有统一的通信协议，通信各方之间传递的信息就无法识别。S7-200 PLC 支持的通信协议类型较多，下面介绍较常用的通信协议。

6.3.1 PPI 协议（点对点接口协议）

PPI 协议是主/从协议，该协议有以下要点。

（1）主站设备将请求发送至从站设备，然后从站设备进行响应，从站设备不发送消息，只是等待主站的要求并对要求作出响应。

（2）PPI 协议并不限制与任何从站通信的主站数量，但在一个网络中，主站数量不能超过 32 个。

（3）如果在用户程序中启用 PPI 主站模式，S7-200 CPU 在运行模式下可以作主站。在启动 PPI 主站模式之后，可以使用网络读写指令来读写另外一个 S7-200。当 S7-200 作 PPI 主站时，它仍然可以作为从站响应其他主站的请求。

（4）PPI 高级协议允许建立设备之间的连接。所有的 S7-200 CPU 都支持 PPI 和 PPI 高级协议，S7-200 CPU 的每个通信接口支持 4 个连接，而 EM277 通信模块仅仅支持 PPI 高级协议，每个模块支持 6 个连接。

典型的 PPI 网络如图 6-18 所示，安装有编程软件的计算机和操作员面板（或称人机界面 HMI）均为主站，S7-200 CPU 为从站。

6.3.2 MPI 协议（多点接口协议）

MPI 协议允许主—主通信和主—从通信。在 MPI 网络中，S7-200 CPU 只能作从站，S7-300/400 作网络中的主站，可以用 XGET/XPUT 指令读写 S7-200 CPU 的 V 存储区，通信数据包最大为 64B，而 S7-200 CPU 无须编写通信程序，它通过指定的 V 存储区与 S7-300/400 交换数据。

典型的 MPI 网络如图 6-19 所示。

图 6-18 典型的 PPI 网络

图 6-19 典型的 MPI 网络

6.3.3 PROFIBUS 协议

PROFIBUS 协议是世界上第一个开放式的现场总线标准协议，是用于车间级和现场级的国际标准，通常用于分布式 I/O（远程 I/O）的高速通信。PROFIBUS-DP 协议可以使用不同厂家的 PROFIBUS 设备，如简单的输入或输出模块、电动机控制器和 PLC。

PROFIBUS 协议支持传输速率为 12Mbit/s，连接使用屏蔽双绞线（最长 9.6km）或者光缆（最长 90km），最多可接 127 个从站，其应用覆盖电力、交通、机械加工、过程控制和楼宇自动化等领域。S7-200

CPU 可以通过增加扩展模块 EM277 来支持 PROFIBUS-DP 协议。

PROFIBUS 网络通常有一个主站和若干个 I/O 从站，典型的 PROFIBUS 网络如图 6-20 所示。主站设备通过配置可以知道 I/O 从站的类型和站号。主站初始化网络使网络上的从站设备与配置相匹配。主站不断地读写从站的数据。当一个主站成功配置了一个从站之后，它就拥有了这个从站设备。如果在网络上有第二个主站设备，那么它对第一个主站的从站的访问将会受到限制。

图 6-20 典型的 PROFIBUS 网络

6.3.4 TCP/IP 协议

TCP/IP 协议意为传输控制协议/因特网互联协议，是由网络层的 IP 协议和传输层的 TCP 协议组成的。当 S7-200 PLC 配备了以太网模块（CP243-1）或互联网模块 CP-243-1 IT 后，就支持 TCP/IP 协议，计算机要安装以太网网卡才能与 S7-200 以 TCP/IP 协议通信。

计算机在安装 STEP7-Micro/WIN 编程软件时，会自动安装 S7-200 Explorer 浏览器，使用它可以访问 CP243-1 IT 模块的主页。

6.3.5 用户定义的协议（自由端口模式）

自由端口模式允许编写程序控制 S7-200 CPU 的通信口，在该模式下可实现 PLC 与多种具有串行接口的外设通信，如可让 PLC 与打印机、条形码阅读器、变频器、调制解调器（Modem）和上位 PC 机等智能设备通信。

要使用自由端口模式，须设置特殊存储器字节 SMB30（端口 0）和 SMB130（端口 1）。波特率最高为 38.4kbit/s（可调整）。因此使可通信的范围大大增加，使控制系统配置更加灵活、方便。

自由端口模式只有在 S7-200 处于 RUN 模式时才能被激活。如果将 S7-200 设置为 STOP 模式，那么所有的自由端口通信都将中断，而且通信口会按照 S7-200 系统块中的配置转换到 PPI 协议。

除了前面介绍的几种通信协议外，S7-200 还支持其他一些协议。S7-200 支持的通信协议见表 6-3，从表中可以看出，PPI、MPI 协议都使用 CPU 的 O/I 通信端口，PROFIBUS-DP 协议只能使用通信扩展模块 EM277 上的通信端口。

表 6-3　　　　　　　　　　　S7-200 支持的通信协议

协议类型	端口位置	接口类型	传输介质	通信速率/(bit/s)	备 注
PPI	EM 241 模块	RJ11	模拟电话线	33.6k	
	CPU 端口 O/I	DB-9 针	RS-485	9.6k，19.2k，187.5k	主、从站
				19.2k，187.5k	仅作从站
MPI	EM277	DB-9 针	RS-485	19.2k～12M	通信速率自适应
PROFIBUS-DP				9.6k～12M	仅作从站
S7	CP 243-1/CP 243-1 IT	RJ45	以太网	10M 或 100M	通信速率自适应
AS-i	CP 243-2	接线端子	AS-i 网络	167k	主站
USS	CPU 端口 0	DB-9 针	RS-485	1200～115.2k	主站，自由端口库指令
Modbus RTU					主站/从站，自由端口库指令
	EM241	RJ11	模拟电话线	33.6k	
自由端口	CPU 端口 0/1	DB-9 针	RS-485	1200～115.2k	

6.4 通信指令及应用

S7-200 PLC 通信指令包括网络读写指令、发送与接收指令和获取与设置端口地址指令。

6.4.1 网络读写指令

1. 指令说明

网络读写指令说明见表 6-4。

表 6-4　　　　　　　　　　　　　　　网络读写指令说明

指令名称	梯形图	功能说明	操作数	
			TBL	PORT
网络读指令（NETR）	NETR EN　　ENO ???? - TBL ???? - PORT	根据 TBL 表的定义，通过 PORT 端口从远程设备读取数据。 TBL 端指定表的首地址，PORT 端指定读取数据的端口	VB、MB、* VD、* LD、* AC（字节型）	常数 0 （CPU 221/222/224） 0 或 1 （CPU 224XP/226）
网络写指令（NETW）	NETW EN　　ENO ???? - TBL ???? - PORT	根据 TBL 表的定义，通过 PORT 端口往远程设备写入数据。 TBL 端指定表的首地址，PORT 端指定写数据的端口		

网络读指令（NETR）允许从远程站点读取最多 16 个字节的信息，网络写指令（NETW）允许往远程站点写最多 16 个字节的信息。在程序中，可以使用任意条网络读写指令，但是在任意时刻最多只允许有 8 条网络读写指令（如 4 条网络读指令和 4 条网络写指令，或者 2 条网络读指令和 6 条网络写指令）同时被激活。

2. TBL 表

网络读写需要按 TBL 表定义来操作，TBL 参数说明见表 6-5。

表 6-5　　　　　　　　　　　　　　　网络读写 TBL 参数说明

字节偏移量	说　明				
0	D	A	E	0	错误码（4 位）
1	远程站地址（要读写的远程 PLC 的地址）				
2	指向远程站数据区的指针（I，Q，M，V）				
3					
4					
5					
6	数据长度（1~16 字节）				
7	数据字节 0	接收（读）和发送（写）数据的存储区，执行网络读指令（NETR）后，从远程站读来的数据存在该区域，执行网络写指令（NETW）后，该区域的数据会发送到远程站			
8	数据字节 1				
...	...				
22	数据字节 15				

TBL 表首字节标志位定义说明见表 6-6。

表 6-6   **网络读写 TBL 表首字节标志位定义说明**

标志位		定义	说　明
D		操作已完成	0＝未完成；1＝功能完成
A		激活（操作已排队）	0＝未激活；1＝激活
E		错误	0＝无错误；1＝有错误
4 位 错误代码	0（0000）	无错误	
	1	超时错误	远程站点无响应
	2	接收错误	有奇偶错误，帧或校验和出错
	3	离线错误	重复的站地址或无效的硬件引起冲突
	4	排队溢出错误	多于 8 条的 NETR/NETW 指令被激活
	5	违反通信协议	没有在 SMB30 中允许 PPI，就试图使用 NETR/NETW 指令
	6	非法参数	NETR/NETW 表中包含非法或无效的参数值
	7	没有资源	远程站点忙（正在进行上装或下载操作）
	8	第七层错误	违反应用协议
	9	信息错误	错误的数据地址或错误的数据长度

3. 通信模式控制

S7-200 PLC 通信模式由特殊存储器 SMB30（端口 0）和 SMB130（端口 1）来设置。SMB30、SMB130 各位功能说明见表 6-7。

表 6-7   **SMB30、SMB130 各位功能说明**

位号	位定义	说　明
7	校验位	00＝不校验；01＝偶校验；10＝不校验；11＝奇校验
6		
5	每个字符的数据位	0＝8 位/字节；1＝7 位/字符
4	自由口波特率选择（kbit/s）	000＝38.4；001＝19.2；010＝9.6；011＝4.8；100＝2.4； 101＝1.2；110＝115.2；111＝57.6
3		
2		
1	协议选择	00＝PPI 从站模式；01＝自由端口协议；I0＝PPI 主站模式； I1＝保留
0		

6.4.2　两台 PLC 的 PPI 通信

PPI 通信是 S7-200 CPU 默认的通信方式。两
台 PLC 的 PPI 通信配置如图 6-21 所示，甲机为主
站，地址为 2，乙机为从站，地址为 6，编程计算
机的地址为 0。两台 PLC 的 PPI 通信要实现的功
能是：将甲机 IB0.0~I0.7 端子的输入值传送到乙

图 6-21　两台 PLC 的 PPI 通信配置

机的 Q0.0~Q0.7 端子输出，将乙机 IB0.0~I0.7 端子的输入值传送到甲机的 Q0.0~Q0.7 端子输出。

1. 通信各方地址和波特率的设置

在 PPI 通信前，需要设置网络中通信各方的通信端口、地址和波特率（通信速率），通信各方的波

特率要相同，但地址不能相同，否则通信时无法区分各站。

（1）编程计算机的通信端口、地址和波特率的设置。设置编程计算机的通信端口、地址和波特率如图 6-22 所示。

具体过程如下：打开 STEP 7-Micro/WIN 编程软件，在软件窗口的指令树区域单击"通信"项前的"＋"，展开通信项［见图 6-22（a）］，双击"设置 PG/PC 接口"选项，弹出"设置 PG/PC 接口"对话框［见图 6-22（b）］，在对话框中选中"PC/PPI"项，再单击"属性"按钮，弹出"属性"对话框［见图 6-22（c）］，在该对话框的"本地连接"选项卡中选择计算机的通信端口为 COM1，然后切换到"PPI"选项卡［见图 6-22（d）］，将计算机的地址设为 0，通信波特率设为 9.6kbps（即 9.6kbit/s），设置好后单击"确定"按钮返回到图 6-22（b）所示的设置 PG/PC 接口对话框，在该对话框单击"确定"按钮退出设置。

图 6-22　编程计算机的通信端口、地址和波特率的设置

（2）S7-200 CPU 的通信端口、地址和波特率的设置。本例中有两台 S7-200 CPU，先设置其中一台，再用同样的方法设置另一台。甲机的通信端口、地址和波特率的设置如图 6-23 所示。

具体过程如下：

（1）用 PC/PPI 电缆将编程计算机与甲机连接好。

（2）打开 STEP 7-Micro/WIN 编程软件，在软件窗口的指令树区域单击通信项下的"通信"，弹出

"通信"对话框［见图 6-23（a）］，双击对话框右方的"双击刷新"，测试计算机与甲机能否通信，如果连接成功，在对话框右方会出现甲机 CPU 的型号、地址和通信波特率。

（3）如果需要重新设置甲机的通信端口、地址和波特率，可单击指令树区域系统块项下的"通信端口"，弹出"系统块"对话框［见图 6-23（b）］，在该对话框中选择"通信端口"项，设置端口 0 的 PLC 地址为 2、波特率为 9.6kbps，再单击"确认"按钮退出设置。

（4）单击工具栏上的 ▲（下载）按钮，也可执行菜单命令"文件→下载"，设置好的系统块参数就下载到甲机中，系统块中包含有新设置的甲机通信使用的端口、地址和波特率。

（5）甲机设置好后，再用同样的方法将乙机通信端口设为 0、地址设为 6、波特率设为 9.6kbps。

(a)

(b)

图 6-23　甲机的通信端口、地址和波特率的设置

2. 硬件连接

编程计算机和两台 PLC 的通信端口、地址和波特率设置结束后，再将三者连接起来。编程计算机

和两台 PLC 的连接如图 6-24 所示，连接需要一条 PC/PPI 电缆、两台网络连接器（一台需带编程口）和两条 9 针 D 型双头电缆。在具体连接时，PC/PPI 电缆的 RS-232C 端连接计算机，RS-485 端连接网络连接器的编程口，两台连接器间的连接方法参见图 6-17，两条 9 针 D 型双头电缆分别将两台网络连接器与两台 PLC 连接起来。

图 6-24　编程计算机和两台 PLC 的连接

编程计算机和两台 PLC 连接好后，打开 STEP 7-Micro/WIN 编程软件，在软件窗口的指令树区域单击通信项下的"通信"，弹出通信对话框［见图 6-23（a）］，双击对话框右方的"双击刷新"，会搜索出与计算机连接的两台 PLC。

3. 通信程序

实现 PPI 通信有两种方式：一是直接使用 NETR/NETW 指令编写程序；二是在 STEP7-Micro/WIN 编程软件中执行菜单命令"工具→指令向导"，选择向导中的 NETR/NETW，利用向导实现网络读写通信。

（1）直接用 NETR/NETW 指令编写 PPI 通信程序。直接用 NETR/NETW 指令编写的 PPI 通信程序如图 6-25 所示，其中图 6-25（a）为主站程序，编译后下载到甲机中，图 6-25（b）为从站程序，编译后下载到乙机中。

(a)

图 6-25　直接用 NETR/NETW 指令编写的 PPI 通信程序（一）

(a) 主站程序（一）

图 6-25 直接用 NETR/NETW 指令编写的 PPI 通信程序（二）

（a）主站程序（二）

图 6-25　直接用 NETR/NETW 指令编写的 PPI 通信程序（三）

（b）从站程序

1) 主程序说明。

"网络 1"的功能是在 PLC 上电首次扫描时初始化主站，包括设置本机设为主站/PPI 模式，设置端口 0 的通信波特率为 9.6kbit/s，还清空用作网络读写 TBL 表的存储区。

"网络 2"的功能是将 IB0 单元的数据（来自本机 I0.0～I0.7 端输入）送入 VB207 单元，VB207 单元在后面会被 NETW 指令定义为网络写 TBL 表的数据存储单元。

"网络 3"的功能是在秒脉冲（0.5s-ON，0.5s-OFF）的上升沿时对网络写 TBL 表进行设置，并执行 NETW 指令让系统按网络写 TBL 表的定义往从站指定存储单元发送数据。网络写 TBL 表的定义如图 6-26（a）所示，从中可以看出，NETW 指令执行后会将本机 VB207 单元的 1 个字节数据写入远程站的 VB300 单元，VB207 单元的数据来自 IB0 单元，IB0 单元的值则来自 I0.0～I0.7 端子的输入，也即将本机 IB0.0～IB0.7 端子的输入值写入远程站的 VB300 单元。

"网络 4"的功能是在非首次扫描、每个秒脉冲下降沿来且网络写操作未出错时，对网络读 TBL 表进行设置，再执行 NETR 指令让系统按网络读 TBL 表的定义从从站指定的存储单元读取数据，并保存在 TBL 表定义的数据存储单元中。网络读 TBL 表的定义如图 6-26（b）所示，从中可以看出，NETR 指令执行后会将远程站 VB200 单元的 1 个字节数据读入本机的 VB307 单元。

"网络 5"的功能是将网络读 TBL 表中 VB307 单元中的数据（由从站读入）送入 QB0 单元，以便从本机的 Q0.0～Q0.7 端子输出，另外，如果执行网络写操作出现错误，网络写 TBL 表中首字节的第 5 位（V200.5）会置 1，V200.5 触点闭合，Q1.0 线圈得电，Q1.0 端子会输出网络写出错报警。

图 6-26　网络读写 TBL 表

(a) 网络写 TBL 表；(b) 网络读 TBL 表

2）从站程序说明。

网络 1 的功能是在 PLC 上电首次扫描时初始化从站，包括设置本机设为从站/PPI 模式，设置端口 0 的通信波特率为 9.6dps，还清空用作接收和发送数据的存储区。

网络 2 的功能是将 IB0 单元的数据（来自本机 I0.0～I0.7 端输入值）送入 VB200 单元，让主站读取，另外将 VB300 单元的数据（由主站 VB207 单元写来的数据）传送到 QB0 单元，即从本机的 Q0.0～Q0.7 端子输出。

3）主、从站数据传递说明。

通过执行主、从站程序，可以将主站 I0.0～I0.7 端子的输入值传送到从站的 Q0.0～Q0.7 端子输出，也能将从站 I0.0～I0.7 端子的输入值传送到主站的 Q0.0～Q0.7 端子输出。

主站往从站传递数据的途径是：主站 I0.0～I0.7 端子→主站 IB0 单元→主站 VB207 单元→从站 VB300 单元→从站 QB0 单元→从站 Q0.0～Q0.7 端子。

从站往主站传递数据的途径是：从站 I0.0～I0.7 端子→从站 IB0 单元→从站 VB200 单元→主站 VB307 单元→主站 QB0 单元→主站 Q0.0～Q0.7 端子。

（2）利用指令向导编写 PPI 通信程序。PPI 通信程序除了可以直接编写外，还可以利用编程软件的指令向导来生成。利用指令向导生成 PPI 通信程序过程见表 6-8。

表 6-8　利用指令向导生成 PPI 通信程序过程

序号	操作步骤	操作图
1	打开 STEP7-Micro/WIN 编程软件，执行菜单命令"工具→指令向导"，弹出"指令向导"对话框，选择其中的 NETR/NETW，单击"下一步"	

续表

序号	操作步骤	操作图
2	在"NETR/NETW 指令向导"对话框中,将网络读/写操作项设为2,单击"下一步"	
3	将通信端口设为0,自动生成的子程序名保持默认名"NET_EXE",单击"下一步"	
4	选择操作为"NETW";将写入远程数据设为1个字节;将远程 PLC 地址设为6;将本地 PLC 要发送数据的存储单元设为 VB207～VB207;将远程 PLC 要接收数据的存储单元设为 VB300～VB300。设置好后,单击"下一项操作"	
5	选择操作为"NETR";将读取远程数据设为1个字节;将远程 PLC 地址设为6;将本地 PLC 存放远程 PLC 数据的存储单元设为 VB307～VB307;将要读取数据的远程 PLC 的存储单元设为 VB200～VB200。设置好后,单击"下一步"	

续表

序号	操作步骤	操作图
6	让分配存储区地址范围保持默认值 VB0～VB18，单击"下一步"	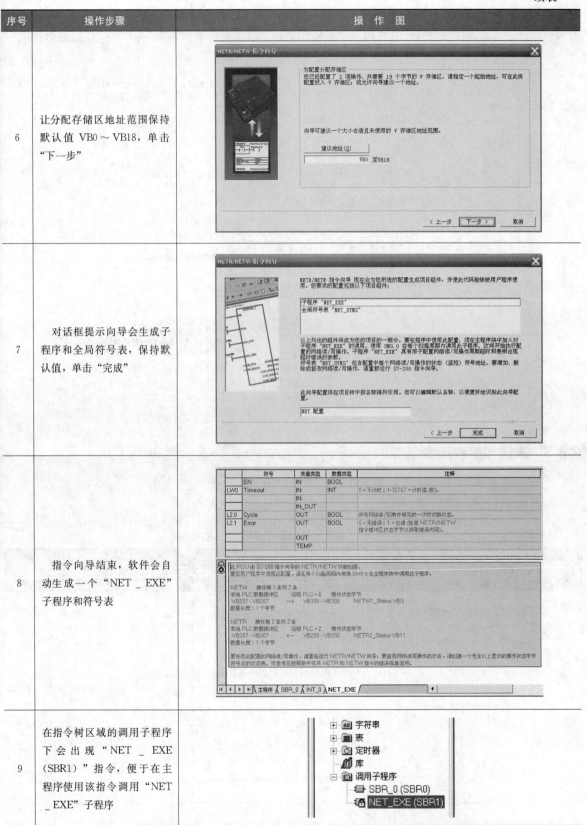
7	对话框提示向导会生成子程序和全局符号表，保持默认值，单击"完成"	
8	指令向导结束，软件会自动生成一个"NET_EXE"子程序和符号表	
9	在指令树区域的调用子程序下会出现"NET_EXE (SBR1)"指令，便于在主程序使用该指令调用"NET_EXE"子程序	

利用指令向导只能生成 PPI 通信子程序，因此还需要用普通的方式编写主程序。子程序能完成网

络读写操作，在编写主程序时，要用 NET_EXE（SBR1）指令对子程序进行调用。主程序如图 6-27 所示，它较直接编写的主站程序要简单很多，主程序和子程序编译后下载到甲机（主机）中。指令向导也不能生成从站的程序，因此从站程序也需要直接编写，从站程序与图 6-25（b）所示从站程序相同。

图 6-27 主站主程序

6.4.3 发送和接收指令

1. 指令说明

发送和接收指令说明见表 6-9。

表 6-9　　　　　　　　　　　　发送和接收指令说明

指令名称	梯形图	功能说明	操作数	
			TBL	PORT
发送指令（XMT）	XMT EN　ENO ????-TBL ????-PORT	将 TBL 表数据存储区的数据通过 PORT 端口发送出去。 TBL 端指定 TBL 表的首地址，PORT 端指定发送数据的通信端口	IB、QB、VB、MB、SMB、SB、*VD、*LD、*AC（字节型）	常数 0： (CPU 221/222/224) 0 或 1： (CPU 224XP/226) (字节型)
接收指令（RCV）	RCV EN　ENO ????-TBL ????-PORT	将 PORT 通信端口接收来的数据保存在 TBL 表的数据存储区中。 TBL 端指定 TBL 表的首地址，PORT 端指定接收数据的通信端口		

发送和接收指令用于自由模式下通信，通过设置 SMB30（端口 0）和 SMB130（端口 1）可将 PLC 设为自由通信模式，SMB30、SMB130 各位功能说明见表 6-7。PLC 只有处于 RUN 状态时才能进行自

由模式通信，处于自由通信模式时，PLC无法与编程设备通信，在STOP状态时自由通信模式被禁止，PLC可与编程设备通信。

2. 发送指令使用说明

发送指令可发送一个字节或多个字节（最多为255个），要发送的字节存放在TBL表中，TBL表（发送存储区）的格式如图6-28所示，TBL表中的首字节单元用于存放要发送字节的个数，该单元后面为要发送的字节，发送的字节不能超过255个。

图6-28 TBL表（发送存储区）的格式

如果将一个中断程序连接到发送结束事件上，在发送完存储区中的最后一个字符时，则会产生一个中断，端口0对应中断事件9，端口1对应中断事件26。如果不使用中断来执行发送指令，可以通过监视SM4.5或SM4.6位值来判断发送是否完成。

如果将发送存储区的发送字节数设为0并执行XMT指令，会发送一个间断语（BREAK），发送间断语和发送其他任何消息的操作是一样的。当间断语发送完成后，会产生一个发送中断，SM4.5或者SM4.6的位值反映该发送操作状态。

3. 接收指令使用说明

接收指令可以接收一个字节或多个字节（最多为255个），接收的字节存放在TBL表中，TBL表（接收存储区）的格式如图6-29所示，TBL表中的首字节单元用于存放要接收字节的个数值，该单元后面依次是起始字符、数据存储区和结束字符，起始字符和结束字符为可选项。

图6-29 TBL表（接收存储区）的格式

如果将一个中断程序连接到接收完成事件上，在接收完存储区中的最后一个字符时，会产生一个中断，端口0对应中断事件23，端口1对应中断事件24。如果不使用中断，也可通过监视SMB86（端口0）或者SMB186（端口1）来接收信息。

接收指令允许设置接收信息的起始和结束条件，端口0由SMB86～SMB94设置，端口1由SMB186～SMB194设置。接收信息端口的状态与控制字节见表6-10。

表6-10 接收信息端口的状态与控制字节

端口0	端口1	说　明		
SMB86	SMB186	接收消息状态字节	7　　　　　　　　　　　　　　0 n | r | e | 0 | 0 | t | c | p	
		n：1＝接收消息功能被终止（用户发送禁止命令）； r：1＝接收消息功能被终止（输入参数错误或丢失启动或结束条件）； e：1＝接收到结束字符； t：1＝接收消息功能被终止（定时器时间已用完）； c：1＝接收消息功能被终止（实现最大字符计数）； p：1＝接收消息功能被终止（奇偶校验错误）		

续表

端口 0	端口 1	说　明	
SMB87	SMB187	接收消息控制字节	 7　　　　　　　　　　　　　　　　　　　　　0 | en | sc | ec | il | c/m | tmr | bk | 0 | en：0＝接收消息功能被禁止； 　　1＝允许接收消息功能； 　　每次执行 RCV 指令时检查允许/禁止接收消息位。 sc：0＝忽略 SMB88 或 SMB188； 　　1＝使用 SMB88 或 SMB188 的值检测起始消息。 ec：0＝忽略 SMB89 或 SMB189； 　　1＝使用 SMB89 或 SMB189 的值检测结束消息。 il：0＝忽略 SMW90 或 SMW190； 　　1＝使用 SMW90 或 SMW190 的值检测空闲状态。 c/m：0＝定时器是字符间定时器； 　　　1＝定时器是消息定时器。 tmr：0＝忽略 SMW92 或 SMW192； 　　　1＝当 SMW92 或 SMW192 中的定时时间超出终止接收。 bk：0＝忽略断开条件； 　　1＝用中断条件作为消息检测的开始
SMB88	SMB188	消息字符的开始	
SMB89	SMB189	消息字符的结束	
SMW90	SMW190	空闲线时间段按 ms 设定。空闲线时间用完后接收的第一个字符是新消息的开始	
SMW92	SMW192	中间字符/消息定时器溢出值按 ms 设定，如果超过这个时间段，则终止接收消息	
SMB94	SMB194	要接收的最大字符数（1～255 字节）。此范围必须设置为期望的最大终冲区大小，即使不使用字符计数消息终端	

6.4.4　获取和设置端口地址指令

获取和设置端口地址指令说明见表 6-11。

表 6-11　　　　　　　　　　　　获取和设置端口地址指令说明

指令名称	梯形图	功能说明	操作数	
			AOOR	PORT
获取端口地址指令（GPA）	GET_ADDR —EN　ENO ????-ADDR ????-PORT	读取 PORT 端口所接 CPU 的站地址（站号），并将站地址存入 ADDR 指定的单元中	IB、QB、VB、MB、SMB、SB、LB、AC、＊VD、＊LD、＊AC、常数（常数值仅用于 SPA 指令）（字节型）	常数0：（CPU 221/222/224）0 或 1：（CPU 224XP/226）（字节型）
设置端口地址指令（SPA）	SET_ADDR —EN　ENO ????-ADDR ????-PORT	将 PORT 端口所接 CPU 的站地址设为 ADDR 指定数值。新站地址不能永久保存，重新上电后，站地址将返回到原来的地址值（用系统块下载的地址）		

6.4.5 PLC 与打印机之间的通信（自由端口模式）

自由端口模式是指用户编程来控制通信端口，以实现自定义通信协议的通信方式。在该模式下，通信功能完全由用户程序控制，所有的通信任务和信息均由用户编程来定义。PLC 与打印机之间通常采用自由端口模式进行通信。

1. 硬件连接

PLC 与打印机通信的硬件连接如图 6-30 所示，由于 PLC 的通信端口为 RS-485 型接口，而打印机的通信端口为并行口，因此两者连接时需要使用串/并转换器。

图 6-30 PLC 与打印机通信的硬件连接

2. 通信程序

在 PLC 与打印机通信前，需要用计算机编程软件编写相应的通信程序，再将通信程序编译并下载到 PLC 中。图 6-31 所示为 PLC 与打印机通信程序，其实现的功能是：当 PLC 的 I0.0 端子输入 1（如按下 I0.0 端子外接按钮）时，PLC 将有关数据发送给打印机，打印机会打印文字"SIMATIC S7-200"；当 I0.1、I0.2～I0.7 端子依次输入 1 时，打印机会依次打印出"INPUT 0.1 IS SET!""INPUT 0.2 IS SET!"～"INPUT 0.7 IS SET!"

图 6-31 所示的 PLC 与打印机通信程序由主程序和 SBR_0 子程序组成。在主程序中，PLC 首次上电扫描时，SM0.1 触点接通一个扫描周期，调用并执行 SBR_0 子程序。在子程序中，"网络1"的功能是先设置通信控制 SMB30，将通信设为 9.6kbit/s、无奇偶校验、每字符 8 位，然后往首地址为 VB80 的 TBL 表中送入字符"SIMATIC S7-200"的 ASCII 码；"网络2"的功能是往首地址为 VB100 的 TBL 表中送入字符"INPUT 0. x IS SET!"的 ASCII 码，其中 x 的 ASCII 码由主程序送入。子程序执行完后，转到主程序的"网络2"，当 PLC 处于 RUN 状态时，SM0.7 触点闭合，SM30.0 位变为 1，通信模式设为自由端口模式；在"网络3"中，当 I0.0 触点闭合，执行 XMT 指令，将 TBL 表（VB80～VB95 单元）中"INPUT 0.0 IS SET!"发送给打印机；在"网络4"中，当 I0.1 触点闭合，先执行 MOV_B 指令，将字符"1"的 ASCII 码送入 VB109 单元，再执行 XMT 指令，将 TBL 表中的"INPUT 0.1 IS SET!"发送给打印机，I0.2～I0.7 触点闭合时的工作过程与 I0.1 触点闭合相同，程序会将字符"INPUT 0.2 IS SET!"～"INPUT 0.7 IS SET!"的 ASCII 码发送给打印机。

网络1

SM0.1 ── SBR_0 EN

PLC上电首次扫描时，SM0.1触点闭合，调用并执行SBR_0子程序。

网络2

SM0.7 ── SM30.0 ──( )

PLC处于RUN状态时，SM0.7触点闭合，SM30.0位变为1，将通信设为自由口通信模式，否则SM0.7触点断开，SM30.0位为0，通信为PPI模式。

网络3

I0.0 ── P ── XMT
EN ENO
VB80 - TBL
0 - PORT

当I0.0触点闭合时，上升沿P触点接通一个扫描周期，XMT指令执行，将VB80为首地址的TBL表中的数据(SIMATIC S7–200)通过端口0发送给打印机。

网络4

I0.1 ── P ── MOV_B
EN ENO
16#31 - IN OUT - VB109

XMT
EN ENO
VB100 - TBL
0 - PORT

当I0.1触点闭合时，上升沿P触点接通一个扫描周期，首先MOV_B指令执行，将16#31(1的ASCII码）送入VB109单元，然后XMT指令执行，将VB100为首地址的TBL表中的数据(INPUT 0.1 IS SET!)通过端口0发送给打印机。

网络5

I0.2 ── P ── MOV_B
EN ENO
16#32 - IN OUT - VB109

XMT
EN ENO
VB100 - TBL
0 - PORT

当I0.2触点闭合时，上升沿P触点接通一个扫描周期，首先MOV_B指令执行，将16#32(2的ASCII码）送入VB109单元，然后XMT指令执行，将VB100为首地址的TBL表中的数据(INPUT 0.2 IS SET!)通过端口0发送给打印机。

网络6

I0.3 ── P ── MOV_B
EN ENO
16#33 - IN OUT - VB109

XMT
EN ENO
VB100 - TBL
0 - PORT

当I0.3触点闭合时，上升沿P触点接通一个扫描周期，首先MOV_B指令执行，将16#33(3的ASCII码）送入VB109单元，然后XMT指令执行，将VB100为首地址的TBL表中的数据(INPUT 0.3 IS SET!)通过端口0发送给打印机。

(a)

图 6-31 PLC 与打印机通信程序（一）

（a）主程序（一）

网络7

当I0.4触点闭合时，上升沿P触点接通一个扫描周期，首先MOV_B指令执行，将16#34(4的ASCII码）送入VB109单元，然后XMT指令执行，将VB100为首地址的TBL表中的数据(INPUT 0.4 IS SET!)通过端口0发送给打印机。

网络8

当I0.5触点闭合时，上升沿P触点接通一个扫描周期，首先MOV_B指令执行，将16#35(5的ASCII码）送入VB109单元，然后XMT指令执行，将VB100为首地址的TBL表中的数据(INPUT 0.5 IS SET!)通过端口0发送给打印机。

网络9

当I0.6触点闭合时，上升沿P触点接通一个扫描周期，首先MOV_B指令执行，将16#36(6的ASCII码）送入VB109单元，然后XMT指令执行，将VB100为首地址的TBL表中的数据(INPUT 0.6 IS SET!)通过端口0发送给打印机。

网络10

当I0.7触点闭合时，上升沿P触点接通一个扫描周期，首先MOV_B指令执行，将16#37(7的ASCII码）送入VB109单元，然后XMT指令执行，将VB100为首地址的TBL表中的数据(INPUT 0.7 IS SET!)通过端口0发送给打印机。

(a)

图 6-31 PLC 与打印机通信程序（二）

(a) 主程序（二）

(b)

图 6-31 PLC 与打印机通信程序（三）

(b) 子程序（SBR_0）（一）

网络2
SM0.0

MOV_W
EN ENO
16#0D0A IN OUT VW95
将字符"CRLF（回车换行）"的ASCII码16#0D0A送入TBL表的VW95单元。

MOV_B
EN ENO
20 IN OUT VB100
将字符个数值"20"送入TBL表(第二个)的首单元VB100。

MOV_W
EN ENO
16#494E IN OUT VW101
将字符"IN"的ASCII码16#494E送入TBL表的VW101单元。

MOV_W
EN ENO
16#5055 IN OUT VW103
将字符"PU"的ASCII码16#5055送入TBL表的VW103单元。

MOV_W
EN ENO
16#5420 IN OUT VW105
将字符"T空格"的ASCII码16#5420送入TBL表的VW105单元。

MOV_W
EN ENO
16#302E IN OUT VW107
将字符"0."的ASCII码16#302E送入TBL表的VW107单元。

MOV_B
EN ENO
16#20 IN OUT VB110
将字符"空格"的ASCII码16#20送入TBL表的VW110单元，VB109单元的字符由主程序装载。

MOV_W
EN ENO
16#4953 IN OUT VW111
将字符"IS"的ASCII码16#4953送入TBL表的VW111单元。

MOV_W
EN ENO
16#2053 IN OUT VW113
将字符"空格S"的ASCII码16#2053送入TBL表的VW113单元。

MOV_W
EN ENO
16#4554 IN OUT VW115
将字符"ET"的ASCII码16#4554送入TBL表的VW115单元。

MOV_W
EN ENO
16#2021 IN OUT VW117
将字符"空格!"的ASCII码16#2021送入TBL表的VW117单元。

MOV_W
EN ENO
16#0D0A IN OUT VW119
将字符"CRLF"的ASCII码16#0D0A送入TBL表的VW113单元。

(b)

图6-31 PLC与打印机通信程序（四）

（b）子程序（SBR_0）（二）

第7章

数字量与模拟量扩展模块的使用

S7-200 PLC 的 CPU 模块（又称主机模块）的输入/输出端子数量不多，并且大多数 CPU 模块只能处理数字量信号。如果控制系统需要很多的数字量输入/输出端子，可以给 CPU 模块连接数字量输入/输出模块；如果控制系统需要处理模拟量信号，可以给 CPU 模块连接模拟量输入/输出模块。

S7-200 PLC 的 CPU 模块上的 I/O 端口地址是固定不变的，而与之相连的扩展模块的 I/O 端口地址不是固定的，它由模块的类型和连接位置来确定。以 CPU224XP 为例，CPU 模块与扩展模块的 I/O 端口地址分配如图 7-1 所示。

图 7-1 CPU 模块与扩展模块的 I/O 端口地址分配

（1）与 CPU 模块连接的第 1 个模块为 0 号模块，往右依次为 1、2、3、…号模块。

（2）CPU 模块的数字量 I/O 端口地址的数量为 8 的整数倍。CPU224XP 的数字量输入端口地址为 I0.0～I0.7 和 I1.0～I1.7，数字量输出端口地址为 Q0.0～Q0.7 和 Q1.0～Q1.7，虽然该 CPU 模块没有实际的 I1.6、I1.7 和 Q1.2～Q1.7 端子，但仍会占用这些端口地址。

（3）扩展模块的端口地址根据模块类型和编号顺序来确定，模拟量模块和数字量模块的端口地址编号都是独立的。对于数字量 I/O 扩展模块，每个模块占用的 I/O 端口数量为 8 的整数倍（即使无实际的物理端子，也会占满 8n 个端口地址），端口地址编号随模块编号增大而按顺序增大。图 7-1 中的 0、1、3 号模块都是数字量模块，其 I/O 端口地址从前往后增大，1 号模块为数字量输入模块，不占用输出端口地址，故 3 号模块的输出端口地址编号顺接 0 号数字量输入/输出模块。

（4）模拟量端口地址编号都是 2 的整数倍（0、2、4、6、8、10、12、…）。CPU224XP 单元自身的模拟量输入端口地址为 AIW0、AIW2，2 号模拟量扩展模块的模拟量输入端口地址为 AIW4、AIW6、AIW8、AIW10，4 号模拟量扩展模块的模拟量输入端口地址为 AIW12、AIW14、AIW16、AIW18；CPU224XP 单元自身的模拟量输出端口地址为 AQW0、AQW2（AQW2 无对应的实际端子），2 号模拟量扩展模块的模拟量输出端口地址为 AQW4、AQW6（无对应的实际端子），4 号模拟量扩展模块的模拟量输出端口地址为 AQW8、AIW10（无对应的实际端子）。

7.1 数字量扩展模块的接线与使用

7.1.1 数字量输入模块 EM221

1. 基本接线与输入电路

根据输入端接线使用的电源类型不同，数字量输入模块 EM221 可分为 DC（直流）型和 AC（交流）型两种，其接线与输入电路如图 7-2 所示。对于 DC 型数字量输入模块，接线时既可以将 24V 直流电源的负极接公共端 M（漏型输入接法），也可以将正极接公共端（源型输入接法）；对于 AC 型数字量输入模块，在接线时，通常将交流电源（120V 或 230V）的零线接公共端（N），当然将相线接公共端模块也可以。在实际使用时，AC 型数字量输入模块较为少用。

图 7-2 数字量输入模块 EM221 的接线与输入电路

(a) DC 型；(b) AC 型

2. 常用 EM221 的实际接线

常用数字量输入模块 EM221 的实际接线如图 7-3 所示，图 7-3（a）中的两个模块均为 DC 型数字量输入模块 EM221，图 7-3（b）中的模块为 AC 型数字量输入模块 EM221。

3. 数字量输入模块 EM221 的技术数据

数字量输入模块 EM221 的技术数据见表 7-1。

表 7-1 数字量输入模块 EM221 的技术数据

数字量 I/O 模块	EM221	
I/O 数	8DI（DC）	16DI（DC）
输入数	8	16
输入类型	24V DC	24V DC
输入电压	24V DC 最大值 30V	24V DC 最大值 30V
绝缘	√	√
每组的输入数	4 个输入	4 个输入
可拆卸端子	√	√
尺寸 $W \times H \times D$/mm	46×80×62	71.2×80×62

对于DC型EM221，最大允许输入电压为30V，15~30V表示输入"1"，0~5V表示输入为"0"

(a)

(b)

图 7-3 常用数字量输入模块 EM221 的实际接线

(a) DC 型；(b) AC 型

7.1.2 数字量输出模块 EM222

数字量输出模块 EM222 有继电器输出、晶体管输出和晶闸管输出 3 种类型，具体输出电路可参见第 1 章相关内容。

1. 继电器输出型 EM222 的接线与技术数据

（1）接线。**继电器输出型 EM222 模块的输出端电源可以是交流电源，也可以是直流电源。**常用继电器输出型数字量输出模块 EM222 的接线如图 7-4 所示。

（2）技术数据。常用继电器输出型数字量输出模块 EM222 的技术数据见表 7-2，表中的输出电流是指单触点允许的最大电流（又称触点额定电流）。

图 7-4 常用继电器输出型数字量输出模块 EM222 的接线

表 7-2   常用继电器输出型数字量输出模块 EM222 的技术数据

数字量 I/O 模块	EM222	
I/O 数	8DO（继电器）	4DO（继电器）
输出数	8	4
输出类型	继电器	继电器
输出电流	2A	10A
输出电压 DC	5～30V	5～30V
（许可范围）AC	5～250V	5～250V
绝缘	√	√
每组的输出数	4 个输出	1 个输出
可拆卸端子	√	√
尺寸 $W \times H \times D$/mm	46×80×62	46×80×62

2. 晶体管输出型 EM222 的接线与技术数据

（1）接线。**晶体管输出型 EM222 模块的输出端电源必须是直流电源**。常用晶体管输出型数字量输出模块 EM222 的接线如图 7-5 所示。

（2）技术数据。常用晶体管输出型数字量输出模块 EM222 的技术数据见表 7-3。

表 7-3   常用晶体管输出型数字量输出模块 EM222 的技术数据

数字量 I/O 模块	EM222	
I/O 数	8DO（DC）	4DO（DC）
输出数	8	4
输出类型	24V DC	24V DC
输出电流	0.75A	0.75A

续表

数字量 I/O 模块	EM222	
输出电压 DC	20.4~28.8V	20.4~28.8V
（许可范围）AC	—	—
绝缘	√	√
每组的输出数	4 个输出	4 个输出
可拆卸端子	√	√
尺寸 $W \times H \times D$/mm	46×80×62	46×80×62

图 7-5　常用晶体管输出型数字量输出模块 EM222 的接线

3. 晶闸管输出型 EM222 的接线

晶闸管输出型 EM222 模块的输出端电源必须是交流电源。晶闸管输出型 EM222 模块在实际中应用较少。

其接线如图 7-6 所示，虚线表示可接可不接。

图 7-6 晶闸管输出型数字量扩展模块 EM222 的接线

7.1.3 数字量输入/输出模块 EM223

数字量输入/输出模块 EM223 输入端的接线与 EM222 的基本相同，都使用直流电源接线，而输出端接线则根据模块的输出类型决定。

1. 继电器输出型 EM223 的接线与技术数据

（1）接线。常用继电器输出型数字量输入/输出模块 EM223 的接线如图 7-7 所示。

图 7-7 常用继电器输出型数字量输入/输出模块 EM223 的接线

（2）技术数据。常用继电器输出型数字量输入/输出模块 EM223 的技术数据见表 7-4。

表 7-4　　　　　　　　　　常用继电器输出型数字量输入/输出模块 EM223 的技术数据

数字量 I/O 模块	继电器输出型 EM223			
输入/输出数	4DI（DC）/ 4DO（继电器）	8DI（DC）或 8DO（继电器）	16DI（DC）或 16DO（继电器）	32DI（DC）或 32DO（继电器）
输入数	4	8	16	16
输入类型	24V DC	24V DC	DC24V	DC24V
漏型/源型	×/×	×/×	×/×	×/×
输入电压	24VDC，最大 30V	24V DC，最大 30V	DC24V，最大 30V	DC24V，最大 30V
绝缘	—	√	√	√
每组的输入数	—	4 个输入	8 个输入	16 个输入
输出数	4	8	16	16
输出类型	继电器	继电器	继电器	继电器
输出电流	2A	2A	2A	2A
输出电压 DC	5～30V	5～30V	5～30V	5～30V
（许可范围）AC	5～250V	5～250V	5～250V	5～250V
绝缘	—	√	√	√
每组的输出数	—	4 个输出	4 个输出	11/11/10 个输出
可拆卸的终端插条	√	√	√	√
尺寸 $W \times H \times D$/mm	46×80×62	71.2×80×62	137.3×80×62	196×80×62

2. 晶体管输出型 EM223 的接线与技术数据

（1）接线。常用晶体管输出型数字量输入/输出模块 EM223 的接线如图 7-8 所示。

（2）技术数据。常用晶体管输出型数字量输入/输出模块 EM223 的技术数据见表 7-5。

表 7-5　　　　　　　　　　常用晶体管输出型数字量输入/输出模块 EM223 的技术数据

数字量 I/O 模块	晶体管输出型 EM223			
输入/输出数	4DI（DC）/ 4DO（DC）	8DI（DC）或 8DO（DC）	16DI（DC）或 16DO（DC）	32DI（DC）或 32DO（DC）
输入数	4	8	16	16
输入类型	24V DC	24V DC	DC 24V	DC 24V
漏型/源型	×/×	×/×	×/×	×/×
输入电压	24V DC，最大 30V	24V DC，最大 30V	DC 24V，最大 30V	DC 24V，最大 30V
绝缘	—	√	√	√
每组的输入数	—	4 个输入	8 个输入	16 个输入
输出数	4	8	16	16
输出类型	24V DC	24V DC	DC 24V	DC 24V
输出电流	0.75A	0.75A	0.75A	0.75A
输出电压 DC	20.4～28.8V	20.4～28.8V	20.4～28.8V	20.4～28.8V
（许可范围）AC	—	—	—	—
绝缘	—	√	√	√
每组的输出数	—	4 个输出	4/4/8 个输出	16 个输出
可拆卸的终端插条	√	√	√	√
尺寸 $W \times H \times D$/mm	46×80×62	71.2×80×62	137.3×80×62	196×80×62

图 7-8 常用晶体管输出型数字量输入/输出模块 EM223 的接线

7.2 模拟量扩展模块的接线与使用

大多数 S7-200 PLC 的 CPU 模块（又称主机模块）只能处理数字量，在遇到处理模拟量时就需要给 CPU 模块连接模拟量处理模块。**模拟量是指连续变化的电压或电流**，如压力传感器能将不断增大的压力转换成不断升高的电压，该电压就是模拟量。**模拟量模块包括模拟量输入模块、模拟量输出模块和模拟量输入/输出模块。**

7.2.1 模拟量输入模块 EM231

1. 4 路模拟量输入模块 EM231

（1）接线。图 7-9 所示为 4 路模拟量输入模块 EM231 的接线，它可以同时输入 4 路模拟量电压或

图 7-9 4 路模拟量输入模块 EM231 的接线

电流,为避免干扰,不用的输入端应短路,该模块使用 24VDC 供电。DIP 开关用于设置模块的电压和电流输入范围。如果输入模拟量电压或电流为零而模块内部转换得到的数字量不为零时,可调节增益电位器进行校零。

(2) 输入设置。4 路模拟量输入模块 EM231 可以输入电流,也可以输入电压。输入电流的范围为 0~20mA;输入电压类型及范围有:①单极性电压(电压范围为 0~10V 或 0~5V);②双极性电压(电压范围为 -5~+5V 或 -2.5~+2.5V)。

EM231 模块接受何种电压或电流输入,由模块上的 DIP 开关来设定,具体设置见表 7-6。 比如当 DIP 开关的 SW1 为 ON(上拨)、SW2 为 OFF(下拨)、SW3 为 ON(上拨)时,EM231 模块的 4 路输入都被设成 0~10V 单极性电压输入。

表 7-6 **4 路模拟量输入模块 EM231 的输入设置**

DIP 开关状态			输入类型	输入范围	分辨率
SW1	**SW2**	**SW3**			
ON	OFF	ON	单极性	0~10V	2.5mV
	ON	OFF		0~5V	1.25mV
				0~20mA	5μA
OFF	OFF	ON	双极性	±5V	2.5mV
	ON	OFF		±2.5V	1.25mV

(3) EM231 的输入数据字格式。模拟量输入模块 EM231 的 AD 转换电路将输入的模拟量电压或电流转换成 12 位数字量,再传送到 CPU 模块的 AIWx 寄存器中,如果 CPU 模块无模拟量输入功能,且 EM231 为 0 号模块,则 EM231 的 A、B、C、D 路转换来的数字量会依次存入 AIW0、AIW2、AIW4、AIW6 寄存器中。

EM231 的输入数据字格式如图 7-10 所示。**对于单极性信号,EM231 转换成的 12 位数据会存到 AIWx 寄存器的 3~14 位,AIWx 寄存器的 0~2 位(共 3 位)和第 15 位固定为 0,** 比如当 EM231 设为 0~10V 输入时,若输入端电压由 0 变化到 10V,EM231 转换成的 12 位数据则由 0000 0000 0000 变化到 1111 1111 1111,AIWx 寄存器的数据由 0000 0000 0000 0000(0)变化到 0111 1111 1111 1000(32760),输入电压每升高约 2.5mV(即 $10V/2^{12}$),转换成的 12 位数据就会增 1,AIWx 寄存器的数据会增 8(即第 3 位加 1)。**对于双极性信号,EM231 转换成的 12 位数据会存到 AIWx 寄存器的 4~15 位,AIWx 寄存器的 0~3 位(共 4 位)固定为 0,当输入电压变化时只会使 AIWx 寄存器数据的 4~15 位发生变化。**

(4) 使用举例。图 7-11(a)所示为 CPU222 模块与模拟量输入模块 EM231 的硬件连接图,图 7-11(b)所示为写入 CPU222 模块的程序。当 EM231 接通电源并给 A+、A-端输入电压时,EM231 内部的模/数转换电路马上将 A+、A-端输入的电压转换成数字量,并通过数据线传送到 CPU222 模块内

图 7-10 EM231 的输入数据字格式

（a）单极性；（b）双极性

部的 AIW0 寄存器，如果按下 SB1 按钮，程序中的 I0.0 常开触点闭合，MOV＿W 指令执行，将 AIW0 寄存器中的数字量转存到 VW100 单元中。

如果要查看 AIW0 寄存器中的数据，在用编程电缆将计算机与 CPU222 模块连接好后，先将程序下载到 CPU222 模块，然后在编程软件中执行"调试→开始程序状态监控"，如图 7-12 所示，编程软件与 CPU222 模块建立了实时联系，如果 EM231 模块已在 A＋、A－端接好了输入电压，按下 CPU222 模块外接的 SB1 按钮，会发现编程软件程序中的 I0.0 常开触点中间出现蓝色方块，表示 I0.0 常开触点已闭合导通，同时 MOV＿W 指令 IN 端的 AIW0 变成数字（如 12000，IN 端显示的为十进制数），OUT 端也显示与 IN 端相同的数字，改变 EM231 模块 A＋、A－端的输入电压，再按下 SB1 按钮，会发现 MOV＿W 指令 IN 端和 OUT 端的数字都会发生变化。如果将程序中的 I0.0 常开触点改成通电常闭触点 SM0.0，那么只要一改变 A＋、A－端的输入电压，AIW0 的数字马上随之变化，无须按下 SB1 按钮。

图 7-11 路模拟量输入模块 EM231 使用举例

（a）硬件连接；（b）程序

图 7-12　执行程序状态监控可查看 AIW0 寄存器中的数据

2. 8 路模拟量输入模块 EM231

(1) 接线。图 7-13 所示为 8 路模拟量输入模块 EM231 的接线，它可以同时输入 8 路模拟量电压或电流，为避免干扰，不用的输入端应短路，该模块使用 24VDC 供电。DIP 开关用于设置模块的电压和电流输入范围。如果输入模拟量电压或电流为零而模块内部转换得到的数字量不为零时，可调节增益电位器进行校零。

图 7-13　8 路模拟量输入模块 EM231 的接线

(2) 输入设置。EM231 模块的 DIP 开关用于对输入进行设置，SW3～SW5 开关用于设置模块的输入类型和输入范围，具体设置见表 7-7。DIP 开关中的 SW1、SW2 开关分别设置 EM231 模块 G、H 端的输入方式（详见图 7-13 说明），开关拨至 ON 时选择电流输入方式，开关拨至 OFF 时选择电压输入方式。

表 7-7　　　　8 路模拟量输入模块 EM231 的 DIP 开关（SW3～SW5）的设置

DIP 开关状态			输入类型	输入范围	分辨率
SW3	SW4	SW5			
ON	OFF	ON	单极性	0～10V	2.5mV
	ON	OFF		0～5V	1.25mV
				0～20mA	5μA
OFF	OFF	ON	双极性	±5V	2.5mV
	ON	OFF		±2.5V	1.25mV

3. 常用模拟量输入模块 EM231 和输入/输出模块 EM235 的输入技术数据

常用模拟量输入模块 EM231 和输入/输出模块 EM233 的输入技术数据见表 7-8。

表 7-8　　　常用模拟量输入模块 EM231 和输入/输出模块 EM235 的输入技术数据

常规	6ES7 231-0HC22-0XA0（E231 模块：4AI） 6ES7 235-0KD22-0XA0（E235 模块：4AI, 1AO）				6ES7 231-0HF22-0XA0 （E231 模块：8AI）
数据范围： 　双极性，满量程 　单极性，满量程	−32000～＋32000 0～32000				
DC 输入阻抗	≥2MΩ（电压输入） 250Ω（电流输入）				>2MΩ（电压输入） 250Ω（电流输入）
输入滤波衰减	−3dB，3.1kHz				
最大输入电压	30VDC				
最大输入电流	32mA				
精度 　双极性 　单极性	11 位，加 1 符号位 12 位				
隔离（现场与逻辑）	无				
输入类型	差分				差分电压，可为电流选择两个通道
输入范围与分辨率	输入类型	输入范围	分辨率		电压：通道 0～7 　0～＋10V，0～＋5V 和＋/−5， ＋/−2.5 电流：通道 6、7 　0～20mA 电压和电流的输入分辨率与左方 模块相同
	单极性	0～10V	2.5mV		
		0～5V	1.25mV		
		0～20mA	5μA		
	双极性	±5V	2.5mV		
		±2.5V	1.25mV		
模拟到数字转换时间	<250μs				<250μs
模拟输入阶跃响应	1.5ms（达到稳态的 95%）				1.5ms（达到稳态的 95%）
共模抑制	40dB，DC 到 60Hz				40dB，DC 到 60Hz
共模电压	信号电压加上共模电压必须为≤±12V				信号电压加上共模电压必须为≤ ±12V
24VDC 电压范围	20.4～28.8VDC（等级 2，有限电源，或来自 PLC 的传感器电源）				

7.2.2　模拟量输出模块 EM232

1. 接线

图 7-14 所示为两种常用模拟量输出模块 EM232 的接线，它可以将 CPU 模块的 AQWx 寄存器的数

据-32000~32000 转换成-10~+10V 的电压从 V 端输出，也可以将 AQWx 寄存器的数据 0~32000
转换成 0~20mA 的电流从 I 端输出。

图 7-14　两种常用模拟量输出模块 EM232 的接线

2. EM232 的输出数据字格式

EM232 的输出数据字格式如图 7-15 所示。当要转换的 16 位数据传送到 AQWx 寄存器时，只将数
据的高 12 位存入 AQWx 的 15~4 位，数据的低 4 位不会存入 AQWx 的 3~0 位，故 AQWx 的低 4 位
固定为 0。当给 AQWx 寄存器送入正值数据（最高位为 0）时，EM232 除了会将该数据转换成电压从
V 端输出外，还会将该数据转换成电流从 I 端输出，如果给 AQWx 寄存器送入负值数据（最高位为 1）
时，EM232 只会将该数据转换成电压值从 V 端输出外，不会转换成电流值。

图 7-15　EM232 的输出数据字格式

3. 常用模拟量输出模块 EM232 和输入/输出模块 EM235 的输出技术数据

常用模拟量输出模块 EM232 和输入/输出模块 EM235 的输出技术数据见表 7-9。

表 7-9　　　　常用模拟量输出模块 EM232 和输入/输出模块 EM235 的输出技术数据

常规	6ES7 232-0HB22-0XA0（E232 模块：2AO）
	6ES7 232-0HD22-0XA0（E232 模块：4AO）
	6ES7 235-0KD22-0XA0（E235 模块：4AI，1AO）
隔离（现场与逻辑）	无
信号范围	
电压输出	±10V
电流输出	0~20mA
分辨率，满量程	
电压	11 位
电流	11 位

续表

常规	6ES7 232-0HB22-0XA0（E232 模块：2A0）
	6ES7 232-0HD22-0XA0（E232 模块：4A0）
	6ES7 235-0KD22-0XA0（E235 模块：4AI，1A0）
数据字格式 电压 电流	−32000～+32000 0～+32000
精度 最坏情况，0～55℃ 电压输出 电流输出	±满量程的 2% ±满量程的 2%
典型，25℃ 电压输出 电流输出	±满量程的 0.5% ±满量程的 0.5%
建立时间 电压输出 电流输出	100μs 2ms
最大驱动 电压输出 电流输出	5000Ω（最小） 500Ω（最大）
24V DC 电压范围	20.4～28.8V DC（等级 2，有限电流，或来自 PLC 的传感器电源）

4. 使用举例

图 7-16（a）所示为 CPU222 模块与模拟量输出模块 EM232 的硬件连接图，图（b）所示为写入

图 7-16　模拟量输出模块 EM232 使用举例

（a）硬件连接；（b）程序

CPU222 模块的程序。当按下 SB1 按钮时，程序中的 I0.0 常开触点闭合，MOV_W 指令执行，将 ＋20000（编译时程序会将该 10 进制数转换成 16 位二进制数）传送到 AQW0 单元中，该数据通过数据线去 EM232 模块转换成电压从 V0 端输出，用电压表（或万用表的电压挡）在 V0、M0 端可测出输出电压的大小；当按下 SB2 按钮时，程序中的 I0.1 常开触点闭合，MOV_W 指令执行，将 －10000 传送到 AQW0 单元中，EM232 模块会将该数据转换成电压从 V0 端输出，在 V0、M0 端可测出输出电压的大小。

7.2.3 模拟量输入/输出模块 EM235

1. 接线

图 7-17 所示为模拟量输入/输出模块 EM235 的接线，它可以将输入的电压或电流转换成数字量，存入 CPU 模块的 AIWx 寄存器，也可以将 AQWx 寄存器的数据转换成电压和电流输出。

偏置量电位器和增益电位器用来对 EM235 模块的输入进行调整。如果模块某通道输入电压或电流为零值时，与该通道对应的 AIWx 寄存器的数据不为零，可调节偏置量电位器，使 AIWx 寄存器中的数据为 0（也可以用其他非 0 数值对应输入零值）。当模块输入设定范围内的最大值时，AIWx 寄存器中的数据应为 32000，否则可调节增益电位器，使 AIWx 寄存器中的数据为 32000（也可以用其他数值对应最大输入值）。

图 7-17　模拟量输入/输出模块 EM235 的接线

2. 输入设置

EM235 模块使用 DIP 开关对输入极性、量程及分辨率进行设置，具体见表 7-10。

表 7-10   **EM235 模块的输入极性、量程及分辨率设置**

SW6	SW1	SW2	SW3	SW4	SW5	满量程输入	分辨率
ON-单极性	ON	OFF	OFF	ON	OFF	0~50mV	12.5μV
	OFF	ON	OFF	ON	OFF	0~100mV	25μV
	ON	OFF	OFF	OFF	ON	0~500mV	125μV
	OFF	ON	OFF	OFF	ON	0~1V	250μV
	ON	OFF	OFF	OFF	OFF	0~5V	1.25mV
	ON	OFF	OFF	OFF	OFF	0~20mA	5μA
	OFF	ON	OFF	OFF	OFF	0~10V	2.5mV
OFF-双极性	ON	OFF	OFF	ON	OFF	±25mV	12.5μV
	OFF	ON	OFF	ON	OFF	±50mV	25μV
	OFF	OFF	ON	ON	OFF	±100mV	50μV
	ON	OFF	OFF	OFF	ON	±250mV	125μV
	OFF	ON	OFF	OFF	ON	±500mV	250μV
	OFF	OFF	ON	OFF	ON	±1V	500μV
	ON	OFF	OFF	OFF	OFF	±2.5V	1.25mV
	OFF	ON	OFF	OFF	OFF	±5V	2.5mV
	OFF	OFF	ON	OFF	OFF	±10V	5mV

3. 输入/输出技术数据

    EM235 模块的输入技术数据与 EM231 模块相同，见表 7-8。EM235 模块的输出技术数据与 EM232 模块相同，见表 7-9。

第8章

西门子S7-200 SMART PLC介绍

S7-200 SMART PLC 是在 S7-200 PLC 之后推出的整体式 PLC，其软、硬件都有增强和改进，主要特点如下。

（1）机型丰富。CPU 模块的 I/O 点最多可达 60 点（S7-200 PLC 的 CPU 模块 I/O 点最多为 40 点），另外 CPU 模块分为经济型（CR 系列）和标准型（SR、ST 系列），产品配置更灵活，可以最大限度地为用户节省成本。

（2）编程指令与 S7-200 PLC 绝大多数相同，只有少数几条指令不同，已掌握 S7-200 PLC 指令的用户几乎不用耗时学习，就可以为 S7-200 SMART PLC 编写程序。

（3）CPU 模块除了可以连接扩展模块外，还可以直接安装信号板，来增加更多的通信端口或少量的 I/O 点数。

（4）CPU 模块除了有 RS-485 端口外，还增加了以太网端口（俗称网线端口），可以用普通的网线连接计算机的网线端口来下载或上传程序。CPU 模块也可以通过以太网端口与西门子触摸屏、其他带有以太网端口的西门子 PLC 等进行通信。

（5）CPU 模块集成了 Micro SD 卡槽，用户用市面上 Micro SD 卡（常用的手机存储卡），就可以更新内部程序和升级 CPU 固件（类似手机的刷机）。

（6）采用 STEP7-Micro/WIN SMART 编程软件，软件体积小（安装包不到 200MB），可以免费安装使用，无须序列号，软件界面友好，操作更人性化。

8.1　S7-200 SMART PLC 硬件介绍

S7-200 SMART PLC 是一种类型 PLC 的统称，它可以是一个 CPU 模块（又称主机单元、基本单元等）；也可以是由 CPU 模块、信号板和扩展模块组成的系统，如图 8-1 所示。CPU 模块可以单独使用，而信号板和扩展模块不能独立使用，必须与 CPU 模块连接在一起才可以使用。

图 8-1　S7-200 SMART PLC 的 CPU 模块、信号板和扩展模块

8.1.1 两种类型的 CPU 模块

CPU 模块、扩展模块与信号板

S7-200 SMART PLC 的 CPU 模块分为标准型和经济型两类，标准型具体型号有 SR20/SR30/SR40/SR60（继电器输出型）和 ST20/ST30/ST40/ST60（晶体管输出型）；经济型只有继电器输出型（CR40/CR60），没有晶体管输出型。S7-200 SMART 经济型 CPU 模块价格便宜，但只能单机使用，不能安装信号板，也不能连接扩展模块，由于经济型只有继电器输出型，因此无法实现高速脉冲输出。

S7-200 SMART 两种类型 CPU 模块的主要功能比较见表 8-1。

表 8-1　　　　　　　S7-200 SMART 两种类型 CPU 模块的主要功能比较

S7-200 SMART CPU 模块	经济型		标准型							
	CR40	CR60	SR20	SR30	SR40	SR60	ST20	ST30	ST40	ST60
高速计数	4 路 100kHz		4 路 200kHz							
高速脉冲输出	不支持		不支持				2 路 100kHz	3 路 100kHz		
通信端口数量	2		2~4							
扩展模块数量	不支持扩展模块		6							
最大开关量 I/O	40	60	216	226	236	256	216	226	236	256
最大模拟量 I/O	无		49							

8.1.2 CPU 模块面板各部件说明

CPU 模块的面板部件介绍

S7-200 SMART CPU 模块面板大同小异。图 8-2 所示是型号为 ST20 的标准型晶体管输出型 CPU 模块，该模块上有输入输出端子、输入输出指示灯、运行状态指示灯、通信状态指示灯、RS-485 和以太网通信端口、信号板安装插孔和扩展模块连接插口。

运行状态指示灯
RUN：用户程序运行时亮
STOP：用户程序停止运行时亮
ERROR：程序运行出错或硬件有故障时亮

输入指示灯（12 个）

输出指示灯（8 个）

RS-485 端口

(a)

图 8-2　S7-200 SMART ST20 型 CPU 模块面板各部件说明（一）

（a）面板一（未拆保护盖）

(b)

(c)

图 8-2　S7-200 SMART ST20 型 CPU 模块面板各部件说明（二）

（b）面板二（拆下各种保护盖）；（c）面板三（以太网端口和扩展模块连接插口）

8.1.3　CPU 模块的接线

1. 输入/输出端的接线方式

（1）输入端的接线方式。S7-200 SMART PLC 的数字量（或称开关量）输入采用 24V 直流电压输入，由于内部输入电路使用了双向发光管的光电耦合器，故外部可采用两种接线方式，如图 8-3 所示。接线时可以任意选择一种方式。实际接线时多采用图 8-3（a）所示的漏型输入接线方式。

PLC 输入端子内部电路及外部接线

图 8-3　PLC 输入端的两种接线方式

（a）漏型输入（电流从输入端子输入）；（b）源型输入（电流从输入公共端子输入）

PLC 输出端子内部电路及外部接线

（2）输出端的接线方式。S7-200 SMART PLC 的数字量（或称开关量）输出有两种类型：继电器输出型和晶体管输出型。对于继电器输出型 PLC，外部负载电源可以是交流电源（5～250V），也可以是直流电源（5～30V）；对于晶体管输出型 PLC，外部负载电源必须是直流电源（20.4～28.8V），由于晶体管有极性，故电源正极必须接到输出公共端（1L＋端，内部接到晶体管的漏极）。S7-200 SMART PLC 的两种类型数字量输出端的接线如图 8-4 所示。

继电器输出型 CPU 模块的接线

图 8-4　PLC 输出端的接线

（a）继电器输出型 PLC 输出端的接线；（b）晶体管输出型 PLC 输出端的接线

晶体管输出型 CPU 模块的接线

2. CPU 模块的接线实例

S7-200 SMART PLC 的 CPU 模块型号有很多，这里以 SR30 CPU 模块（30 点继电器输出型）和 ST30 CPU 模块（30 点晶体管输出型）为例进行说明，两者接线如图 8-5 所示。

8.1.4　信号板的安装使用与地址分配

S7-200 SMART CPU 模块上可以安装信号板，不会占用多余空间，安装、拆卸方便快捷。安装信号板可以给 CPU 模块扩展少量的 I/O 点数或扩展更多的通信端口。

图 8-5　S7-200 SMART CPU 模块的接线

（a）继电器输出型 CPU 模块接线（以 SR30 为例）；（b）晶体管输出型 CPU 模块接线（以 ST30 为例）

1. 信号板的安装

S7-200 SMART CPU 模块上有一个专门安装信号板的位置，在安装信号板时先将该位置的保护盖取下来，可以看见信号板安装插孔。将信号板的插针对好插孔插入，即可将信号板安装在 CPU 模块上。信号板的安装如图 8-6 所示。

2. 常用信号板的型号

S7-200 SMART PLC 常用信号板型号及说明见表 8-2。

①拆下输入、输出端子的保护盖

②用一字螺丝刀插入信号板保护盖旁的缺口，撬出信号板保护盖

③将信号板的插针对好 CPU 模块上的信号板安装插孔并压入

④信号板安装完成

图 8-6　信号板的安装

表 8-2　　　　　　　　　　　　　**S7-200 SMART PLC 常用信号板**

型号	规格	说　明
SB DT104	2DI/2DO 晶体管输出	提供额外的数字量 I/O 扩展，支持 2 路数字量输入和 2 路数字量晶体管输出
SB AE01	1AI	提供额外的模拟量 I/O 扩展，支持 1 路模拟量输入，精度为 12 位
SB AQ01	1AO	提供额外的模拟量 I/O 扩展，支持 1 路模拟量输出，精度为 12 位
SB CM01	RS-232/RS-485	提供额外的 RS-232 或 RS-485 串行通信接口，在软件中简单设置即可实现转换
SB BA01	实时时钟保持	支持普通的 CR1025 纽扣电池，能保持时钟运行约 1 年

3. 信号板的使用与地址分配

在 CPU 模块上安装信号板后，还需要在 STEP7-Micro/WIN SMART 编程软件中进行设置（又称组态），才能使用信号板。信号板的组态如图 8-7 所示。在编程软件左方的项目树区域双击"系统块"，弹出图示的"系统块"对话框，选择"SB"项，并单击其右边的下拉按钮，会出现 5 个信号板选项，这里选择"SB DT04（2DI/2DI Transis）"信号板，系统自动将 I7.0、I7.1 分配给信号板的两个输入端，将 Q7.0、Q7.1 分配给信号板的两个输出端，再单击"确定"按钮即完成信号板组态，然后就可以在编程时使用 I7.0、I7.1 和 Q7.0、Q7.1。

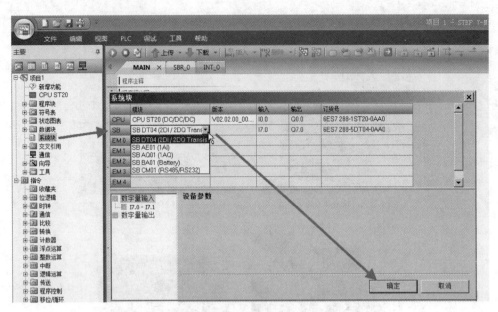

图 8-7　信号板的使用设置（组态）与自动地址分配

8.1.5　S7-200 SMART 常用模块与订货号含义

1. 常用模块

S7-200 SMART 常用模块包括 CPU 模块、扩展模块和信号板等具体见表8-3。

常用 CPU 模块、扩展模块和信号板的型号

表 8-3　　　　　　　　　S7-200 SMART 常用模块及附件

S7-200 SMART 模块附件型号		规格	订货号
CPU 模块	CPU SR20	标准型 CPU 模块，继电器输出，AC 220V 供电，12 输入/8 输出	6ES7 288-1SR20-0AA0
	CPU ST20	标准型 CPU 模块，晶体管输出，DC24V 供电，12 输入/8 输出	6ES7 288-15T20-0AA0
	CPU SR30	标准型 CPU 模块，继电器输出，AC220V 供电，18 输入/12 输出	6ES7 288-1SR30-0AA0
	CPU ST30	标准型 CPU 模块，晶体管输出，DC24V 供电，18 输入/12 输出	6ES7 288-1ST30-0AA0
	CPU SR40	标准型 CPU 模块，继电器输出，AC220V 供电，24 输入/16 输出	6ES7 288-1SR40-0AA0
	CPU ST40	标准型 CPU 模块，晶体管输出，DC24V 供电，24 输入/16 输出	6ES7 288-1ST40-0AA0
	CPU SR60	标准型 CPU 模块，继电器输出，AC220V 供电，36 输入/24 输出	6ES7 288-1SR60-0AA0
	CPU ST60	标准型 CPU 模块，晶体管输出，DC24V 供电，36 输入/24 输出	6ES7 288-1ST60-0AA0
	CPU CR40	经济型 CPU 模块，继电器输出，AC220V 供电，24 输入/16 输出	6ES7 288-1CR40-0AA0
	CPU CR60	经济型 CPU 模块，断电器输出，AC220V 供电，36 输入/24 输出	6ES7 288-1CR60-0AA0
扩展模块	EM DE08	数字量输入模块，8×DC24V 输入	6ES7 288-2DE08-0AA0
	EM DE16	数字量输入模块，16×DC24V 输入	6ES7 288-2DE16-0AA0
	EM DR08	数字量输出模块，8×继电器输出	6ES7 288-2DR08-0AA0
	EM DT08	数字量输出模块，8×DC24V 输出	6ES7 288-2DT08-0AA0
	EM QT16	数字量输出模块，16×DC24V 输出	6ES7 288-2QT16-0AA0
	EM QR16	数字量输出模块，16×继电器输出	6ES7 288-2QR16-0AA0
	EM DR16	数字量输入/输出模块、8×DC24V 输入/8×继电器输出	6ES7 288-2DR16-0AA0

续表

S7-200 SMART 模块附件型号		规格	订货号
扩展模块	EM DR32	数字量输入/输出模块，16×DC24V 输入/16×继电器输出	6ES7 288-2DR32-0AA0
	EM DT16	数字量输入/输出模块，8×DC24V 输入/8×DC24V 输出	6ES7 288-2DT16-0AA0
	EM DT32	数字量输入/输出模块，16×DC24V 输入/16×DC24V 输出	6ES7 288-2DT32-0AA0
	EM AE04	模拟量输入模块，4 输入	6ES7 288-3AE04-0AA0
	EM AE08	模拟量输入模块，8 输入	6ES7 288-3AE08-0AA0
	EM AQ02	模拟量输出模块，2 输出	6ES7 288-3AQ02-0AA0
	EM AQ04	模拟量输出模块，4 输出	6ES7 288-3AQ04-0AA0
	EM AM03	模拟量输入/输出模块，2 输入/1 输出	6ES7 288-3AM03-0AA0
	EM AM06	模拟量输入/输出模块，4 输入/2 输出	6ES7 288-3AM06-0AA0
	EM AR02	热电阻输入模块，2 通道	6ES7 288-3AR02-0AA0
	EM AR04	热电阻输入模块，4 输入	6ES7 288-3AR04-0AA0
	EM AT04	热电偶输入模块，4 通道	6ES7 288-3AT04-0AA0
	EM DP01	PROFIBUS-DP 从站模块	6ES7 288-7DP01-0AA0
信号板	SB CM01	通信信号板，RS485/RS232	6ES7 288-5CM01-0AA0
	SB DT04	数字量扩展信号板，2×DC24V 输入/2×DC24V 输出	6ES7 288-5DT04-0AA0
	SB AE01	模拟量扩展信号板，1×12 位模拟量输入	6ES7 288-5AE01-0AA0
	SB AQ01	模拟量扩展信号板，1×12 位模拟量输出	6ES7 288-5AQ01-0AA0
	SB BA01	电池信号板，支持 CR1025 纽扣电池（电池单独购买）	6ES7 288-5BA01-0AA0
附件	I/O 扩展电缆	S7-200 SMART I/O 扩展电缆，长度 1 米	6ES7 288-6EC01-0AA0
	PM207	S7-200 SMART 配套电源，DC24V/3A	6ES7 288-0CD10-0AA0
	PM207	S7-200 SMART 配套电源，DC24V/5A	6ES7 288-0ED10-0AA0
	CSM1277	以太网交换机，4 端口	6GK7 277-1AA00-0AA0
	SCALANCE XB005	以太网交换机，5 端口	6GK5 005-08A00-1AB2

2. 订货号含义

西门子 PLC 一般会在设备上标注型号和订货号等内容，如图 8-8 所示。从这些内容中可以了解一些设备信息。

PLC 铭牌和
订货号的识读

图 8-8　西门子 PLC 上标注的型号和订货号等信息

西门子 PLC 型号标识比较简单，反映出来信息量少，更多的设备信息可以通过 PLC 上标注的订货号来了解。西门子 S7-200 PLC 的订货号含义如下。

8.2　S7-200 SMART PLC 应用系统开发举例

8.2.1　明确系统的控制要求

系统控制要求如下。

（1）通过 3 个按钮分别控制电动机连续正转、反转和停转。

（2）采用热继电器对电动机进行过载保护。

（3）正、反转控制时能进行连锁控制保护。

8.2.2　选择 PLC 型号并分配 I/O 端子

这里选用 S7-200 SMART PLC 作为控制中心，具体采用的 PLC 型号为 CPU-SR20，PLC 有关端子连接的输入、输出设备及功能见表 8-4。

表 8-4　　　　　　　　　　PLC 有关端子连接的输入、输出设备及功能

输　　入			输　　出		
输入设备	对应 PLC 端子	功能说明	输出设备	对应 PLC 端子	功能说明
SB1	I0.0	正转控制	KM1 线圈	Q0.0	驱动电动机正转
SB2	I0.1	反转控制	KM2 线圈	Q0.1	驱动电动机反转
SB3	I0.2	停转控制			
FR 动合触点	I0.3	过热保护			

8.2.3　绘制 PLC 控制线路图

绘制 PLC 控制电动机正、反转线路图，如图 8-9 所示。

图 8-9 PLC 控制电动机正、反转线路图

8.2.4 编写 PLC 控制程序

在计算机中安装 STEP7-Micro/WIN SMART 软件（S7-200 SMART PLC 的编程软件），并使用 STEP 7-Micro/WIN SMART 软件编写图 8-10 所示的梯形图程序。STEP 7-Micro/WIN SMART 软件的使用将在后续章节详细介绍。

图 8-10 用 STEP 7-Micro/WIN SMART 软件编写的电动机正、反转控制梯形图程序

下面对照图 8-9 所示线路图来说明图 8-10 所示梯形图程序的工作原理。

1. 正转控制

当按下 PLC 的 I0.0 端子外接按钮 SB1 时，该端子对应的内部输入继电器 I0.0 得电，程序中的 I0.0 常开触点闭合，输出继电器 Q0.0 线圈得电，一方面使程序中的 Q0.0 常开自锁触点闭合，锁定 Q0.0 线圈供电，另一方面使程序段 2 中的 Q0.0 常闭触点断开，Q0.1 线圈无法得电，此外还使 Q0.0 端子内部的硬触点闭合，Q0.0 端子外接的 KM1 线圈得电，它一方面使 KM1 常闭连锁触点断开，KM2 线圈无法得电，另一方面使 KM1 主触点闭合，电动机得电正向运转。

2. 反转控制

当按下 I0.1 端子外接按钮 SB2 时，该端子对应的内部输入继电器 I0.1 得电→程序中的 I0.1 常开触点闭合→输出继电器 Q0.1 线圈得电，一方面使程序中的 Q0.1 常开自锁触点闭合，锁定 Q0.1 线圈供电，另一方面使程序段 1 中的 Q0.1 常闭触点断开，Q0.0 线圈无法得电，还使 Q0.1 端子内部的硬触点闭合，Q0.1 端子外接的 KM2 线圈得电，它一方面使 KM2 常闭连锁触点断开，KM1 线圈无法得电，另一方面使 KM2 主触点闭合，电动机两相供电切换，反向运转。

3. 停转控制

当按下 I0.2 端子外接按钮 SB3 时，该端子对应的内部输入继电器 I0.2 得电→程序段 1、2 中的两个 I0.2 常闭触点均断开，Q0.0、Q0.1 线圈均无法得电，Q0.0、Q0.1 端子内部的硬触点均断开，KM1、KM2 线圈均无法得电，KM1、KM2 主触点均断开，电动机失电停转。

4. 过载保护

当电动机过载运行时，热继电器 FR 发热元件使 I0.3 端子外接的 FR 常开触点闭合→该端子对应的内部输入继电器 I0.3 得电，程序段 1、2 中的两个 I0.3 常闭触点均断开，Q0.0、Q0.1 线圈均无法得电，Q0.0、Q0.1 端子内部的硬触点均断开，KM1、KM2 线圈均无法得电，KM1、KM2 主触点均断开，电动机失电停转。

电动机正、反转控制梯形图程序写好后，需要对该程序进行编译，具体的编译操作过程见 3.2 节相应内容。

8.2.5 连接计算机与 PLC 并下载 PLC 程序

S7-200 SMART PLC 具有以太网通信功能，当需要将计算机中编写好的程序下载到 PLC 时，可以使用图 8-11 所示的普通网线将计算机与 PLC 的连接起来，网线一端插入 PLC 的以太网端口（R45 端口），另一端插入编程计算机的以太网端口，另外给 PLC 的 L1、N 端接上 220V 交流电源，再在计算机的 STEP7-Micro/WIN SMART 软件中执行下载程序操作，就可以将编写好的程序写入 PLC，具体下载操作过程在后续章节中进行介绍。

图 8-11 普通网线（S7-200 SMART PLC 与计算机的通信电缆）

8.2.6 模拟测试运行

PLC 写入控制程序后，通常先进行模拟测试运行，如果运行结果与要求一致，再将 PLC 接入系统线路。

PLC 的模拟测试运行操作如图 8-12 所示。在 PLC、L1、N 端连接 220V 交流电源，为整个 PLC 供电；将 PLC 的 24V 电压输出的 M 端与输入的 1M 端连接在一起，然后把一根导线的一端固定接在 DC24V 电压输出的 L+端，另一端接触输入的 I0.0 端（即 DIa.0 端），这样相当于将 I0.0 端的外接按钮 SB1 闭合（见图 8-9 线路），正常 PLC 上 I0.0 端对应的输入指示灯变亮，表示 I0.0 端有输入，PLC 内部的程序运行，运行结果正常则 Q0.0 端（即 DQa.0 端）会产生输出，Q0.0 端对应的输出指示灯会变亮。再用同样的方法测试 SB2、SB3、FR 触点闭合时，PLC 输出端的输出情况（查看相应输出端对应的指示灯亮灭状态），正常输出结果应与预期一致，如果不一致，应检查编写的程序是否有问题，改正后重新下载到 PLC 再进行测试。另外导线接触不良或 PLC 本身硬件有问题也会导致测试不正常。

大多数 PLC 面板上有 RUN/STOP 切换开关，测试时应将切换开关置于 RUN 处，这样 PLC 接通电源启动后就会运行内部的程序，S7-200 SMART PLC 面板上没有 RUN/STOP 切换开关，需要在编程软件中将 PLC 上电启动后的模式设为 RUN，具体设置方法在后面章节中介绍。

图 8-12　PLC 的模拟测试运行

8.2.7　安装实际线路并进行现场调试运行

模拟测试运行通过后，就可以按照绘制的系统控制线路图将 PLC 及外围设备安装在实际现场。线路安装完成后，还要进行现场调试，观察是否达到控制要求，若达不到要求，则需检查是硬件问题还是软件问题，并解决这些问题。

系统现场调试通过后，可以试运行一段时间，若无问题发生则可以正式投入运行。

第9章

S7-200 SMART PLC编程软件的使用

STEP 7-Micro/WIN SMART 是 S7-200 SMART PLC 的编程组态软件，可在 Windows XP SP3、Windows 7 操作系统上运行，支持梯形图（LAD）、语句表（STL）、功能块图（FBD）编程语言，部分语言程序之间可以自由转换，该软件的安装文件不到 200 MB。它在继承 STEP 7-Micro/WIN 软件（S7-200 PLC 的编程软件）优点的同时，增加了更多的人性化设计，使编程容易上手，项目开发更加高效。

9.1 软件的安装、卸载与软件窗口介绍

9.1.1 软件的安装与启动

编程软件的
安装与启动

1. 软件的安装

STEP 7-Micro/WIN SMART 软件的安装文件体积不到 200MB，安装时不需要序列号。为了使软件安装能顺利进行，建议在安装软件前关闭计算机的安全防护软件（如安全卫士软件等）。

在安装时，打开 STEP 7-Micro/WIN SMART 软件的安装文件夹，如图 9-1（a）所示。双击其中的"setup.exe"文件，弹出对话框，要求选择软件的安装语言，选择"中文（简体）"，单击"确定"按钮，开始安装软件，安装时会弹出图 9-1（b）所示的对话框，选择"我接受许可证…"，单击"下一步"，出现图 9-1（c）所示的对话框，要求选择软件的安装目的地文件夹（即软件的安装路径），单击

(a)

图 9-1　STEP 7-Micro/WIN SMART 软件的安装（一）

（a）在软件安装文件中双击"setup.exe"文件并在弹出的对话框中选择"中文（简体）"

(b)

(c)

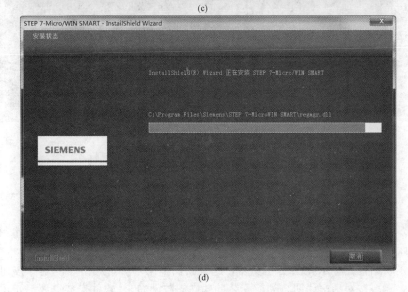

(d)

图 9-1　STEP 7-Micro/WIN SMART 软件的安装（二）

（b）选择"我接受许可证…"后单击"下一步"；（c）单击"浏览"可以更改安装路径，这里保持默认路径，

单击"下一步"；（d）安装进度显示

(e)

(f)

图 9-1 STEP 7-Micro/WIN SMART 软件的安装（三）

(e) 如果先前安装过本软件但未卸载干净，会出现图示对话框，不用理会，

单击"确定"按钮继续安装；(f) 提示软件安装完成

"浏览"按钮可以更改安装路径，这里保持默认路径，单击"下一步"按钮，软件开始正式安装，如图 9-1（d）所示。如果计算机安装过 STEP 7-Micro/WIN SMART 软件（或未卸载干净），则可能会弹出图 9-1（e）所示的对话框，提示无法继续安装，这时我们不用理会，单击"确定"按钮继续安装（如果不能继续安装，则要按对话框说明将先前安装的软件卸载干净），软件安装需要一定的时间，最后会出现图 9-1（f）所示的安装完成对话框，有两个选项，用户可根据自己需要选择，这里两项都不选，单击"完成"按钮，即完成 STEP 7-Micro/WIN SMART 软件的安装。

2. 软件的启动

STEP 7-Micro/WIN SMART 软件启动可以采用两种方法：一是直接双击计算机桌面上的"STEP 7-Micro/WIN SMART"图标，如图9-2（a）所示；二是从开始菜单启动，如图9-2（b）所示。STEP 7-Micro/WIN SMART 软件启动后，其软件窗口如图9-3所示。

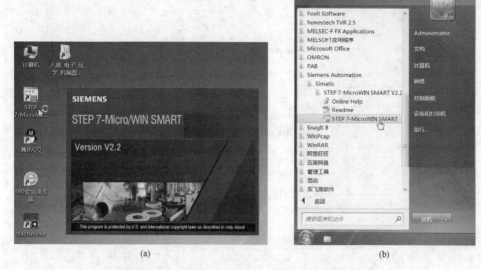

(a)   (b)

图 9-2   STEP 7-Micro/WIN SMART 软件的启动

（a）双击计算机桌面上的软件图标启动软件；（b）从开始菜单启动软件

图 9-3   STEP 7-Micro/WIN SMART 软件的窗口

9.1.2 软件的卸载

STEP 7-Micro/WIN SMART 软件的卸载可以使用计算机的"控制面板"，以 Windows7 操作系统为例，从开始菜单打开控制面板，在控制面板窗口中双击"程序和功能"，打开图9-4（a）所示的"程序和功能"窗口，在"卸载或更改程序"栏中双击"STEP 7-Micro/WIN SMART"项，会弹出询问是否卸载程序信息的对话框，单击"是"按钮即开始卸载软件，最后会出现卸载完成对话框，如图 9-4（b）所示。单击"完成"按钮即结束软件的卸载。

(a)

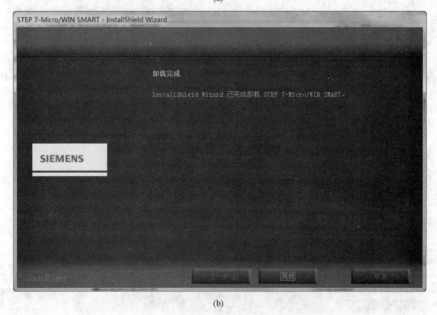

(b)

图 9-4　STEP 7-Micro/WIN SMART 软件的卸载

（a）从控制面板的"程序和功能"窗口卸载软件；（b）软件卸载完成对话框

9.1.3　软件窗口组件说明

图 9-5 所示是 STEP 7-Micro/WIN SMART 软件窗口，下面对软件窗口各组件进行说明。

（1）文件工具：是"文件"菜单的快捷按钮，单击后会出现纵向文件菜单，提供最常用的新建、

图 9-5 STEP 7-Micro/WIN SMART 软件窗口的组成部件

打开、另存为、关闭等选项。

(2) 快速访问工具栏：有 5 个图标按钮，分别为新建、打开、保存和打印工具，单击右边的倒三角小按钮会弹出菜单，可以定义更多的工具、更改工具栏的显示位置、最小化功能区（即最小化下方的横条形菜单）等操作。

(3) 菜单栏：由"文件""编辑""视图""PLC""调试""工具"和"帮助"七个菜单组成，单击某个菜单，该菜单所有的选项便会在下方的横向条形菜单区显示出来。

(4) 条形菜单：以横向条形方式显示菜单选项，当前内容为"文件"菜单的选项，在菜单栏单击不同的菜单，条形菜单内容会发生变化。在条形菜单上单击右键会弹出菜单，选择"最小化功能区"即可隐藏条形菜单以节省显示空间，单击菜单栏的某个菜单，条形菜单会显示出来，然后又会自动隐藏。

(5) 标题栏：用于显示当前项目的文件名称。

(6) 程序编辑器：用于编写 PLC 程序，单击左上方的"MAIN""SBR_0""INT_0"可以切换到主程序编辑器、子程序编辑器和中断程序编辑器，默认打开主程序编辑器（MAIN），编程语言为梯形图（LAD），单击菜单栏的"视图"，再点击条形菜单区的"STL"，则将编程语言设为指令语句表（STL），点击条形菜单区的"FBD"，就将编程语言设为功能块图（FBD）。

(7) 工具栏：提供了一些常用的工具，使操作更快捷，程序编辑器处于不同编程语言时，工具栏上的工具会有一些不同，当鼠标移到某工具上时，会出现提示框，说明该工具的名称及功能，如图 9-6 所示（编程语言为梯形图 LAD 时）。

(8) 自动隐藏按钮：用于隐藏/显示窗口，当按钮图标处于纵向纺锤形时，窗口显示，单击会使按钮图标变成横向纺锤形，同时该按钮控制的窗口会移到软件窗口的边缘隐藏起来，鼠标移到边缘隐藏部位时，窗口又会移出来。

(9) 导航栏：位于项目树上方，有符号表、状态图表、数据块、系统块、交叉引用和通信 6 个按

图 9-6　工具栏的各个工具（编程语言为梯形图 LAD 时）

钮组成，单击图标时可以打开相应图表或对话框。利用导航栏可以快速访问项目树中的对象，单击一个导航栏按钮相当于展开项目树的某项并双击该项中的相应内容。

（10）项目指令树：用于显示所有项目对象和编程指令。在编程时，先单击某个指令包前的＋号，可以看到该指令包内所有的指令，可以采用拖放的方式将指令移到程序编辑器中，也可以双击指令将其插入程序编辑器当前光标所在位置。执行操作项目对象采用双击方式，对项目对象进行更多的操作可以采用右键菜单来实现。

（11）状态栏：用于显示光标在窗口的行列位置、当前编辑模式（INS 为插入，OVER 为覆盖）以及计算机与 PLC 的连接状态等。在状态栏上单击鼠标右键，在弹出的右键菜单中可以设置状态栏的显示内容。

（12）符号表/状态图表/数据块窗口：以重叠的方式显示符号表、状态图表和数据块窗口，单击窗口下方的选项卡可以切换不同的显示内容，当前窗口显示的为"符号表"中的"符号表"，单击"符号表"下方的选项卡，可以切换到其他表格（如系统符号表、I/O 符号表）。单击该窗口右上角的纺锤形按钮，可以将窗口隐藏到左下角。

（13）变量表/交叉引用/输出窗口：以重叠的方式显示变量表、交叉引用和输出窗口，单击窗口下方的选项卡可以切换不同的显示内容，当前窗口显示的为变量表。单击该窗口右上角的纺锤形按钮，可以将窗口隐藏到左下角。

（14）梯形图缩放工具：用于调节程序编辑器中的梯形图显示大小，可以单击"＋""－"按钮来调节大小，每单击一次，显示大小改变 5%，调节范围为 50%～150%，那也可以拖动滑块来调节大小。

在使用 STEP 7-Micro/WIN SMART 软件过程中，可能会使窗口组件排列混乱，这时可以进行视图复位操作，将各窗口组件恢复到安装时的状态。视图恢复操作如图 9-7 所示。单击菜单栏的"视图"，

图 9-7　执行视图复位操作使窗口各组件恢复到初始状态

在下方的横向条形菜单中单击"组件"的下拉按钮，在弹出的菜单中选择"复位视图"，然后关闭软件并重新启动即可将各窗口组件恢复到初始状态。符号表、状态图表、数据块窗口和变量表、交叉引用、输出窗口初始时只显示选项卡部分，需要用鼠标向上拖动程序编辑器下边框才能使之显示出来，如图9-8所示。

图 9-8　用拖动窗口边框来调节显示区域

9.2　程序的编写与下载

9.2.1　项目创建与保存

STEP 7-Micro/WIN SMART 软件启动后会自动建立一个名称为"项目1"的文件，如果需要则更改文件名并保存下来，单击"文件"菜单下的"保存"按钮，弹出"另存为"对话框，如图9-9所示。

图 9-9　项目的保存

选择文件的保存路径再输入文件名"例1",文件扩展名默认为".smart",然后单击保存按钮即将项目更名为"例1.smart",并保存下来。

硬件组态

9.2.2　PLC 硬件组态（配置）

PLC 可以是单独一台 CPU 模块,也可以是由 CPU 模块、信号板（SB）和扩展模块（EM）组成的系统。PLC 硬件组态又称 PLC 配置,是指编程前先在编程软件中设置 PLC 的 CPU 模块、信号板和扩展模块的型号,使之与实际使用的 PLC 一致,以确保编写的程序能在实际硬件中运行。

在 STEP 7-Micro/WIN SMART 软件中组态 PLC 硬件使用系统块。PLC 硬件组态操作如图 9-10 所示。双击项目指令树中的"系统块",弹出"系统块"对话框,由于当前使用的 PLC 是一台 ST20 型的 CPU 模块,故在对话框的 CPU 行的模块列中单击下拉按钮,会出现所有 CPU 模块型号,从中选择"CPU ST20（DC/DC/DC）",在版本列中选择 CPU 模块的版本号（实际模块上有版本号标注）,如果不知道版本号,用户可以选择最低版本号。模块型号选定后,"输入"（起始地址）、"输出"（起始地址）和"订货号"列的内容会自动生成,单击"确定"按钮即完成了 PLC 硬件组态。

如果 CPU 模块上安装了信号板,还需要设置信号板的型号,则要在 SB 行的模块列空白处单击,会出现下拉按钮,单击下拉按钮,会出现所有信号板型号,从中选择正确的型号,再在 SB 行的版本列选择信号板的版本号,"输入""输出"和"订货号"列的内容也会自动生成。如果 CPU 模块还连接了多台扩展模块（EM）,则可以根据连接的顺序用同样的方法在 EM1、EM2…列设置各个扩展模块。选中某行的模块列,按键盘上的 Delete（删除）键,可以将该行模块列的设置内容删掉。

图 9-10　PLC 硬件组态（配置）

9.2.3 程序的编写

下面以编写图 9-11 所示的程序为例来说明如何在 STEP 7-Micro/WIN SMART 软件中编写梯形图程序。梯形图程序的编写过程见表 9-1。

编写 PLC 程序　　　　编译程序

图 9-11　待编写的梯形图程序

表 9-1 　　　　　　　　　　　　　　梯形图程序的编写

序号	操作说明
1	在 STEP 7-Micro/WIN SMART 软件的项目指令树中，展开位逻辑指令，双击其中的常开触点，如图所示，程序编辑器的光标位置马上插入一个常开触点，并出现下拉菜单，可以从中选择触点的符号，其中符号"CPU_输入0"对应着 I0.0（绝对地址），也可以直接输入 I0.0，回车后即插入一个 I0.0 常开触点
2	在程序编辑器插入一个常开触点后，同时会出现一个符号信息表，列出元件的符号与对应的绝对地址，如果不希望显示符号信息表，则可以单击工具栏上的"符号信息表"工具，如图所示，即可将符号信息表隐藏起来

序号	操作说明
3	梯形图程序的元件会默认同时显示符号和绝对地址，如果仅希望显示绝对地址，则可以单击工具栏上的切换寻址工具旁边的下拉按钮，在下拉菜单中选择"仅绝对"，如图所示，这样常开触点旁只显示"I0.0"，"CPU_输入0"不会显示
4	在项目指令树中双击位逻辑指令的常闭触点，在 I0.0 常开触点之后插入一个常闭触点，如图所示，再输入触点的绝对地址 I0.1，或在下拉菜单中选择触点的符号"CPU_输入1"，回车后即生成一个 I0.1 常闭触点
5	用同样的方法在 I0.1 常闭触点之后插入一个 I0.2 常闭触点，然后在项目指令树中双击位逻辑指令的输出线圈，在 I0.2 常闭触点之后插入一个线圈，如图所示，再输入触点的绝对地址 Q0.0，或在下拉菜单中选择线圈的符号"CPU_输出0"，回车后即生成一个 Q0.0 线圈

序号	操作说明
6	在 I0.0 常开触点下方插入一个 Q0.0 常开触点，然后单击工具栏上的"插入向上垂直线"，如图所示，就会在 Q0.0 触点右边插入一根向上垂直线，与 I0.0 触点右边的线连接起来
7	将光标定位在 I0.2 常开触点上，然后单击工具栏上的"插入分支"工具，如图所示，会在 I0.2 触点右边向下插入一根向下分支线
8	将光标定位在向下分支线箭头处，然后在项目指令树中展开定时器，双击其中的"TON"（接通延时定时器），在向下分支线右边插入一个定时器元件，如图所示

序号	操作说明
9	在定时器元件上方输入定时器地址"T37",在定时器元件左下角输入定时值"50",T37 是一个 100ms 的定时器,其定时时间为 $50 \times 100ms = 5000ms = 5s$
10	在程序段 2 插入一个 T37 常开触点和一个 Q0.1 线圈,如图所示
11	程序编写完成后,可以对其进行编译。梯形图程序是一种图形化的程序,PLC 不能读懂这种程序。编译就是将梯形图程序翻译成 PLC 可以接受的代码,编译还可以检查程序是否有错误。在编译时,单击工具栏上的"编译"工具,如图所示,编程软件马上对梯形图程序进行编译

序号	操作说明
12	程序编译时，在编程软件窗口下方会出现一个输出窗口，窗口中会有一些编译信息，如图所示，如果窗口有"0个错误，0个警告"的提示，则表明编写的程序语法上没有错误，如果提示有错误，通常会有出错位置信息显示，这时找到错误并改正后，再重新编译，直到无错误和警告为止

9.2.4 PLC与计算机的连接与通信设置

在计算机中用 STEP 7-Micro/WIN SMART 软件编写好 PLC 程序后，如果要将程序写入 PLC（又称下载程序），则须用通信电缆将 PLC 与计算机连接起来，并进行通信设置，让两者建立软件上的通信连接。

1. PLC 与计算机的硬件通信连接

西门子 S7-200 SMART CPU 模块上有以太网端口（俗称网线接口，RJ45 接口），该端口与计算机上的网线端口相同，两者使用普通市售网线连接起来；另外 PLC 与计算机通信时 PLC 需要接通电源。西门子 S7-200 SMART PLC 与计算机的硬件通信连接如图 9-12 所示。

PLC 与计算机
通信的硬件连接

图 9-12 西门子 S7-200 SMART PLC 与计算机的硬件通信连接

2. 通信设置

西门子 S7-200 SMART PLC 与计算机的硬件通信连接好后，还需要在计算机中进行通信设置才能让两者进行通信。

在 STEP 7-Micro/WIN SMART 软件的项目指令树中双击"通信"图标，弹出"通信"对话框，如图 9-13（a）所示。在对话框的"网络接口卡"项中选择与 PLC 连接的计算机网络接口卡（网卡），如图 9-13（b）所示。如果不知道与 PLC 连接的网卡名称，则可以打开计算机的控制面板内的"网络和共享中心"（以操作系统为 Windows7 为例），在"网络和共享中心"窗口的左方单击"更改适配器设置"，会出现图 9-13（c）所

PLC 与计算机的通信设置与程序下载

(a)

(b)

图 9-13　在计算机中进行通信设置（一）

（a）双击项目指令树中的"通信"图标会弹出"通信"对话框；（b）在"网络接口卡"项中选择与 PLC 连接的计算机网卡

(c)

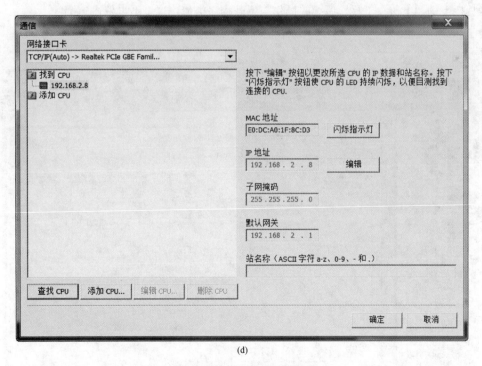

(d)

图9-13 在计算机中进行通信设置（二）

（c）在本地连接中查看与PLC连接的网卡名称；（d）选择正确的网卡后系统会搜索网卡连接
的PLC并显示该设备的有关信息

示窗口。显示当前计算机的各种网络连接，PLC与计算机连接采用有线的本地连接，选择其中的"本地连接"，查看并记下该图标显示的网卡名称。

在STEP 7-Micro/WIN SMART软件中重新打开"通信"对话框，在"网络接口卡"项中可看到有两个与本地连接名称相同的网卡，仍如图 9-13（b）所示。一般选带有 Auto（自动）的选项，选择后系统会自动搜索该网卡连接的 PLC，搜到 PLC 后，在对话框左边的"找到 CPU"中会显示与计算机连接 CPU 模块的 IP 地址，如图 9-13（d）所示。在对话框右边显示 CPU 模块的 MAC 地址（物理地址）、IP 地址、子网掩码和网关信息，如果系统未自动搜索，则可以单击对话框下方的"查找 CPU"按钮进行搜索，搜到 PLC 后单击对话框右下方的"确定"按钮即可完成通信设置。

3. 下载与上传程序

将计算机中的程序传送到 PLC 的过程称为下载程序。将 PLC 中的程序传送到计算机的过程称为上传程序。

下载程序的操作过程：在 STEP 7-Micro/WIN SMART 软件中编写好程序（或者打开先前编写的程序）后，单击工具栏上的"下载"工具，如图 9-14（a）所示。弹出"通信"对话框，在"找到 CPU"项中选择要下载程序的 CPU（IP 地址），再单击右下角的"确定"按钮，软件窗口下方状态栏马上显示已连接 PLC 的 IP 地址（192.168.2.2）和 PLC 当前运行模式（RUN），同时弹出"下载"对话框，如图 9-14（b）所示。在左侧"块"区域可以选择要下载的内容，在右侧的"选项"区域可以选择下载过程中出现的一些提示框，这里保存默认选择，单击对话框下方的"下载"按钮，如果下载时 PLC 处于 RUN（运行）模式，则会弹出图 9-14（c）所示的对话框，询问是否将 PLC 置于 STOP 模式（只有在 STOP 模式下才能下载程序），单击"是"按钮开始下载程序。程序下载完成后，弹出图 9-14（d）所示的对话框，询问是否将 PLC 置于 RUN 模式，单击"是"即可完成程序的下载。

上传程序的操作过程：在上传程序前先新建一个空项目文件，用于存放从 PLC 上传来的程序，然后单击工具栏上的"上传"工具。后续的操作与下载程序类似，这里不再叙述。

(a)

图 9-14 下载程序（一）

（a）单击工具栏上的"下载"工具弹出"通信"对话框

(b)

(c)

(d)

图 9-14 下载程序（二）

（b）软件窗口状态栏显示已连接 PLC 的 IP 地址和运行模式并弹出下载对话框；（c）下载前弹出对话框询问
是否将 CPU 置于 STOP 模式；（d）下载完成后会弹出对话框询问是否将 CPU 置于 RUN 模式

4. 无法下载程序的解决方法

无法下载程序的可能原因有：①硬件连接不正常，如果 PLC 和计算机之间硬件连接正常，PLC 上的 LINK（连接）指示灯会亮；②通信设置不正确。

若因通信设置不当导致无法下载程序，则可以采用手动设置 IP 地址的方法来解决，具体操作过程如下。

（1）设置 PLC 的 IP 地址。在 STEP 7-Micro/WIN SMART 软件的项目指令树中双击"系统块"图标，弹出"系统块"对话框，如图 9-15 所示。勾选"IP 地址数据固定为下面的值，不能通过其它方式更改"，将 IP 地址、子网掩码和默认网关按图示设置，IP 地址和网关前三组数要相同，子网掩码固定为 255.255.255.0，单击"确定"按钮完成 PLC 的 IP 地址设置，然后将系统块下载到 PLC 中即可使 IP 地址设置生效。

图 9-15　在系统块对话框中设置上 PLC 的 IP 地址

（2）设置计算机的 IP 地址。打开计算机的控制面板内的"网络和共享中心"（以操作系统为 Windows7 为例），在"网络和共享中心"窗口的左方单击"更改适配器设置"，会出现图 9-16（a）所示窗口。双击"本地连接"，弹出"本地连接状态"对话框，单击左下方的"属性"按钮，弹出"本地连接属性"对话框，如图 9-16（b）所示。从中选择"Internet 协议版本（TCP/IPv4）"，再单击"属性"按钮，弹出图 9-16（c）所示的对话框，选择"使用下面的 IP 地址"项，并按图示设置好计算机的 IP 地址、子网掩码和默认网关，计算机与 PLC 的网关应相同，两者的 IP 地址不能相同（两者的 IP 地址前三组数要相同，最后一组数不能相同），子网掩码固定为 255.255.255.0，单击"确定"按钮完成计算机的 IP 地址设置。

(b)

(c)

图 9-16 设置计算机的 IP 地址

(a) 双击"本地连接"弹出"本地连接状态"对话框；(b) 在对话框中选择选择"…（TCP/IPv4）"；
(c) 设置计算机的 IP 地址

9.3 程序的编辑与注释

9.3.1 程序的编辑

1. 选择操作

在对程序进行编辑时，需要选择编辑的对象，再进行复制、粘贴、删除和插入等操作。STEP 7-

Micro/WIN SMART 软件的一些常用选择操作见表 9-2。

表 9-2 一些常用的选择操作

操作说明	操作图
◆选择某个元件 将鼠标移到 I0.0 常开触点上，再单击鼠标左键即选中了该触点	
◆选择多个元件 如果要选的元件都位于同一行上，先选中左边第一个要选的元件（I0.0），然后按下键盘上的 Shift 键不放，再用鼠标在要选的最后一个元件（Q0.0）上单击，则这两个元件及中间的元件全部被选中，如右图（a）所示。 如果要选的元件位于多行上，先选中第一行要选的元件（I0.0），然后按下键盘上的 Shift 键不放，再用鼠标在要选的最后一行的最后一个元件（T37）上单击，则以两个元件为对角组成矩形框内的所有元件全部被选中，如右图（b）所示	 (a) 要选的多个元件位于同一位 (b) 要选的多个元件位于多行
◆选择某个程序段：在要选择的程序段左边的灰条上单击，该程序段被全选	

2. 删除操作

STEP 7-Micro/WIN SMART 软件的一些常用删除操作见表 9-3。

表 9-3   一些常用删除操作

操作说明	操作图
◆删除某个元件 选中某个元件，按下键盘上的 Delete 键即可将选中的对象删除	
◆删除某行元件 在 Q0.0 触点上单击鼠标右键，在弹出的菜单中执行"删除"→"行"命令，如右图所示，则 Q0.0 触点所在行（水平方向）的所有元件均会被删除（即 Q0.0 触点和 T37 定时器都会被删除）。 ◆删除某列元件 在 Q0.0 触点上单击鼠标右键，在弹出的菜单中执行"删除"→"列"命令，则 Q0.0 触点所在列（垂直方向）的所有元件均会被删除（即 I0.0、Q0.0 和 T37 触点都会被删除）。 ◆删除垂直线 在 Q0.0 触点上单击鼠标右键，在弹出的菜单中执行"删除"→"垂直"，则 Q0.0 触点右边的垂直线会被删除。	
◆删除程序段 在要删除的程序段左边的灰条上单击，该程序段被全选，按下键盘上的 Delete 键即可将该程序段内容全部删掉。 另外，在要删除的程序段区域单击右键，在弹出的菜单中执行"删除"→"程序段"命令，也可以将该程序段所有内容删除	

3. 插入与覆盖操作

STEP 7-Micro/WIN SMART 软件有插入（INS）和覆盖（OVR）两种编辑模式，在软件窗口的状态栏可以查看到当前的编辑模式，如图 9-17 所示。按键盘上的 Insert 键可以切换当前的编辑模式，系统默认为处于插入模式。

图 9-17　状态栏在两种编辑模式下的显示

当软件处于插入模式（INS）时进行插入元件操作时，会在光标所在的元件之前插入一个新元件。如图 9-18 所示，软件窗口下方状态栏出现"INS"表示当前处于插入模式，用光标选中 I0.0 常开触点，再用右键菜单进行插入触点操作，会在 I0.0 常开触点之前插入一个新的常开触点。

图 9-18　在插入模式时进行插入元件操作

当软件处于覆盖模式（OVR）时进行插入元件操作时，插入的新元件要替换光标处的旧元件，如果新旧元件是同一类元件，则旧元件的地址和参数会自动赋给新元件。如图 9-19 所示，软件窗口下方状态栏出现"OVR"表示当前处于覆盖模式，先用光标选中 I0.0 常开触点，再用右键菜单插入一个常闭触点，光标处的 I0.0 常开触点替换成一个常闭触点，其默认地址仍为 I0.0。

图 9-19　在覆盖模式时进行插入元件操作

9.3.2 程序的注释

为了让程序阅读起来直观易懂，用户可以对程序进行注释。

1. 程序与程序段的注释

程序与程序段的注释位置如图 9-20 所示。在整个程序注释处输入整个程序的说明文字，在程序段注释处输入本程序段的说明文字。单击工具栏上的"POU注释"工具可以隐藏或显示程序注释，单击工具栏上的"程序段注释"工具可以隐藏或显示程序段注释，如图 9-21 所示。

图 9-20　程序与程序段的注释

图 9-21　程序与程序段注释的隐藏/显示

2. 指令元件注释

梯形图程序是由一个个指令元件连接起来组成的。对指令元件进行注释有助于读懂程序段和整个程序，指令元件注释可使用符号表。

用符号表对指令元件注释如图 9-22 所示。在项目指令树区域展开"符号表"，再双击其中的"I/O符号"，打开"符号表"对话框且显示 I/O 符号表，如图 9-22（a）所示。在 I/O 符号表中将地址 I0.0、I0.1、I0.2、Q0.0、Q0.1 默认的符号按图 9-22（b）所示进行更改，如地址 I0.0 默认的符号是"CPU _ 输入 0"，现将其改成"启动 A 电动机"，然后单击符号表下方的"表格 1"选项卡，切换到表格 1，如

图 9-22 用符号表对指令元件进行注释
(a) 打开符号表；(b) 在 I/O 表中输入 I/O 元件的符号；(c) 在表格 1 中输入其他元件的符号；
(d) 单击"将符号应用到项目"按钮使符号生效

图 9-22（c）所示。在地址栏输入"T37"，在符号栏输入"定时 5s"，注意不能输入"5s 定时"，因为符号不能以数字开头，如果输入的符号为带下波浪线的红色文字，则表示该符号存在语法错误。在符号表中给需要注释的元件输入符号后，单击符号表上方的"将符号应用到项目"按钮，如 9-22（d）所示。程序中的元件旁马上出现符号，如 I0.0 常开触点显示"启动 A 电动机：I0.0"，其中"启动 A 电动机"为符号（也即是元件注释），I0.0 为触点的绝对地址（或称元件编号），如果元件旁未显示符号，

则可以单击菜单栏的"视图"菜单，在横向条形菜单中选择"符号：绝对地址"，即可让程序中元件旁同时显示绝对地址和符号，如果选择"符号"，则只显示符号，不会显示绝对地址。

9.4　程序的监控与调试

程序编写完成后，需要检查程序能否达到控制要求，检查方法主要有：一是从头到尾对程序进行分析，来判断程序是否正确，这种方法最简单，但要求编程人员有较高的 PLC 理论水平和分析能力；二是将程序写入 PLC，再给 PLC 接上电源和输入输出设备，通过实际操作来观察程序是否正确，这种方法最直观可靠，但需要用到很多硬件设备并对其进行接线，工作量大；三是用软件方式来模拟实际操作同时观察程序运行情况来判断程序是否正确，这种方法不用实际接线又能观察程序运行效果，所以适合大多数人使用，本节就介绍这种方法。

9.4.1　用梯形图监控调试程序

在监控调试程序前，需要先将程序下载到 PLC，让编程软件中打开的程序与 PLC 中的程序保持一致，否则无法进入监控。进入监控调试模式后，PLC 中的程序运行情况会在编程软件中以多样方式同步显示出来。

用梯形图监控调试程序操作过程如下。

（1）进入程序监控调试模式。单击"调试"菜单下"程序状态"工具，如图 9-23（a）所示。梯形图编辑器中的梯形图程序马上进入监控状态，编辑器中的梯形图运行情况与 PLC 内的程序运行保持一致，图 9-23（a）所示梯形图中的元件都处于"OFF"状态，常闭触点 I0.0、I0.1 中有蓝色的方块，表示程序运行时这两个触点处于闭合状态。

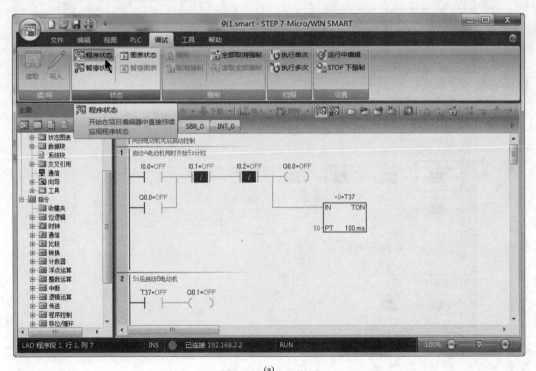

(a)

图 9-23　梯形图的运行监控调试（一）

（a）单击"调试"菜单下"程序状态"工具后梯形图程序会进入监控状态

(b)

(c)

(d)

图 9-23 梯形图的运行监控调试（二）

（b）在 I0.0 常开触点的符号上单击右键并用右键菜单将 I0.0 的值强制为"ON"；（c）将 I0.0 的值强制为"ON"时
的程序运行情况（定时时间未到 5s）；（d）将 I0.0 的值强制为"ON"时的程序运行情况（定时时间已到 5s）

(e)

(f)

(g)

图 9-23 梯形图的运行监控调试（三）

(e) 取消 I0.0 的值的强制（I0.0 恢复到"OFF"）；(f) 将 I0.1 常闭触点的值强制为"ON"；

(g) I0.1 常闭触点的值为"ON"时的程序运行情况

(2) 强制 I0.0 常开触点闭合（模拟 I0.0 端子外接启动开关闭合）查看程序运行情况。在 I0.0 常开触点的符号上单击右键，在弹出的菜单中选择"强制"选项，会弹出"强制"对话框，将 I0.0 的值强制为"ON"，如图 9-23（b）所示。这样 I0.0 常开触点闭合，Q0.0 线圈马上得电（线圈中出现蓝色方块，并且显示 Q0.0＝ON，同时可以观察到 PLC 上的 Q0.0 指示灯也会亮），如图 9-23（c）所示。定时器上方显示"＋20＝T37"表示定时器当前计时为 $20×100ms＝2s$，由于还未到设定的计时值（$50×100ms＝5s$），故 T37 定时器状态仍为 OFF，T37 常开触点也为 OFF，仍处于断开。5s 计时时间到达后，定时器 T37 状态值马上变为 ON，T37 常开触点状态也变为 ON 而闭合，Q0.1 线圈得电（状态值为 ON），如图 9-23（d）所示。定时器 T37 计到设定值 50（设定时间为 5s）时仍会继续增大，直至计到 32767 为止，在此期间状态值一直为 ON。I0.0 触点旁的出现锁形图表示 I0.0 处于强制状态。

（3）强制 I0.0 常开触点断开（模拟 I0.0 端子外接启动开关断开）查看程序运行情况。选中 I0.0 常开触点，再单击工具栏上的"取消强制"工具，如图 9-23（e）所示。I0.0 常开触点中间的蓝色方块消失，表示 I0.0 常开触点已断开，但由于 Q0.0 常开自锁触点的闭合，使 Q0.0 线圈、定时器 T37、Q0.1 线圈状态仍为 ON。

（4）强制 I0.1 常闭触点断开（模拟 I0.1 端子外接停止开关闭合）查看程序运行情况。在 I0.1 常开触点的符号上单击鼠标右键，在弹出的菜单中选择"强制"选项，会弹出"强制"对话框，将 I0.1 的值强制为"ON"，如图 9-23（f）所示。这样 I0.1 常闭触点断开，触点中间的蓝色方块消失，Q0.0 线圈和定时器 T37 状态马上变为 OFF，定时器计时值变为 0，由于 T37 常开触点状态为 OFF 而断开，Q0.1 线圈状态也变为 OFF。

在监控程序运行时，若发现程序存在问题，则可以停止监控（再次单击"程序状态"工具），对程序进行修改，然后将修改后的程序下载到 PLC，再进行程序监控运行，如此反复进行，直到程序运行符合要求为止。

9.4.2 用状态图表的表格和趋势图监控调试程序

除了可以用梯形图监控调试程序外，还可以使用状态图表的表格来监控调试程序。

在项目指令树区域展开"状态图表"，双击其中的"图表 1"，打开状态图表，如图 9-24（a）所示。在图表 1 的"地址"栏输入梯形图中要监控调试的元件地址（I0.0、I0.1…），在"格式"栏选择各元件数据类型，I、Q 元件都是位元件只有 1 位状态位，定时器有状态位和计数值两种数据类型，状态位为 1 位，计数值为 16 位（1 位符号位，15 位数据位）。

(a) (b)

图 9-24 用状态图的表格监控调试程序（一）

(a) 打开状态图表并输入要监控的元件地址；(b) 开启梯形图和状态图表监控

(c)

(d)

(e)

(f)

图 9-24 用状态图的表格监控调试程序（二）

（c）将新值 2#1 强制给 I0.0；（d）I0.0 强制新值后梯形图和状态图表的元件状态；

（e）将新值+10 写入覆盖 T37 的当前计数值；（f）T37 写入新值后梯形图和状态图表的元件状态

　　为了更好理解状态图表的监控调试，可以让梯形图和状态图表监控同时进行，先后单击"调试"菜单中的"程序状态"和"图表状态"，启动梯形图和状态图表监控，如图 9-24（b）所示。梯形图中的 I0.1 和 I0.2 常闭触点中间出现蓝色方块，同时状态图表的当前值栏显示出梯形图元件的当前值，如 I0.0 的当前值为 2#0（表示二进制数 0，即状态值为 OFF），T37 的状态位值为 2#0，计数值为+0（表示十进制数 0）。在状态图表 I0.0 的新值栏输入 2#1，再单击状态图表工具栏上的"强制"按钮，如图 9-24（c）所示。将 I0.0 值强制为 ON 字，梯形图中的 I0.0 常开触点强制闭合，Q0.0 线圈得电（状态图表中的 Q0.0 当前值由 2#0 变为 2#1）、T37 定时器开始计时（状态图表中的 T37 计数值的当前值不断增大，计到 50 时，T37 的状态位值由 2#0 变为 2#1），Q0.1 线圈马上得电（Q0.0 当前值由 2#0 变为 2#1），如图 9-24（d）所示。在状态图表 T37 计数值的新值栏输入＋10，再单击状态图表工具栏上的"写入"按钮，如图 9-24（e）所示，将新值＋10 写入覆盖 T37 的当前计数值，T37 从 10 开始计时，由于 10 小于设定计数值 50，故 T37 状态位当前值由 2#1 变为 2#0，T37 常开触点又断开，Q0.1 线圈失电，如图 9-24（f）所示。

注意：I、AI 元件只能用硬件（如闭合 I 端子外接开关）方式或强制方式赋新值，而 Q、T 等元件既可以用强制也可用写入方式赋新值。

9.4.3 用状态图表的趋势图监控调试程序

在状态图表中使用表格监控调试程序容易看出程序元件值的变化情况，而使用状态图表中的趋势图（也称时序图），则容易看出元件值随时间变化的情况。

在使用状态图表的趋势图监控程序时，一般先用状态图表的表格输入要监控的元件，再开启梯形图监控（即程序状态监控），然后单击状态图表工具栏上的"趋势视图"工具，如图 9-25（a）所示。切换到趋势图，而后单击"图表状态"工具，开启状态图表监控，如图 9-25（b）所示。此时可以看到随着时间的推移，I0.2、Q0.0、Q0.1 等元件的状态值一直为 OFF（低电平）。在梯形图或趋势图中用右键菜单将 I0.0 强制为 ON 字，I0.0 常开触点闭合，Q0.0 线圈马上得电，其状态为 ON（高电平），5s 后 T37 定时器和 Q0.1 线圈状态值同时变为 ON，如图 9-25（c）所示。在梯形图或趋势图中用右键菜单将 I0.1 强制为 ON，I0.1 常闭触点断开，Q0.0、T37、Q0.1 同时失电，其状态均变为 OFF（低电平），如图 9-25（d）所示。

(a)　　　　　　　　　　　　　　(b)

图 9-25　用状态图表的趋势图监控调试程序（一）

(a) 单击"趋势视图"工具切换到趋势图；(b) 单击"图表状态"工具开始趋势图监控

图 9-25　用状态图表的趋势图监控调试程序（二）

（c）将 I0.0 强制为 ON 时趋势图中元件的状态变化；（d）将 I0.1 强制为 ON 时趋势图中元件的状态变化

9.5　软件的一些常用设置及功能使用

9.5.1　软件的一些对象设置

在 STEP 7-Micro/WIN SMART 软件中，用户可以根据自己的习惯对很多对象进行设置。在设置时，单击菜单栏的"工具"，再单击下方横向条形菜单中的"选项"，弹出"Options"（选项）对话框，如图 9-26 所示。对话框左边为可设置的对象，右边为左边选中对象的设置内容，图中左边的"常规"被选中，右边为常规设置内容，在语言项默认为"简体中文"，如果将其设为"英语"，则关闭软件重启后，软件窗口会变成英文界面，如果设置出现混乱，则可以单击右下角的"全部复位"按钮，关闭软件重启后，所有的设置内容全部会恢复到初始状态。

在"Options"（选项）对话框还可以对编程软件进行一些其他设置。图 9-27 所示为软件的项目设置，可以设置项目文件保存的位置等内容。

9.5.2　硬件组态（配置）

在 STEP 7-Micro/WIN SMART 软件的系统块中可以对 PLC 硬件进行设置，然后将系统块下载到 PLC，PLC 内的有关硬件就会按系统块的设置工作。

在项目指令树区域双击"系统块"，弹出图 9-28（a）所示的"系统块"对话框，图示上方为 PLC 各硬件（CPU 模块、信号板、扩展模块）型号配置，下方可以对硬件的"通信""数字量输入""数字量输出""保持范围""安全"和"启动"进行设置，默认处于"通信"设置状态，在右边可以对有关通信的以太网端口、背景时间和 RS485 端口进行设置。

一些 PLC 的 CPU 模块上有 RUN/STOP 开关，可以控制 PLC 内部程序的运行/停止，而 S7-200 SMART CPU 模块上没有 RUN/STOP 开关，CPU 模块上电后处于何种模式可以通过系统块进行设置。

图 9-26　单击"工具"菜单中的"选项"即弹出软件常用对象设置对话框

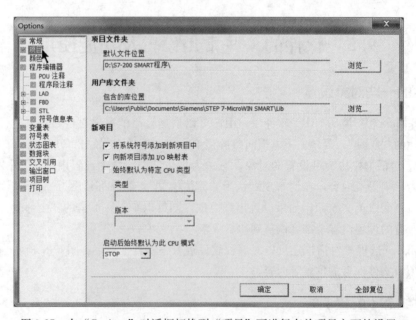

图 9-27　在"Options"对话框切换到"项目"可进行有关项目方面的设置

在"系统块"对话框的左边单击"启动"项，如图 9-28（b）所示。然后单击左边"CPU 模式"项的下拉按钮，选择 CPU 模块上电后的工作模式，有 STOP、RUN、LAST 三种模式供选择，LAST 模式表示 CPU 上次断电前的工作模式，当设为该模式时，若 CPU 模块上次断电前为 RUN 模式，则 CPU 一上电就会工作在 RUN 模式。

在系统块中对硬件进行配置后，需要将系统块下载到 CPU 模块，其操作方法与下载程序相同，只不过下载对象要选择"系统块"，如图 9-28（c）所示。

(a) (b)

(c)

图 9-28　使用系统块配置 PLC 硬件

(a)"系统块"对话框；(b) 在启动项中设置 CPU 模块上电后的工作模式；

(c) 系统块设置后需将其下载到 CPU 模块才能生效

9.5.3　用存储卡备份、拷贝程序和刷新固件

S7-200 SMART CPU 模块上有一个 Micro SD 卡槽，可以安插 Micro SD 卡（大多数手机使用的 TF 卡），使用 Micro SD 卡主要可以：①将一台 CPU 模块的程序复制到另一台 CPU 模块；②给 CPU 模块刷新固件；③将 CPU 模块恢复到出厂设置。

1. 用 Micro SD 卡备份和复制程序

(1) 备份程序。用 Micro SD 卡备份程序时操作过程如下。

1) 在 STEP 7-Micro/WIN SMART 软件中将程序下载到 CPU 模块。

2) 将一张空白的 Micro SD 卡插入 CPU 模块的卡槽，如图 9-29 (a) 所示。

3) 单击"PLC"菜单下的"设定"，弹出"程序存储卡"对话框，如图 9-29 (b) 所示。选择 CPU 模块要传送给 Micro SD 卡的块，单击"设定"按钮，系统会将 CPU 模块中相应的块传送给 Micro SD 卡，传送完成后，"程序存储卡"对话框中会出现"编程已成功完成！"，如图 9-29 (c) 所示，这样 CPU 模块中的程序就被备份到 Micro SD 卡，而后从卡槽中拔出 Micro SD 卡（不拔出 Micro SD 卡，CPU 模块会始终处于 STOP 模式）。

CPU 模块的程序备份到 Micro SD 卡后，用读卡器读取 Micro SD 卡，会发现原先空白的卡上出现一个"S7_JOB.S7S"文件和一个"SIMATIC.S7S"文件夹（文件夹中含有 5 个文件），如图 9-29 (d) 所示。

(a)

(b)

(c)

(d)

图 9-29　用 Micro SD 卡备份 CPU 模块中的程序

（a）将一张空白的 Micro SD 卡插入 CPU 模块的卡槽；（b）单击 "PLC" 菜单下的 "设定" 后弹出 "程序存储卡" 对话框；
（c）对话框提示程序成功从 CPU 模块传送到 Micro SD 卡；（d）程序备份后在 Micro SD 卡中会出现一个文件和一个文件夹

（2）复制程序。

用 Micro SD 卡复制程序比较简单，在断电的情况下将已备份程序的 Micro SD 卡插入另一台 S7-200 SMART CPU 模块的卡槽，然后给 CPU 模块通电，CPU 模块自动将 Micro SD 卡中的程序复制下来，在复制过程中，CPU 模块上的 RUN、STOP 两个指示灯以 2Hz 的频率交替点亮，当只有 STOP 指示灯闪烁时表示复制结束，然后拔出 Micro SD 卡。若将 Micro SD 卡插入先前备份程序的 CPU 模块，则可将 Micro SD 卡的程序还原到该 CPU 模块中。

2. 用 Micro SD 卡刷新固件

PLC 的性能除了与自身硬件有关外，还与内部的固件（firmware）有关，通常固件版本越高，PLC 性能就越强。如果 PLC 的固件版本低，则可以用更高版本的固件来替换旧版本固件（刷新固件）。用 Micro SD 卡对 S7-200 SMART CPU 模块刷新固件的操作过程如下。

（1）查看 CPU 模块当前的固件版本。在 STEP 7-Micro/WIN SMART 软件中新建一个空白项目，然后执行上传操作，在上传操作成功（表明计算机与 CPU 模块通信正常）后，单击 "PLC" 菜单下的 "PLC"，如图 9-30（a）所示。弹出 "PLC 信息" 对话框，如图 9-30（b）所示。在左边的设备项中选中当前连接的 CPU 模块型号，在右边可以看到其固件版本为 "V02.02…"。

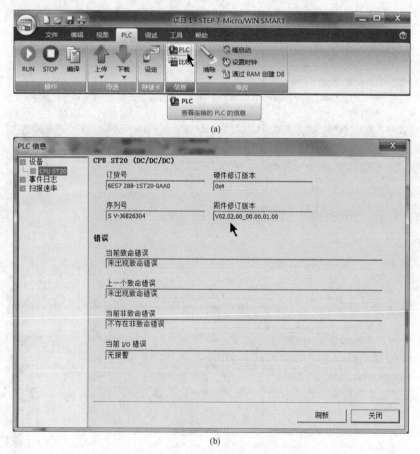

(a)

(b)

图 9-30 查看 CPU 模块当前的固件版本

(a) 单击 "PLC" 菜单下的 "PLC"；(b) "PLC 信息" 对话框显示 CPU 模块当前固件版本为 "V02.02…"

（2）下载新版本固件并复制到 Micro SD 卡。登陆西门子下载中心（网址：www. ad. siemens. com. cn/download/），搜索 "S7-200 SMART 固件"，找到新版本固件，如图 9-31（a）所示。下载并解压后，可以看到一个 "S7 _ JOB. S7S" 文件和一个 "FWUPDATE. S7S" 文件夹，如图 9-31（b）所示。打开该文件夹，可以看到多种型号 CPU 模块的固件文件，其中就有当前需刷新固件的 CPU 模块型号，如图 9-31（c）所示。将 "S7 _ JOB. S7S" 文件和 "FWUPDATE. S7S" 文件夹（包括文件夹中所有文件）复制到一张空白 Micro SD 卡上。

（3）刷新固件。在断电的情况下，将已复制新固件文件的 Micro SD 卡插入 CPU 模块的卡槽，然后给 CPU 模块上电，CPU 模块会自动安装新固件，在安装过程中，CPU 模块上的 RUN、STOP 两个指示灯以 2Hz 的频率交替点亮，当只有 STOP 指示灯闪烁时表示新固件安装结束，再拔出 Micro SD 卡。

固件刷新后，可以在 STEP 7-Micro/WIN SMART 软件中查看 CPU 模块的版本，如图 9-31（d）所示。在"PLC 信息"对话框显示其固件版本为"V02.03…"。

(a)

(b)

(c)

图 9-31　下载并安装新版本固件（一）

（a）登录西门子下载中心下载新版本固件；（b）新固件由"S7_JOB.S7S"文件和"FWUPDATE.S7S"文件夹组成；
（c）打开"FWUPDATE.S7S"文件夹查看有无所需 CPU 型号的固件文件

(d)

图 9-31 下载并安装新版本固件（二）

（d）固件刷新后查看 CPU 模块的新固件版本

3. 用 Micro SD 卡将 PLC 恢复到出厂值

在 PLC 加密而又不知道密码情况下，如果仍想使用 PLC，或者在 PLC 里面设置了固定的 IP 地址，利用这个 IP 地址无法与计算机通信，导致 IP 地址无法修改的时候，可以考虑将 PLC 恢复到出厂值。

用 Micro SD 卡将 PLC 恢复到出厂值的操作过程如下。

（1）编写一个 S7_JOB. S7S 文件并复制到 Micro SD 卡。打开计算机自带的记事本程序，输入一行文字"RESET_TO_FACTORY"，该行文字是让 CPU 模块恢复到出厂值的指令，注意不要输入双引号，然后将其保存成一个文件名为"S7_JOB. S7S"的文件，如图 9-32 所示。再将该文件复制到一张空白 Micro SD 卡中。

图 9-32　用记事本编写一个含有让 CPU 模块恢复出厂值指令的 S7_JOB. S7S 文件并复制到 Micro SD 卡上

（2）将 Micro SD 卡插入 CPU 模块恢复到出厂值。在断电的情况下，将含有 S7 _ JOB. S7S 文件（该文件写有一行"RESET _ TO _ FACTORY"文字）的 Micro SD 卡插入 CPU 模块的卡槽，然后给 CPU 模块上电，CPU 模块自动执行 S7 _ JOB. S7S 文件中的指令，恢复到出厂值。

注意：恢复出厂值会清空 CPU 模块内的程序块、数据块和系统块，但不会改变 CPU 模块的固件版本。

第10章

S7-200 SMART PLC的以太网通信

以太网是一种常见的通信网络，多台计算机通过网线与交换机连接起来就构成一个以太网局域网，局域网之间也可以进行以太网通信。以太网最多可连接 32 个网段、1024 个节点。以太网可实现高速（高达 100Mbit/s）、长距离（铜缆最远约为 1.5km，光纤最远约为 4.3km）的数据传输。S7-200 SMART PLC 支持以太网通信，而 S7-200 不支持这种类型的通信。

10.1 以太网通信的连接与设置

10.1.1 S7-200 SMART CPU 模块以太网连接的设备类型

S7-200 SMARTCPU 模块具有以太网端口（RJ45 网线接口），可以与编程计算机、HMI（又称触摸屏、人机界面等）和另一台 S7-200 SMART CPU 模块连接，也可以通过交换机与以上多台设备连接，以太网连接电缆通常使用普通的网线。S7-200 SMART CPU 模块以太网连接的设备类型如图 10-1 所示。

S7-200 SMART CPU 模块与编程计算机连接　　S7-200 SMART CPU 模块与 HMI 连接

以太网交换机（用于连接多台带以太网接口的设备）

S7-200 SMART CPU 模块与另一台 S7-200 SMART CPU 模块连接

连接电缆（网线）

以太网交换机（CSM1277）

S7-200 SMART CPU 模块通过以太网交换机与多台设备连接

图 10-1 S7-200 SMART CPU 模块以太网连接的设备类型

10.1.2 IP地址的设置

以太网中的各设备要进行通信，就必须为每个设备设置不同的IP地址，IP（Internet Protocol，网络之间互连协议）内容介绍如下。

1. IP地址的组成

在以太网通信时，处于以太网络中的设备都要有不同的IP地址，这样才能找到通信的对象。图10-2所示是S7-200 SMART CPU模块的IP地址设置项，以太网IP地址由IP地址、子网掩码和网关组成，站名称是为了区分各通信设备而取的名称，可以不填。

图10-2 S7-200 SMART CPU模块IP地址的组成部分

IP地址由32位二进制数组成，分为四组，每组8位（数值范围00000000～11111111），各组用十进制数表示（数值范围0～255），前三组组成网络地址，后一组为主机地址（编号）。如果两台设备IP地址的前三组数相同，则表示两台设备属于同一子网，同一子网内的设备主机地址不能相同，否则会产生冲突。

子网掩码与IP地址一样，也是由32位二进制数组成，分为四组，每组8位，各组用十进制数表示。子网掩码用于检查以太网内的各通信设备是否属于同一子网。在检查时，将子网掩码32位的各位与IP地址的各位进行相与运算（1·1=1，1·0=0，0·1=0，0·0=0），如果某两台设备的IP地址（如192.168.1.6和192.168.1.28）分别与子网掩码（255.255.255.0）进行相与运算，得到的结果相同（均为192.168.1.0），则表示这两台设备属于同一个子网。

网关（Gateway）又称网间连接器、协议转换器，是一种具有转换功能，能将不同网络连接起来的计算机系统或设备（如路由器）。同一子网（IP地址前三组数相同）的两台设备可以直接用网线连接进行以太网通信，同一子网的两台以上设备通信需要用到以太网交换机，不需要用到网关，如果两台或两台以上设备的IP地址不属于同一子网，则其通信就需要用到网关（路由器）。网关可以将一个子网内的某设备发送的数据包转换后发送到其他子网内的某设备内，反之同样也能进行。如果通信设备处于同一个子网内，则不需要用到网关，故可不用设置网关地址。

2. 计算机IP地址的设置及网卡型号查询

当计算机与S7-200 SMART CPU模块用网线连接起来后，就可以进行以太网通信，两者必须设置为不同的IP地址。

计算机IP地址的设置（以WindowsXP系统为例）操作如图10-3所示。在计算机桌面上双击"网上邻居"图标，弹出"网上邻居"窗口，单击窗口左边的"查看网络连接"，出现"网络连接"窗口，如图10-3（a）所示。在窗口右边的"本地连接"上点击鼠标右键，弹出右键菜单，选择其中的"属性"，弹出"本地连接属性"对话框，如图10-3（b）所示。在该对话框的"连接时使用"项可以查看当前本地连接使用的网卡（网络接口卡）型号，在对话框的下方选中"Internet协议（TCP/IP）"项后，单击"属性"按钮，弹出"Internet协议（TCP/IP）属性"对话框，如图10-3（c）所示。选中"使用下面的IP地址"，再在下面设置IP地址（前三组数应与CPU模块IP地址前三组数相同）、子网

掩码（设为 255.255.255.0），如果计算机与 CPU 模块同属于一个子网，则不用设置网关，下面的 DNS
服务器地址也不用设置。

(a)

(b)

(c)

图 10-3　计算机 IP 地址的设置（WINXP 系统）

(a) 在"本地连接"的右键菜单中选择"属性"；(b)"本地连接属性"对话框；

(c) 在"…（TCP/IP）属性"对话框设置 IP 地址

3. CPU 模块 IP 地址的设置

S7-200 SMART CPU 模块 IP 地址设置有三种方法：①用编程软件的"通信"对话框设置 IP 地址；
②用编程软件的"系统块"对话框设置 IP 地址；③在程序中使用 SIP＿ADDR 指令设置 IP 地址。

（1）用编程软件的"通信"对话框设置 IP 地址。在 STEP 7-Micro/WIN SMART 软件中，双击项
目指令树区域的"通信"，弹出"通信"对话框，如图 10-4（a）所示。在对话框中先选择计算机与
CPU 模块连接的网卡型号，再单击下方的"查找 CPU"按钮，计算机与 CPU 模块连接成功后，在
"找到 CPU"下方会出现 CPU 模块的 IP 地址，如图 10-4（b）所示。如果要修改 CPU 模块的 IP 地址，

则可以先在左边选中 CPU 模块的 IP 地址，然后单击右边或下方的"编辑"按钮，右边 IP 地址设置项变为可编辑状态，同时"编辑"按钮变成"设置"按钮，输入新的 IP 地址后，单击"设置"按钮，左边的 CPU 模块 IP 地址即换成新的 IP 地址，如图 10-4（c）所示。

注意：如果在系统块中设置了固定 IP 地址（又称静态 IP 地址），并下载到 CPU 模块，则不能在"通信"对话框中修改 IP 地址。

(a)

(b)

图 10-4　用编程软件的通信对话框设置 IP 地址（一）

（a）双击项目指令树区域的"通信"弹出通信对话框；（b）在通信对话框中查找与计算机连接的 CPU 模块

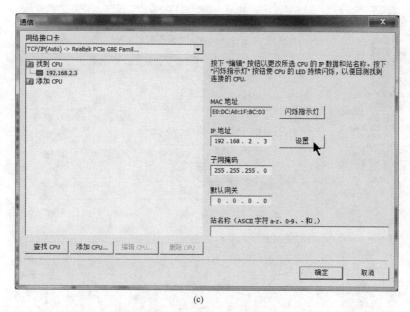

(c)

图 10-4　用编程软件的通信对话框设置 IP 地址（二）

（c）修改 CPU 模块的 IP 地址

　　（2）用编程软件的"系统块"对话框设置 IP 地址。在 STEP 7-Micro/WIN SMART 软件中，双击项目指令树区域的"系统块"，弹出"系统块"对话框，如图 10-5（a）所示。在对话框中勾选"IP 地

(a)

图 10-5　用编程软件的"系统块"对话框设置 IP 地址（一）

（a）双击项目指令树区域的"系统块"打开"系统块"对话框

(b)

图 10-5　用编程软件的"系统块"对话框设置 IP 地址（二）
(b) 在"系统块"对话框内设置 CPU 模块的 IP 地址

址固定为下面的值…"，然后在下面对 IP 地址各项进行设置，如图 10-5（b）所示。然后单击"确定"按钮关闭对话框，再将系统块下载到 CPU 模块，这样就给 CPU 模块设置了静态 IP 地址。设置了静态 IP 地址后，在"通信"对话框中是不能修改 IP 地址的。

（3）在程序中使用 SIP _ ADDR 指令设置 IP 地址。S7-200 SMART PLC 有 SIP _ ADDR 指令和 GIP _ ADDR 指令，如图 10-6 所示。使用 SIP _ ADDR 指令可以设置 IP 地址（如果已在系统块中设置固定 IP 地址，用本指令无法设置 IP 地址），而 GIP _ ADDR 指令用于获取 IP 地址，两指令的使用在后面会进行介绍。

图 10-6　SIP _ ADDR 指令和 GIP _ ADDR 指令

10.2 以太网通信指令

S7-200 SMART PLC 的以太网通信专用指令有 4 条：SIP ＿ ADDR 指令（用于设置 IP 地址）、GIP ＿ ADDR 指令（用于获取 IP 地址）、GET 指令（用于从远程设备读取数据）和 PUT 指令（用于往远程设备写入数据）。

10.2.1 SIP ＿ ADDR 和 GIP ＿ ADDR 指令

SIP ＿ ADDR 指令用于设置 CPU 模块的 IP 地址；GIP ＿ ADDR 指令用于读取 CPU 模块的 IP 地址。SIP ＿ ADDR、GIP ＿ ADDR 指令说明见表 10-1。

表 10-1 SIP ＿ ADDR、GIP、ADDR 指令

指令名称	梯形图及操作数	使用举例
设置 IP 地址指令（SIP ＿ ADDR）	SIP_ADDR EN ENO ????-ADDR ????-MASK ????-GATE ADDR、MASK、GATE 均为双字类型，可为 ID、QD、VD、MD、SMD、SD、LD、AC、＊VD、＊LD、＊AC	I0.0 SIP_ADDR EN ENO VD100-ADDR VD104-MASK VD108-GATE 当 I0.0 触点闭合时，将 VD100 中的值设为 IP 地址（VB100～VB103 依次为 IP 地址的第 1～4 组数），将 VD104 中的值设为子网掩码，将 VD108 中的值设为网关。 在执行该指令前，应先向 VB100～VB103、VB104～VB107、VB108～VB111 中写入 IP 地址、子网掩码和网关的值。 若在系统块中设置了固定 IP 地址，则无法使用该指令设置 IP 地址
获取 IP 地址指令（GIP ＿ ADDR）	GIP_ADDR EN ENO ADDR-???? MASK-???? GATE-???? ADDR、MASK、GATE 均为双字类型，可为 ID、QD、VD、MD、SMD、SD、LD、AC、＊VD、＊LD、＊AC	I0.1 GIP_ADDR EN ENO ADDR-VD200 MASK-VD204 GATE-VD208 当 I0.1 触点闭合时，将 CPU 模块的 IP 地址复制到 VD200（VB200～VB203 依次存放 IP 地址的第 1～4 组数），将子网掩码复制到 VD204，将网关复制到 VD208

10.2.2 GET、PUT 指令

GET 指令用于通过以太网通信方式从远程设备读取数据；PUT 指令用于通过以太网通信方式往远程设备写入数据。

1. 指令说明

GET、PUT 指令说明见表 10-2。

表 10-2　　　　　　　　　　　　　　　　　　GET、PUT 指令

指令名称	梯形图	功能说明	操作数
以太网读取数据指令（GET）	GET EN　ENO ????－TABLE	按??? 为首单元构成的 TABLE 表的定义，通过以太网通信方式从远程设备读取数据	TABLE 均为字节类型，可为 IB、QB、VB、MB、SMB、SB、 * VD、 * LD、 * AC
以太网写入数据指令（PUT）	PUT EN　ENO ????－TABLE	按??? 为首单元构成的 TABLE 表的定义，通过以太网通信方式将数据写入远程设备	

在程序中使用的 GET 和 PUT 指令数量不受限制，但在同一时间内最多只能激活共 16 个 GET 或 PUT 指令。例如，在某 CPU 模块中可以同时激活 8 个 GET 和 8 个 PUT 指令，或者 6 个 GET 和 10 个 PUT 指令。

当执行 GET 或 PUT 指令时，CPU 与 GET 或 PUT 表中的远程 IP 地址建立以太网连接。该 CPU 可以同时保持最多 8 个连接。连接建立后，该连接将一直保持到 CPU 进入 STOP 模式为止。

针对所有与同一 IP 地址直接相连的 GET/PUT 指令，CPU 采用单一连接。例如，远程 IP 地址为 192.168.2.10，如果同时启用三个 GET 指令，则会在一个 IP 地址为 192.168.2.10 的以太网连接上按顺序执行这些 GET 指令。

如果尝试创建第 9 个连接（第 9 个 IP 地址），则 CPU 将在所有连接中搜索，查找处于未激活状态时间最长的一个连接。CPU 将断开该连接，然后再与新的 IP 地址创建连接。

2. TABLE 表说明

在使用 GET、PUT 指令进行以太网通信时，需要先设置 TABLE 表，然后执行 GET 或 PUT 指令，CPU 模块按 TABLE 表的定义，从远程站读取数据或往远程站写入数据。

GET、PUT 指令的 TABLE 表说明见表 10-3。以 GET 指令将 TABLE 表指定为 VB100 为例，VB100 用于存放通信状态或错误代码，VB100～VB104 按顺序存放远程站 IP 地址的四组数，VB105、VB106 为保留字节，须设为 0，VB107～VB110 用于存放远程站待读取数据区的起始字节单元地址，VB111 存放远程站待读取字节的数量，VB112～VB115 用于存放接收远程站数据本地数据存储区的起始单元地址。

表 10-3　　　　　　　　　　　　GET、PUT 指令的 TABLE 表说明

字节偏移量	位 7	位 6	位 5	位 4	位 3	位 2	位 1	位 0
0	D（完成）	A（激活）	E（错误）	0	错误代码			
1								
2			远程站 IP 地址		IP 地址的第一组数			
3					IP 地址的第四组数			
4								
5	保留＝0（必须设置为零）							
6	保留＝0（必须设置为零）							
7								
8			远程站待访问数据区的起始单元地址					
9			（I、Q、M、V、DB）					
10								

续表

字节偏移量	位 7	位 6	位 5	位 4	位 3	位 2	位 1	位 0
11	数据长度（远程站待访问的字节数量，PUT 为 1~212 个字节，GET 为 1~222 个字节）							
12	本地站待访问数据区的起始单元地址 （I、Q、M、V、DB）							
13								
14								
15								

在使用 GET、PUT 指令进行以太网通信时，如果通信出现问题，则可以查看 TABLE 表首字节单元中的错误代码，以了解通信出错的原因，TABLE 表的错误代码含义见表 10-4。

表 10-4 　　　　　　　　　　　　　TABLE 表的错误代码含义

错误代码	含　义
0（0000）	无错误
1	PUT/GET 表中存在非法参数： · 本地区域不包括 I、Q、M 或 V； · 本地区域的大小不足以提供请求的数据长度； · 对于 GET，数据长度为零或大于 222 字节；对于 PUT，数据长度大于 212 字节； · 远程区域不包括 I、Q、M 或 V； · 远程 IP 地址是非法的（0.0.0.0）； · 远程 IP 地址为广播地址或组播地址； · 远程 IP 地址与本地 IP 地址相同； · 远程 IP 地址位于不同的子网
2	当前处于活动状态的 PUT/GET 指令过多（仅允许 16 个）
3	无可用连接，当前所有连接都在处理未完成的请求
4	从远程 CPU 返回的错误： · 请求或发送的数据过多； · STOP 模式下不允许对 Q 存储器执行写入操作； · 存储区处于写保护状态（请参见 SDB 组态）
5	与远程 CPU 之间无可用连接； · 远程 CPU 无可用的服务器连接； · 与远程 CPU 之间的连接丢失（CPU 断电、物理断开）
6~9、 A~F	未使用（保留以供将来使用）

10.3 　以太网通信实例

10.3.1 　硬件连接及说明

图 10-7 所示是一条由 4 台装箱机（分别用 4 台 S7-200 SMART PLC 控制）、一台分流机（用一台

S7-200 SMART PLC控制）和一台操作员面板 HMI 组成的黄油桶装箱生产线，控制装箱机和分流机的
5 台 PLC 之间通过以太网交换器连接并用以太网方式通信，操作员面板 HMI 仅与分流机 PLC 连接，两
者以串口连接通信。

　　黄油桶装箱生产线在工作时，装箱机 PLC 用 VB100 单元存储本机的控制和出错等信息（比如
VB100.1＝1 表示装箱机的纸箱供应不足），用 VB101、VB102 单元存储装箱数量，每台装箱机 PLC
都需要编写程序来控制和检测装箱机，并把有关信息存放到本机的 VB100 和 VB101、VB102 中。分
流机 PLC 按 GET 表（TABLE）的定义用 GET 指令从各装箱机 PLC 读取控制和装箱数量信息，访问
♯1～♯4（站 2～站 5）装箱机 PLC 的 GET 表的起始单元分别为 VB200、VB220、VB240、VB260。
分流机 PLC 按 PUT 表（TABLE）的定义用 PUT 指令将 0 发送到各装箱机 PLC 的 VB101、VB102，
对装箱数量（装满 100 箱）清零，以重新开始计算装箱数量，访问♯1～♯4（站 2～站 5）装箱机
PLC 的 PUT 表的起始单元分别为 VB300、VB320、VB340、VB360。操作员面板 HMI 通过监控分流
机 PLC 的 GET 表有关单元值来显示各装箱机的工作情况，如♯1 装箱机 PLC 的 VB100 单元的控制信
息会被分流机用 GET 指令读入 VB216 单元，HMI 监控分流机 VB216 的各位值就能了解♯1 装箱机的
一些工作情况。

VB100 各位含义：

t——黄油桶不足，无法包装；t＝1，黄油桶不足；

b——纸箱供应不足；b＝1，必须在 30min 内增加纸箱；

g——胶水供应不足；g＝1，必须在 30min 内增加胶水；

eee——标识遇到的故障类型的错误代码；

f——故障指示器；f＝1，装箱机检测到错误。

图 10-7　由装箱机、分流机和操作员面板 HMI 组成的黄油桶装箱生产线示意图

10.3.2　GET、PUT 指令 TABLE 表的设定

　　在使用 GET、PUT 指令进行以太网通信时，必须先确定 TABLE 表的内容，然后编写程序设定好

TABLE 表，再执行 GET 或 PUT 指令，使之按设定的 TABLE 表进行以太网接收（读取）或发送（写入）数据。黄油桶装箱生产线分流机 PLC 用于与 ♯1 装箱机 PLC 进行以太网通信的 GET 和 PUT 指令 TABLE 表见表 10-5。分流机 PLC 与 ♯2～♯4 装箱机 PLC 以太网通信的 GET 和 PUT 指令 TABLE 表与此类似，仅各 TABLE 表分配的单元不同。

表 10-5　　　分流机 PLC 与 ♯1 装箱机 PLC 以太网通信的 GET 和 PUT 指令 TABLE 表

GET_TABLE 缓冲区	位7	位6	位5	位4	位3	位2	位1	位0	PUT_TABLE 缓冲区	位7	位6	位5	位4	位3	位2	位1	位0
VB200	D	A	E	0	错误代码				VB300	D	A	E	0	错误代码			
VB201	远程站 IP 地址 (站2)				192				VB301	远程站 IP 地址 (站2)				192			
VB202					168				VB302					168			
VB203					50				VB303					50			
VB204					2				VB304					2			
VB205	保留＝0（必须设置为零）								VB305	保留＝0（必须设置为零）							
VB206	保留＝0（必须设置为零）								VB306	保留＝0（必须设置为零）							
VB207	远程站待读数据区的起始单元地址 (&VB1000)								VB307	远程站待写数据区的起始单元地址 (&VB101)							
VB208									VB308								
VB209									VB309								
VB210									VB310								
VB211	远程站待读数据区的数据长度（3 个字节）								VB311	远程站待写数据区的数据长度（2 个字节）							
VB212	本地站存放读入数据的起始单元地址 (&VB216)								VB312	待写入远程站的本地站数据起始单元地址 (&VB316)							
VB213									VB313								
VB214									VB314								
VB215									VB315								
VB216	存储从远程站读取的第 1 个字节（远程站 VB100，反映装箱机工作情况等）								VB316	待写入远程站的本地站第 1 个字节数据（0，将装箱数量高 8 位清零）							
VB217	存储从远程站读取的第 2 个字节（远程站 VB101，装箱数量高 8 位）								VB317	待写入远程站的本地站第 2 个字节数据（0，将装箱数量低 8 位清零）							
VB218	存储从远程站读取的第 3 个字节（远程站 VB102，装箱数量低 8 位）																

10.3.3　分流机的 PLC 以太网通信程序及说明

分流机 PLC 通过 GET 指令从 ♯1～♯4 装箱机 PLC 的 VB100 单元读取装箱机工作情况信息，从 VB101、VB102 读取装箱数量，当装箱数量达到 100 时，通过 GET 指令往装箱机 PLC 的 VB101、VB102 写入 0（清零），让装箱机 PLC 重新开始计算装箱数量。

写入分流机 PLC 的用于与 ♯1 装箱机 PLC 进行以太网通信的程序见表 10-6。♯1 装箱机 PLC 的 IP 地址为 192.168.50.2。分流机 PLC 与其他各装箱机 PLC 进行以太网通信的程序与本程序类似，区别主要在于与各装箱机 PLC 通信的 GET、PUT 表不同（如 ♯2 装箱机 PLC 的 GET 表起始单元为 VB220、PUT 表起始单元为 VB320，表中的 IP 地址也与 ♯1 装箱机 PLC 不同），那可以在追加在本程序之后。

表 10-6   分流机 PLC 与 ♯1 号装箱机 PLC 进行以太网通信的程序

梯形图程序	说　明
	PLC 进入运行状态首次扫描时，SM0.1 常开触点闭合一个扫描周期，第一个 FILL_N（存储器填充）指令执行，将 VW200、VW202～VW278 共 40 个字单元全部清零，这些单元用作 GET 表，第二个 FILL_N 指令执行，将 VW300、VW302～VW378 共 40 个字单元全部清零，这些单元用作 PUT 表
	在 PLC 第一次扫描后 SM0.1 常闭触点处于常闭，如果 V200.6＝0（GET 指令未激活）、V200.5＝0（GET 指令执行未出错），则 V200.6、V200.5 常闭触点均闭合，后面的 9 条指令依次执行，对 GET 表进行设置。 第 1 条指令（MOV_B）执行，将远程站 IP 地址的第一组数 192 传送给 VB201。 第 2 条指令（MOV_B）执行，将远程站 IP 地址的第二组数 168 传送给 VB202。 第 3 条指令（MOV_B）执行，将远程站 IP 地址的第三组数 50 传送给 VB203。 第 4 条指令（MOV_B）执行，将远程站 IP 地址的第四组数 2 传送给 VB204。 第 5 条指令（MOV_W）执行，将 0 传送给 VW205，即将 VB205、VB206 单元的值设为 0。 第 6 条指令（MOV_DW）执行，将远程站待读数据区的起始单元 VB100 的地址存放到 VD207（占用 4 个字节）。 第 7 条指令（MOV_B）执行，将远程站待读数据区的数据长度值 3（表示数据长度为 3 个字节）传送给 VB211。 第 8 条指令（MOV_DW）执行，将本地站存放读入数据的起始单元 VB216 的地址存放到 VD212（占用 4 个字节）。 第 9 条指令（GET）执行，按以 VB200 为首单元构成的 GET 表的设置，用以太网通信方式从 IP 地址为 192.168.50.2 的远程站的 VB100～VB102（即 VB100 为起始的 3 个连续字节单元）读取数据，并存放到本机的 VB216 及之后的单元（即 VB216～VB218）

续表

梯形图程序	说　明
	当 GET 指令执行完成后，VB200 单元的第 7 位变为 1，VB200.7 常开触点闭合，MOV_B 指令执行，将 VB216 单元的数据（从远程站读来的装箱机工作情况数据）转存到 VB400 单元
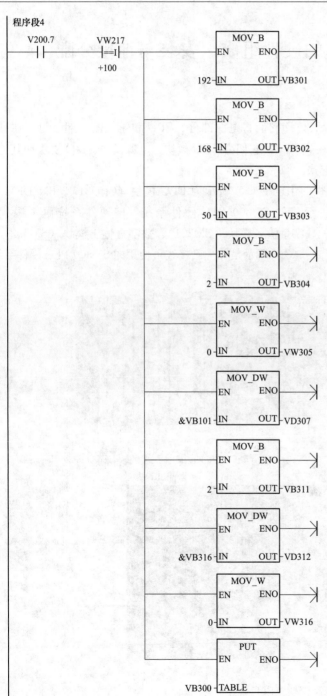	当 GET 指令执行完成（V200.7 = 1，V200.7 常开触点闭合），并且 VW217 的值等于 100（即 VB217、VB218 中的装箱数量为 100）时，==I 触点接通，后面的 10 条指令依次执行，对 PUT 表进行设置。 第 1 条指令（MOV_B）执行，将远程站 IP 地址的第一组数 192 传送给 VB301。 第 2 条指令（MOV_B）执行，将远程站 IP 地址的第二组数 168 传送给 VB302。 第 3 条指令（MOV_B）执行，将远程站 IP 地址的第三组数 50 传送给 VB303。 第 4 条指令（MOV_B）执行，将远程站 IP 地址的第四组数 2 传送给 VB304。 第 5 条指令（MOV_W）执行，将 0 传送给 VW305，即将 VB305、VB306 单元的值设为 0。 第 6 条指令（MOV_DW）执行，将远程站待写数据区的起始单元 VB101 的地址存放到 VD307（占用 4 个字节）。 第 7 条指令（MOV_B）执行，将远程站待写数据区的数据长度值 2（表示数据长度为 2 个字节）传送给 VB311。 第 8 条指令（MOV_DW）执行，将待写入远程站的本地站数据区的起始单元 VB316 的地址存放到 VD312（占用 4 个字节）。 第 9 条指令（MOV_W）执行，将 0 传送给 VW316，即将 VB316、VB317 单元值设为 0。 第 10 条指令（PUT）执行，按 VB300 为首单元构成的 PUT 表的设置，用以太网通信方式将本机的 VB316 及之后单元的值（即 VB316、VB317 的值，其值为 0），写入 IP 地址为 192.168.50.2 的远程站的 VB101、VB102（即以 VB101 为起始单元的两个连续字节单元）。 程序段 4 的功能就是当远程站 VB101、VB102 的装箱数量值达到 100 时，对其进行清零，以重新开始对装箱进行计数

第11章

西门子S7-300 PLC介绍

11.1 S7-300 PLC 的硬件组成、安装与地址分配

11.1.1 S7-300 PLC 硬件组成

S7-200、S7-1200 系列 PLC 为整体式 PLC，即它们将电源部分、CPU 和输入输出部分封装在一个箱体内，可以独立使用。而 S7-300 属于模块式 PLC，它们由 CPU 模块、电源模块、I/O 模块和其他模块组成，各模块之间通过电缆和插件连接起来。

图 11-1 所示为 S7-300 PLC 硬件实物图。图 11-1（a）所示为 CPU 模块（CPU317-2 PN/DP）；图 11-1（b）所示是由 CPU 模块与其他模块组成的 S7-300 PLC 硬件系统，该硬件系统由电源模块（PS307）、CPU 模块（CPU317-2 PN/DP）、数字量输入模块（SM321）、数字量输出模块（SM322）和数字量输入/输出模块（SM323）组成；图 11-1（c）所示是一种已接线可使用的 S7-300 PLC 硬件系统，该系统采用了另一种型号的 CPU 模块。

图 11-1 S7-300 PLC 硬件实物图

（a）CPU 模块；（b）未接线 S7-300 PLC 硬件系统；（c）已接线的 S7-300 PLC 硬件系统

11.1.2 S7-300 PLC 硬件安装与接线

1. 安装模块

S7-300 PLC 硬件由多个模块组成，这些模块通常安装在导轨上，模块之间的连接使用总线连接器。S7-300 PLC 硬件模块的安装过程如图 11-2 所示。除 CPU 模块和电源模块以外，其他模块都带有一个总线连接器。在安装时，将最后一个模块的总线连接器拆下，将它安装在 CPU 模块上，一个总线连接器可以将两个模块连接起来。

图 11-2　S7-300 PLC 硬件模块的安装过程
（a）给 CPU 模块安装总线连接器；（b）将 CPU 模块安装在导轨上并靠近电源模块；
（c）用螺丝将模块固定在导轨上；（d）各模块安装完成

2. 接线

（1）电源模块与 CPU 模块之间的接线。CPU 的 24V 工作电源由电源模块提供，其他模块的工作电源由 CPU 模块后面的总线连接器提供。电源模块与 CPU 模块之间的接线如图 11-3 所示。

（2）I/O 模块接线。除了 CPU 模块和电源模块外，S7-300 PLC 硬件还会使用一些 I/O 模块（又称信号模块 SM，如数字量或模拟量 I/O 模块），外部输入输出部件要通过导线接到这些模块的接线端子上。S7-300 PLC 的 I/O 模块接线过程如图 11-4 所示。

图 11-3　电源模块与 CPU 模块之间的接线

图 11-4　S7-300 PLC 的 I/O 模块接线

（a）打开面板取下接线器；（b）在接线器上接线；（c）将接好线的连接器固定在模块上

11.1.3 单机架与多机架 S7-300 PLC 硬件系统

1. 单机架 S7-300 PLC 硬件系统

将 S7-300 PLC 的模块安装在一条导轨上，称为单机架 S7-300 PLC。单机架 S7-300 PLC 如图 11-5 所示。它的一条导轨上只能安装 11 个模块，槽位号为 1～11，在 1、2 号槽位分别用来安装 PS（电源模块）和 CPU 模块，如果组建多机架系统，则其 3 号槽位一定要安装 IM（通信模块），单机架系统可以

图 11-5　单机架 S7-300 PLC

不用安装 IM，4～11 号槽位用来安装其他模块，如 SM 模块（信号模块）、FM 模块（功能模块）和 CP 模块（通信模块），SM 模块可以是数字量输出模块 DO、数字输出模块 DI、模拟量输出模块 AO 或模拟量输入模块 AI，FM 可是高速计数模块、定位模块、闭环控制模块或占位模块等，CP 模块在网络通信时需要用到。

2. 多机架 S7-300 PLC 硬件系统

单机架 S7-300 PLC 系统只能在 4～11 号槽位上安装信号模块，如果需要给系统配置更多的信号模块，则可以组建多机架系统。多机架 S7-300 PLC 硬件系统如图 11-6 所示。该系统由四个机架组成，机架编号为 ♯0～♯3，CPU 所在的 ♯0 机架又称为主机架，其他机架称为扩展机架，一些低档 CPU 模块无扩展功能，只能使用单机架，目前具有扩展功能的 S7-300CPU 模块最多能扩展 32 个模块（四个机架）。

在构建多机架系统时，主机架要使用接口模块 IM360，扩展机架使用接口模块 IM361，两接口模块之间用电缆连接起来。IM360、IM361 接口模块面板如图 11-7 所示。

图 11-6　多机架 S7-300 PLC 硬件系统

图 11-7　IM360、IM361 接口模块面板

IM360、IM361 模块的区别主要有：①IM360 模块只有一个输出接口 X1，而 IM361 有一个输入接口 X1 和一个输出接口 X2；②IM361 模块有 DC24V 电源输入接线端，可将 DC24V 电源转换成 DC5V，除了供本身使用外，还通过背面的总线连接器为本机架的其他模块供电，IM360 模块无 DC24V 输入，其 5V 工作电源取自 CPU 模块的总线连接器，除本身使用外，IM360 模块还会通过总线连接器将 5V 电源供往右边的模块。

11.1.4 S7-300 PLC I/O 模块的地址分配

S7-300 CPU 可以根据需要扩展安装很多 I/O 模块。为了识别不同模块的不同端子，需要对这些端子进行编号，即进行地址分配。在扩展 I/O 模块时，S7-300 PLC 会根据 I/O 模块所处的机架号及槽位号自动分配地址，当然也可以通过编程软件来更改地址分配，但一般情况下应尽量使用默认分配的地址。

1. 数字量 I/O 模块的地址分配

数字量 I/O 模块包括数字量输入模块和数字量输出模块。对于数字量模块，CPU 模块会根据其机架号和槽位号给每个端子分配一个继电器（1 位存储单元）。

S7-300 PLC 数字量 I/O 模块的地址分配如图 11-8 所示。例如，某个数字量输入模块安装在♯1 机架的 5 号槽位，其分配的输入继电器地址为 I36.0～I39.7，该模块最多允许有 32 个输入接线端子；又如，某数字量输出模块安装在♯0 机架的 6 号槽位，其分配的输出继电器地址为 Q8.0～Q11.7，该模块最多允许有 32 个输出接线端子，如果该模块只有 16 个输出端子，则它只使用输出继电器 Q8.0～Q9.7，Q10.0～Q11.7 输出继电器不会被使用，也不会分配给下一个槽位模块；再如，♯1 机架的 5 号槽位是一个数字量输入及输出的模块，其分配输入继电器地址为 I36.0～I39.7，分配的输出继电器地址为 Q36.0～Q39.7。

对于单机架 S7-300 PLC，由于不使用接口模块，因此扩展模块槽位号由 4～11 变为 3～10，系统自动会将 3～10 号槽位上的模块当成是 4～11 号槽位上的模块分配地址。

图 11-8 S7-300 PLC 数字量 I/O 模块的地址分配

2. 模拟量 I/O 模块的地址分配

模拟量 I/O 模块包括模拟输入模块和模拟量输出模块。对于模块量模块，CPU 模块会根据其机架号和槽位号给每个通道分配一个字单元（即两个字节单元，32bit 存储单元）。

S7-300 PLC 模拟量 I/O 模块的地址分配如图 11-9 所示。例如，某个模拟量输入模块位于♯1 机架的 5 号槽位，则 CPU 会给它分配的 8 个字单元，地址为 IW400～IW414（一个字单元占用两个字节单元，其编号为偶数值，IW400 与 IB400、IB401 指的是相同单元，仅表示方式不一样），该模块最多允许输入 8 路模拟量信号；又如，某模拟量输出模块位于 ♯0 机架的 6 号槽位，其分配的地址为 QW288～QW302（即 QB288～QB303），该模块最多允许输出 8 路模拟量信号；再如，♯1 机架的 5 号槽位是一个模拟量输入及输出的模块，其分配输入单元地址为 IW400～IW414，分配的输出单元地址为 QW400～QW414。

图 11-9 S7-300 PLC 模拟量 I/O 模块的地址分配

11.2 CPU 模 块

11.2.1 分类

S7-300 PLC 的 CPU 型号有很多（还在不断扩充），主要可分为紧凑型、标准型、运动控制型和故障安全型等。

1. 紧凑型 CPU

紧凑型 CPU 模块集成了 I/O 功能，本身带有一定数量的输入、输出端子，在不加装其他模块的情况下可以独立使用，类似于功能强大的 S7-200 PLC。

下面对各种型号的紧凑型 CPU 模块进行简要说明。

（1）CPU312C：集成了数字量输入输出功能，适用于对处理能力有较高要求的小型应用系统，在运行时需要安装微存储卡（MMC）。CPU312C 外形如图 11-10 (a)所示。

（2）CPU313C：不但集成了数字量输入输出功能，还集成了模拟量输入输出功能，适用于对处理能力和响应时间有较高要求的场合，在运行时需要安装微存储卡（MMC）。CPU313C 外形如图 11-10 (b) 所示。

（3）CPU313C-2PtP：集成了数字量输入输出和一个 RS-422/485 串口，适用于处理量大和响应时间快的场合，在运行时需要安装微存储卡（MMC）。

（4）CPU313C-2DP：集成了数字量输入输出和 PROFIBUS DP 主站/从站接口，可以完成具有特殊功能的任务，在运行时需要安装微存储卡（MMC）。

(a)   (b)

图 11-10 两种紧凑型 CPU 模块的实物外形
(a) CPU312C；(b) CPU313C

（5）CPU314C-2PtP：集成了数字量和模拟量输入输出及一个 RS-422/485 串口，适用于处理能力和响应时间要求高的场合，在运行时需要安装微存储卡（MMC）。

（6）CPU314C-2DP：集成了数字量和模拟量输入输出及 PROFIBUS DP 主站/从站接口，可以完成具有特殊功能的任务，在运行时需要安装微存储卡（MMC）。

S7-300 紧凑型 CPU 的技术参数见表 11-1。

表 11-1　　　　　　　　　　　　　　　S7-300 紧凑型 CPU 的技术参数

CPU	312C	313C	313C-2PtP	313C-2DP	314-2PtP	314-2DP
集成工作存储器 RAM	32KB	64KB	64KB	64KB	96KB	96KB
装载存储器（MMC）	最大 4MB	最大 8MB	最大 8MB	最大 8MB	最大 8MB	最大 8MB
位操作时间	0.2μs	0.1μs	0.1μs	0.1μs	0.1μs	0.1μs
浮点数运算时间	6μs	3μs	3μs	3μs	3μs	3μs
集成 DI/DO	10/6	24/16	16/16	16/16	24/16	24/16
集成 AI/AO		4+1/2			4+1/2	4+1/2
位存储器（M）	128B	256B	256B	256B	256B	256B
S7 定时器/S7 计数器	128/128	256/256	256/256	256/256	256/256	256/256
FB 最大块数/大小	1024/16KB	1024/16KB	1024/16KB	1024/16KB	1024/16KB	1024/16KB
FC 最大块数/大小	1024/16KB	1024/16KB	1024/16KB	1024/16KB	1024/16KB	1024/16KB
DB 最大块数/大小	511/16KB	511/16KB	511/16KB	511/16KB	511/16KB	511/16KB
OB 最大容量	16KB	16KB	16KB	16KB	16KB	16KB
全部 I/O 地址区	1024B/1024B	1024B/1024B	1024B/1024B	1024B/1024B	1024B/1024B	1024B/1024B
I/O 过程映象	128B/128B	128B/128B	128B/128B	128B/128B	128B/128B	128B/128B
最大数字量 I/O 点数	266/262	1016/1008	1008/1008	8192/8192	1016×1008	8192/8192
最大模拟量 I/O 点数	64/64	253/250	248/248	512/512	253/250	512/512
最大机架数/模块总数	1/8	4/31	4/31	4/31	4/31	4/31
通信接口与功能	MPI	MPI	MPI/PtP	MPI/DP	MPI/DP	MPI/DP

2. 标准型 CPU

标准型 CPU 为模块式结构，未集成 I/O 功能。标准型 CPU 型号有 CPU312、CPU314、CPU315-2DP、CPU317-2DP、CPU315-2PN/DP、CPU315-2PN/DP 和 CPU319-3PN/DP 等。S7-300 标准型 CPU 的技术参数见表 11-2。

表 11-2　　　　　　　　　　　　　　　S7-300 标准型 CPU 的技术参数

CPU	312	314	315-2DP	315-2PN/OP	317-2DP	319-3PN/DP
集成工作存储器 RAM	32KB	96KB	128KB	256KB	512KB	1400KB
装载存储器（MMC）	最大 4MB	最大 8MB	最大 8MB	最大 8MB	最大 8MB	最大 8MB
最大位操作指令执行时间	0.2μs	0.1μs	0.1μs	0.1μs	0.05μs	0.01μs
浮点数指令执行时间	6μs	3μs	3μs	3μs	1μs	0.04μs
FB 最大块数/大小	1024/16KB	2048×16KB	2048×16KB	2048×16KB	2048×64KB	2048×64KB
FC 最大块数/大小	1024/16KB	2048/16KB	2048/16KB	2048/16KB	2048/64KB	2048/64KB
DB 最大块数/大小	511/16KB	511/16KB	1024/16KB	1024/16KB	2047/64KB	4096/64KB
OB 最大容量	16KB	16KB	16KB	16KB	64KB	64KB

续表

CPU	312	314	315-2DP	315-2PN/OP	317-2DP	319-3PN/DP
位存储器（M）	128B	256B	2048B	2048B	4096B	8192B
S7 定时器/计数器	128/128	256/256	256/256	256/256	512/512	2048/2048
每个优先级的最大局部数据	256B	512B	1024B	1024B	1024B	1024B
全部 I/O 地址区	1024B/1024B	1024B/1024B	2048B/2048B	2048B/2048B	8192B/8192B	8192B/8192B
最大分布式 I/O 地址区	—	—	2048B/2048B	2048B/2048B	8192B/8192B	8192B/8192B
I/O 过程映象	128B/128B	128B/128B	128B/128B	2048B/2048B	2048B/2048B	2048B/2048B
最大数字量 I/O 点数	256/256	1024/1024	16384/16384	16384/16384	65536/65536	65536/65536
最大模拟量 I/O 点数	64/64	256/256	1024/1024	1024/1024	4096/4096	4096/4096
最大机架数/模块总数	1/8	4/32	4/32	4/32	4/32	4/32
内置/通过 CP 的 DP 接口数	0/4	0/4	1/4	1/4	2/4	2/4

3. 故障安全型 CPU

故障安全型 CPU 适用于对安全性要求极高的场合，它可以在系统出现故障时立即进入安全状态或安全模式，以保证人与设备的安全。故障安全型 CPU 的型号有 CPU315F-2DP、CPU317F-2DP、CPU315F-2PN/DP、CPU317F-2PN/DP、CPU319F-2PN/DP 等。

4. 运动控制型 CPU（技术功能型 CPU）

运动控制型 CPU 具有工艺/运动控制功能，可以满足系列化机床、特殊机床及车间应用的多任务自动化系统。运动控制型 CPU 的型号有 CPU315T-2DP、CPU317T-2DP 等。

11.2.2 操作面板说明

S7-300 CPU 模块型号有很多。图 11-11 所示为两种具有代表性的 CPU 操作面板。从图 11-11 中可以看出，面板上主要由状态和错误指示灯、MMC 卡（微存储卡）插槽、电源端子、通信接口和模式选择开关等构成，接口端子和电源端子需要拆下外盖才能看见。

图 11-11　两种典型 S7-300 CPU 模块的操作面板
(a) CPU31xC 操作面板；(b) CPU319-3 PN/DP 操作面板

1. 状态与错误指示灯

状态与错误指示灯的含义见表 11-3。

表 11-3 状态与错误指示灯的含义

名称	颜色	含义
SF	红色	当硬件或软件出现错误时，灯亮
BF	红色	当总线接口通信出现错误时，灯亮，如果 CPU 模块带有 X1、X2、X3 三个接口，其发生错误时由 BF1、BF2、BF3 三个对应的总线故障指示灯指示，如图 11-11（b）所示
DC5V	绿色	当 CPU 和总线的 5V 电源正常时，灯亮
FRCE	黄色	当 I/O 端口被强制输入或输出时，灯亮
RUN	绿色	当 CPU 处于 RUN（运行）状态时灯亮，当处于 STARTUP（启动）状态时灯以 2Hz 的频率闪烁，当处于 HOLD（保持）状态时灯以 0.5Hz 的频率闪烁
STOP	黄色	当 CPU 处于 RUN（运行）、STARTUP（启动）或 HOLD（保持）状态时灯常亮；当 CPU 请求存储器复位时以 0.5Hz 的频率闪烁，复位时以 2Hz 的频率闪烁
LINK	绿色	当 PN 接口处于连接状态时，灯亮
RX/TX	黄色	当 PN 接口正在接收或发送数据时，灯亮

2. MMC 卡插槽

MMC 卡插槽用于安插西门子 MMC 卡（微存储卡），不能使用数码相机等设备的 MMC 卡，该卡用来存储 PLC 程序和数据，又称装载存储器，无 MMC 卡的 CPU 模块是不能工作的，而 CPU 模块本身不带 MMC 卡，那可根据需要选购合适容量的西门子 MMC 卡，在选用时，要求 MMC 卡的容量应大于 CPU 的内存容量，以 CPU312C 为例，其内存为 32KB，选用的 MMC 卡最大容量为 4MB。

插拔 MMC 卡应在断电或 STOP 模式下进行，若在 RUN 模式下插拔 MMC 卡，可能会使卡内的程序和数据丢失，甚至损坏 MMC 卡。

3. 模式选择开关

模式选择开关用来选择 CPU 的工作模式。CPU 的工作模式说明如下。

（1）RUN（运行）模式：在该模式下，CPU 执行用户程序。

（2）STOP（停止）模式：在该模式下，CPU 不执行用户程序。

（3）MRES（存储器复位）模式：当选择开关由 STOP 拨至 MRES 位置时（松开会自动返回到 STOP 位置），可以对 CPU 内部存储器时行复位，让 CPU 回到初始状态。如果 MMC 卡插槽中有 MMC 卡，则 CPU 在复位时会重新将 MMC 卡中的程序和数据装载入内部存储器。

4. 通信接口

S7-300 CPU 模块的通信接口类型有：MPI 接口（多点接口）、DP 接口（现场总线接口）、PtP 接口（点对点接口）和 PN 接口（工业以太网接口）。

所有的 CPU 模块至少有一个 MPI 接口（多点接口），用于连接 PG（编程器）、PC（个人计算机）或 OP（操作员面板）。CPU 模块是否有 DP 接口、PtP 接口和 PN 接口，那只需查看 CPU 型号中是否含有 DP、PtP、PN 字符即可判明，如 CPU319-3 PN/DP 模块中含有 PN/DP，表示同时具有 DP 和 PN 接口。

5. 电源连接端子和集成输入输出端子

电源连接端子的功能是从外界为 CPU 模块接入 24V 工作电源。对于 CPU31xC 系列紧凑型 CPU，它集成了数字量或模拟量输入输出功能，因此本身带有输入输出端子，可以直接给 CPU 模块的输入输出端子连接输入输出部件。

11.3 数字量I/O模块

数字量I/O模块又称开关量I/O模块。S7-300PLC的数字量I/O模块主要有SM321（数字量输入）、SM322（数字量输出）和SM323/SM327（数字量输入/输出）。

11.3.1 数字量输入模块SM321

数字量输入模块（DI）的功能是给PLC输入1、0信号（开、关信号）。

1. 技术规格

SM321数字量输入模块有两种输入方式：直流输入和交流输入。根据输入方式和点数不同，SM321又可以分为多种类型，其类型在模块上有标注。图11-12所示为DC24V/32点型SM321模块的外形。SM321数字量输入模块常用类型的规格见表11-4。

图 11-12　DC24V/32点型 SM321 模块

表 11-4　　　　　　　　**SM321 数字量输入模块常用类型的规格**

技术参数	直流16点输入模块	直流32点输入模块	交流16点输入模块	交流8点输入模块
输入点数	16	32	16	8
额定负载直流电压 L+(V)	24	24		
负载电压范围（V）	20.4～28.8	20.4～28.8	28.8	
额定输入电压（V）	DC24	DC24	AC120	AC120/230
额定输入电压"1"范围（V）	13～30	13～30	79～132	79～264
额定输入电压"0"范围（V）	-3～5	-3～5	0～20	0～40
输入电压频率（Hz）			47～63	47～63
与背板总板隔离方式	光耦合	光耦合	光耦合	光耦合
输入电流（"1"信号）（mA）	7	7.5	6	6.5/11
最大允许静态电流（mA）	15	15	1	2
典型输入延迟时间（ms）	1.2～4.8	1.2～4.8	25	25
消耗背板总线最大电流（mA）	25	25	16	29
消耗 L+最大电流（mA）	1			
功率损耗（W）	3.5	4	4.1	4.9

2. 结构与接线方式

SM321模块有多种类型，不同类型模块的内部结构与接线方式有一定的区别。图11-13所示为两种典型SM321模块的面板、端子内部结构与接线方式。

图11-13（a）所示为32×DC24V型SM321模块。该类型模块有40个接线端子（需要打开模块面板才能看见），其中，32个端子定义为输入端子，这些端子的通道编号为Ix.0～Ix.7、I(x+1).0～I(x+1).7、I(x+2).0～I(x+2).7和I(x+3).0～I(x+3).7，通道编号中的x值由数字量模块在机架的位置来决定，如SM321模块是0号机架靠近CPU模块的第1个数字量输入模块，那么该模块的通道编号的x=0。当按下端子2外接开关时，直流24V电源产生电流流入端子2内部电路，即给通道

图 11-13　两种典型 SM321 模块的面板、内部结构与外部接线图

（a）DI 32×DC24V 型 SM321 模块；（b）DI 16×AC120/230V 型 SM321 模块

Ix.0 输入"1"信号，该信号经光电耦合器→背板总线接口电路→模块外接的总线连接器→CPU 模块传送，同时代表 Ix.0 通道的指示灯因有电流流过而点亮。

图 11-13（b）所示为 16×AC120/230V 型 SM321 模块。该类型模块只有 20 个接线端子，其中 16 个端子定义为输入端子，当按下端子 2 外接开关时，交流 120V/230V 电源产生电流流入端子 2→RC 元件→光电耦合器的发光管→桥式整流器→端子 1，回到交流电源，光电耦合器导通，给背板总线接口输入一个信号，该信号通过背板总线接口电路送往背板总线插口去 CPU 模块，同时代表 Ix.0 通道的指示灯因有电流流过而点亮。

11.3.2 数字量输出模块 SM322

数字量输出模块（DO）的功能是从 PLC 输出 1、0 信号（开、关信号）。

1. 技术规格

SM322 数字量输出模块有三种输出类型：晶体管输出型、晶闸管（可控硅）输出型和继电器输出型。晶体管输出型模块只能驱动直流负载（即要求负载连接直流电源），其过载能力差，但响应速度快；晶闸管输出型模块只能驱动交流负载，其过载能力差，但响应速度快；继电器输出型模块既可以驱动直流负载，也可以驱动交流负载，其导通电阻小、过载能力强，但响应速度慢（继电器的机械触点通断速度慢），不适用于动作频繁的场合。

SM322 数字量输出模块的输出点数有 8 点、16 点和 32 点等，SM322 模块常用类型的规格见表 11-5。

表 11-5   SM322 数字量输出模块常用类型的规格

技术参数		16 点 晶体管	32 点 晶体管	16 点 晶闸管	8 点 晶体管	8 点 晶闸管	8 点 继电器	16 点 继电器
输出点数		16	32	16	8	8	8	16
额定电压（V）		DC24	DC24	DC120	DC24	AC120/230		
额定电压范围（V）		DC20.4~28.8	DC20.4~28.8	AC93~132	DC20.4~28.8	AC93~264		
与总线隔离方式		光耦	光耦	光耦	光耦	光耦	光耦	光耦
最大输出电流	"1"信号（A）	0.5	0.5	0.5	2	1		
	"0"信号（mA）	0.5	0.5	0.5	0.5	2		
最小输出电流 （"1"信号）（mA）		5	5	5	5	10		
触点开关容量（A）							2	2
触点开关频率	阻性负载（Hz）	100	100	100	100	10	2	2
	感性负载（Hz）	0.5	0.5	0.5	0.5	0.5	0.5	0.5
	灯负载（Hz）	100	100	100	100	1	2	2
触点使用寿命（次）							10^6	10^6
短路保护		电子保护	电子保护	熔断保护	电子保护	熔断保护		
诊断				红色 LED 指标		红色 LED 指示		
电流消耗（从 L）（mA）		120	200	3	60	2		
功率损耗（W）		4.9	5	9	6.8	8.6	2.2	4.5

2. 结构与接线方式

SM322 模块的类型有很多。图 11-14 所示为三种典型的 SM322 模块面板、端子内部结构与接线方式。

图 11-14（a）所示为 32 点晶体管输出型 SM322 模块。该类型模块有 40 个接线端子，其中 32 个端

子定义为输出端子，当CPU模块内部的 Qx.0＝1 时，CPU模块通过背板总线将该值送到 SM322 的总线接口电路，接口电路输出电压使光电耦合器导通，进而使 Qx.0 端子所对应的晶体管元件（图中带三角形的符号）导通，有电流流过 Qx.0 端子外接的线圈，电流途径是：24V＋→1L＋端子→晶体管元件→端子 2→线圈→24V－，通电线圈产生磁场使有关触点产生动作。

数字输出模块SM 322；DO 32×DC24V/0.5A (订货号：6ES7322–1BL00–0AA0)

(a)

数字输出模块SM 322；DO 16×AC120/230V/1A (订货号：6ES7322–1FH00–0AA0)

(b)

图 11-14　三种典型 SM322 模块的面板、内部结构与外部接线图（一）

(a) 32 点晶体管输出型；(b) 16 点晶闸管输出型

数字输出模块SM322；DO8×Rel AC230V/5A (订货号：6ES7322–1HF10–0AA0)

(c)

图 11-14 三种典型 SM322 模块的面板、内部结构与外部接线图 (二)

(c) 8 点继电器输出型

图 11-14 (b) 所示为 16 点晶闸管输出型 SM322 模块。该类型模块有 20 个接线端子，其中 16 个端子定义为输出端子，当 CPU 模块内部的 Qx.0＝1 时，CPU 模块通过背板总线将该值送到 SM322 内的总线接口电路，接口电路输出电压使晶闸管型光电耦合器导通，进而使 Qx.0 端子所对应的双向晶闸管导通，有电流流过 Qx.0 端子外接的线圈，电流途径是：交流电源一端→L1→熔断器→双向晶闸管→端子 2→线圈→交流电源另一端。通电线圈产生磁场使有关触点产生动作。如果 L1 端子内部熔断器开路，则其内部所对应的光电耦合器截止，SF 故障指示灯因正极电压升高而导通发光，指示 Qx 通道存在故障。

图 11-14 (c) 所示为 8 点继电器输出型 SM322 模块。该类型模块有 40 个接线端子，其中 8 个端子定义为输出端子，当 CPU 模块内部的 Qx.0＝1 时，CPU 模块通过背板总线将该值送到 SM322 的总线接口电路，接口电路输出电压使光电耦合器导通，继电器线圈有电流通过，线圈产生磁场使触点闭合，有电流流过 Qx.0 端子外接的线圈，电流途径是：交流或直流电源一端→Qx.0 端子外接的线圈→端子 3→内部触点→→端子 4→交流或直流电源另一端。

11.3.3 数字量输入输出模块 SM323/SM327

数字量输入输出模块（DI/DO）既可以输入数字量信号，也可以输出数字量信号。S7-300 PLC 的数字量 I/O 模块有 SM323 和 SM327 两种。

1. 数字量输入输出模块 SM323

SM323 模块是一种普通的具有输入输出功能的数字量模块。它分为 16 点输入/16 点输出和 8 点输入/8 点输出两种类型，其面板、内部结构及接线如图 11-15 所示。

通道号
通道状态指示灯

数字IO模块 SM323；DI16/DO16×DC24V/0.5A
订货号：6ES7323–1BL00–0AA0

(a)

通道号
通道状态指示灯

数字IO模块 SM323；DI8/DO8×DC24V/0.5A
订货号：6ES7323–1BL01–0AA0

(b)

图 11-15　两种类型 SM323 模块的面板、内部结构与外部接线图

(a) 16 点输入/16 点输出型；(b) 8 点输入/8 点输出型

2. 可编程数字量输入输出模块 SM327

SM327 模块是一种可编程的数字量输入输出模块，其默认具有 8 点输入/8 点输出功能，也可以使用编程软件 STEP 7 将 8 点输出设置成 8 点输入，即可将 SM327 设置成 16 点输入。SM327 模块的面板、内部结构及接线如图 11-16 所示。

可编程数字量I/O模块 SM327 DI8/DX8×DC24V/0.5A
订货号: 6ES7327–1BH00-0AB0

图 11-16 SM327 模块的面板、内部结构与外部接线图

11.4 电 源 模 块

电源模块的功能是为 PLC 提供 24V 的直流电压，该电压既可以作为某些模块的 24V 工作电源，也可以作为某些模块输入输出端子的外接 24V 直流电源。电源模块采用开关电源电路，开关电源的优点是效率高、稳压范围宽、输出电流大且体积小。

S7-300 PLC 的电源模块主要有 PS305 和 PS307 两种。根据输出电流不同，PS307 模块又分为 PS307（2A）型、PS307（5A）型和 PS307（10A）型。

11.4.1 面板与接线

1. PS305 电源模块

PS305 电源模块输入电压只能接 24/48/72/96/110V 直流电压，输出电压有三路，电压均为 DC24V。PS305 电源模块的面板与接线如图 11-17 所示。输入电压的正、负极分别接 L＋1、M1 端，L＋2、M2 端分别为输出电压的正、负极，可输出三路 24V 直流电压。当关闭电源开关时，三路 24V 电压均无输出，当给某路输出电压端子接上负载后，左上角该路对应的指示灯将会变亮。

PS305型电源模块订货号: 6AG1305-1BA80-0AA0

图 11-17　PS305 电源模块的面板与接线

2. PS307 电源模块

PS307 电源模块输入电压为 AC120/230V，输出电压为 DC24V，根据输出电流不同，可分为 2A、5A、10A 型。

(1) PS307 (2A) 型电源模块。PS307 (2A) 型电源模块的面板与接线如图 11-18 所示。输入电压的正、负极分别接 L+1 和 N 端，当输入电压为 220V 时，应将输入电压选择开关置于 230V 位置。

PS307(2A)型电源模块订货号: 6ES7307-1BA00-0AA0

图 11-18　PS307 (2A) 型电源模块的面板与接线

(2) PS307 (5A) 型电源模块。PS307 (5A) 型电源模块的面板与接线如图 11-19 所示。

(3) PS307 (10A) 型电源模块。PS307 (10A) 型电源模块的面板与接线如图 11-20 所示。

24V电压输出指示灯
输入电压选择开关
电源开关
输入电压接线端
输出电压接线端
电源线固定夹

PS307(5A)型电源模块订货号：6ES7307–1EA00–0AA0

图 11-19 PS307（5A）型电源模块的面板与接线

24V电压输出指示灯
输入电压选择开关
电源开关
输出电压接线端
电源线固定夹
输入电压接线端

PS307(10A)型电源模块订货号：6ES7307–1KA01–0AA0

图 11-20 PS307（10A）型电源模块的面板与接线

11.4.2 技术指标

PS305、PS307 电源模块的技术指标见表 11-6。

表 11-6   PS305、PS307 电源模块的技术指标

主要技术指标	PS305	PS307（2A）	PS307（5A）	PS307（10A）
额定输入电压（V）	DC 24/48/72/96/110	AC 120/230 50～60Hz	AC 120/230 50～60Hz	AC 120/230 50～60Hz
输入电压范围（V）	DC 16.8～138			
额定输入电流	24V/2.7A、 48V/1.3A、 72V/0.9A、 96V/0.65A、 110V/0.6A	230V/0.5A 120V/0.8A	230V/1A 120V/2A	230V/1.7A 120V/3.5A

续表

主要技术指标	PS305	PS307（2A）	PS307（5A）	PS307（10A）
启动电流（A）	20	20	45	55
额定输出电压（V）	DC 24	DC 24	DC 24	DC 24
额定输出电流（V）	2	2	5	10
保护	防短路和开路保护	防短路和开路保护	防短路和开路保护	防短路和开路保护
输出功率（W）	65	56	138	270
消耗功率（W）	16	10	18	30
说明	输入电压大于24V时，可提供3A电流；可以并联方式连接	不能以并联方式连接	不能以并联方式连接	不能以并联方式连接

11.5 其 他 模 块

电源模块、CPU模块、数字量模块是S7-300 PLC系统最常用的基本模块。除此以外，S7-300 PLC系统还有模拟量模块、通信模块、功能模块和特殊模块。对于初学者，简单了解一下这些模块功能即可。

11.5.1 模拟量模块

模拟量模块包括模拟量输入模块和模拟量输出模块。

1. 模拟量输入模块

模拟量是指连续变化的量，如温度、压力、流量的变化通常是连续的，它们都属于模拟量。PLC属于电气系统，不能直接处理这些模拟量，需要使用温度、压力或流量传感器将这些模拟量转换成连续变化的电压或电流，再送入模拟量输入模块。

模拟量输入模块简称为AI模块，其功能是将连续变化的电压或电流（通常来自传感器）转换成二进制数字量，再送入CPU模块进行处理。SM331模块为S7-300系统常用的模块量输入模块。

2. 模拟量输出模块

模拟量输出模块简称为AO模块，其功能是将CPU模块内部的二进制数字量转换成连续变化的电压或电流输出，去控制模拟量调节器或模拟量执行器。SM332模块为S7-300系统常用的模块量输出模块。

3. 模拟量输入输出模块

模拟量输入输出模块简称为AIO模块，它既可以将连续变化的电压或电流转换成二进制数字量送入CPU模块，也可以将CPU模块送来的二进制数字量转换成连续变化的电压或电流输出。

S7-300系统有多种类型的模块量输入输出模块，除最常用的SM334模块外，还有SM335模块（快速模拟量输入输出模块）和EX模拟量输入输出模块。

11.5.2 通信模块

S7-300系统有很多类型的通信模块，可以实现点对点、AS-I、PROFIBUS-DP、PROFIBUS-FMS、工业以太网和TCP-IP等通信。S7-300系统的通信模块及说明见表11-7。

表 11-7   S7-300 系统的通信模块及说明

通信模块	说　明
CP 340	◆执行点到点串行通信的经济解决方案。 ◆具有不同传输接口的 3 个型号：①RS-232C（V.24）；②20 mA（TTY）；③RS-422/RS-485（X.27）。 ◆执行协议：①ASCII；②3964（R）（不适用于 RS 485）；③打印机驱动程序。 ◆通过集成在 STEP 7 中的参数化工具，简化参数设定
CP 341	◆用于执行强大的点到点高速串行通信。 ◆具有不同物理特性的 3 个型号：①RS-232C（V.24）；②20 mA（TTY）；③RS-422/RS-485（X.27）。 ◆执行协议：①ASCII；②3964（R）；③RK 512；④客户协议（可装载）。 ◆通过集成在 STEP 7 中的参数化工具，简化参数设定
CP 343-1 Lean	◆用于 S7-300 与工业以太网之间的通信：①10/100 兆位/秒、全/半双工传输，自适应功能；②RJ-45 接口；　③可对传输协议 TCP 与 UDP 实现多协议运行；④Keep Alive 功能。 ◆通信服务：①TCP/IP 和 UDP 传送信息；②PG/OP 通信；③S7 通信（服务器）；④S5 兼容通信。 ◆用于 UDP 的多点传送。 ◆通过工业以太网进行远程编程和首次调试。 ◆通过 SNMP 集成在网络管理功能中。 ◆使用用于工业以太网的 NCM S7 选件包（集成在 STEP 7 中）组态 CP 343-1 Lean。 ◆通过 S7 路由实现交叉网络编程器/操作员面板通信
CP 343-1	◆用于 S7-300 与工业以太网之间的通信：①10/100 兆位/秒的全/半双工传输，自适应功能；②RJ-45 接口；　③可对传输协议 TCP 与 UDP 实现多协议运行；④可调节的 Keep Alive 功能。 ◆通信服务：①TCP/IP 和 UDP 传送信息；②PG/OP 通信；③S7 通信（客户机、服务器、多路复用技术）；④S5 兼容通信。 ◆用于 UDP 的多点传送。 ◆通过网络进行远程编程与首次调试。 ◆SNMP 诊断。 ◆使用 NCM S7 选件包（集成在 STEP 7 中）对 CP 343-1 组态。 ◆通过 S7 路由实现交叉网络编程器/操作员面板通信
CP 343-1 Advanced	◆用于 S7-300/SINUMERIK 840D powerline 与工业以太网的连接：①10/100Mbit/s 的全/半双工传输，自感应接口；②RJ-45 连接；③对传输协议 TCP 与 UDP 实现多协议运行；④可调节的 Keep Alive 功能。 ◆通信服务：①开放式 IE 通信（TCP/IP 和 UDP），用于 UDP 的多点传送；②PROFINET I/O 控制器；③PROFINET CBA；④编程器/操作面板通信，通过 S7 路由的交叉网络；④S7 通信（客户机、服务器、多路复用技术）；⑤S5 兼容通信；⑥IT 通信（HTTP 通信支持通过 Web 浏览器的过程数据访问；FTP 通信支持程控 FTP 客户机通信；通过 FTP 服务器访问数据块；通过 FTP、E-mail 对自有文件系统进行数据处理）。 ◆通过 DHCP、简单的 PC 工具或通过程序块（如 HMI）进行 IP 地址分配。 ◆通过可组态的访问列表进行访问保护。 ◆无须编程器即可进行模板更换，所有信息都保存在可更换 C-PLUG 中（即使是用于 IT 功能的文件系统）。 ◆丰富的诊断功能，可用于机架中的所有模块。 ◆通过 SNMP V1 MIB-II，集成在网络管理系统中

通信模块	说　明
CP 343-1 IT	◆用于 S7-300 连接到工业以太网：①10/100 兆位/秒的全/半双工传输，自感应接口；②通过 RJ-45 连接；③多协议运行，用于 TCP/IP 与 UDP；④可调节的 Keep Alive 功能。 ◆通信服务：①TCP/IP 和 UDP 传送信息；②UDP 多点传送；③编程器/操作面板通信，应用 S7 路由的网络宽带编程器/OP 通信；④S7 通信；⑤S5 兼容通信；⑥IT 通信（HTTP 通信支持通过 Web 浏览器访问过程数据；FTP 通信支持程控 FTP 客户机通信；通过 FTP 服务器访问数据块；通过 FTP 对自有文件系统进行数据处理；E-mail 功能）。 ◆通过 DHCP、简单的 PC 工具或通过程序块（如 HMI）进行 IP 地址分配。 ◆基于 IP 地址的访问保护。 ◆通过网络进行远程编程与初始调试。 ◆通过 NTP 或 SIMATIC 程序的时钟同步。 ◆通过 SNMP V1 MIB-II，集成在网络管理系统中
CP 343-1 PN	◆用于将 S7-300 连接到工业以太网：①10/100Mbit/s 的全/半双工传输，带自动开关的自动感测功能；②通用连接选件，用于 ITP、RJ-45 与 AUI；③可调节的 Keep Alive 功能；④TCP/ UDP 传送信息。 ◆PROFINET 通信标准：基于以太网的通信标准，PROFINET 为分布式自动化解决方案提供了一种工程模型，并为系统范围内通过 PROFIBUS 和工业以太网的通信提供了一种模型。西门子公司使用该标准来实现基于部件的自动化。 ◆附加通信服务：①PG/OP 通信；②S7 通信；③S5 兼容通信。 ◆在 UDP 的多类型数据转换功能。 ◆通过网络进行远程编程与调试
CP 343-2	◆用于 S7-300 PLC 和分布式 I/O 设备 ET 200M 的 AS-Interface 主站。 ◆通信处理器的功能有：①最多可连接 62 个 AS-Interface 从设备并进行集成模拟值传输（符合扩展 AS-Interface 技术规范 V 2.1）；②支持所有 AS-Interface 主站，符合扩展 AS-Interface 接口技术规范 V2.1；③通过前面板上的 LED 显示运行状态和所连接从设备的运行准备情况；④使用前面板上的 LED 显示错误（如 AS-Interface 电压错误，配置错误等）；⑤紧凑型外壳设计，用于与 S7-300 相匹配
CP 343-2P	◆用于 S7-300 PLC 和分布式 I/O 设备 ET 200M 的 AS-Interface 主站。 ◆通信处理器的功能有：①支持使用 STEP 7 V5.2 及以上版本组态 AS-Interface 网络；②最多可连接 62 个 AS-Interface 从设备并进行集成模拟值传输（符合扩展 AS-Interface 技术规范 V 2.1）；③支持所有 AS-Interface 主站，符合扩展 AS-Interface 接口技术规范 V2.1；④使用前面板上的 LED 显示错误（如 AS-Interface 电压错误，配置错误等）；⑤紧凑型外壳设计，用于与 S7-300 相匹配
CP 342-5	◆带有电气接口的 PROFIBUS DP 主站或从站，用来将 S7-300 和 C7 连接到最大传输率为 12Mbit/s（包括 45.45kbit/s）的 PROFIBUS 上。 ◆通信服务：①PROFIBUS DP-V0；②PG/OP 通信；③S7 通信（客户机、服务器、多路复用技术）；④S5 兼容通信（SEND/RECEIVE）。 ◆容易实现对 PROFIBUS 的组态和编程。 ◆通过 S7 路由实现交叉网络编程器通信。 ◆不需 PG 即可更换模块
CP 342-5FO	◆带有光学接口的 PROFIBUS DP 主站或从站，用来将 S7-300 和 C7 连接到最大传输率为 12Mbit/s（包括 45.45kbit/s）的 PROFIBUS 上。 ◆通过用于塑料和 PCF 光纤电缆的集成光纤电缆接口，直接连接到光纤 PROFIBUS 网络。 ◆通信服务：①PROFIBUS DP-V0；②PG/OP 通信；③S7 通信（客户机，服务器，多路复用技术）；④S5 兼容通信（SEND/RECEIVE）。 ◆使用 PROFIBUS 的简单组态和编程。 ◆通过 S7 路由实现交叉网络编程器通信。 ◆不需 PG 即可更换模块

续表

通信模块	说　明
CP 343-5	◆用于 S7-300 和 C7 与 PROFIBUS（12Mbit/s，包括 45.45kbit/s）的主站连接。 ◆通信服务：①PG/OP 通信；②S7 通信；③S5 兼容通信（SEND/RECEIVE）；④PROFIBUS FMS。 ◆使用 PROFIBUS 的简单组态和编程。 ◆很容易集成到 S7-300 系统中。 ◆经过 S7 路由进行 PG 网络通信。 ◆无 PG 的模块更换

11.5.3　功能模块

功能模块是指具有特定功能的模块。S7-300 系统的功能模块可分为计数器模块、定位控制及检测模块和闭环控制模块等。

1. 计数器模块

S7-300 系统的计数器模块及说明见表 11-8。

表 11-8　　　　　　　　　　S7-300 系统的计数器模块及说明

计数器模块	说　明
FM350-1	◆用于简单计数任务的单通道智能计数模块。 ◆用于直接连接增量式编码器。 ◆具有通过两个可选择的比较值进行比较的功能。 ◆当达到比较值时，通过集成的数字量输出进行输出响应。 ◆工作模式：①连续计数；②单次计数；③周期计数。 ◆特殊功能：①计数器设置；②计数器锁存。 ◆通过门功能控制计数器的启动/停止
FM350-2	◆8 通道智能计数器模块，用于通用计数和测量任务。 ◆直接连接 24V 增量式编码器、方向元件、启动器和 NAMUR 传感器。 ◆可以与可编程的比较值进行比较（比较数量取决于工作模式）。 ◆当达到比较值时，通过内置的数字量输出进行输出响应。 ◆工作模式：①连续/单次/周期计数；②频率/速度控制；③周期测量；④比例

2. 定位控制及检测模块

S7-300 系统的定位控制及检测模块说明见表 11-9。

表 11-9　　　　　　　　　　S7-300 系统的定位控制及检测模块说明

定位控制及检测模块	说　明
FM351 （定位模块）	◆用于快速进给/慢速驱动的双通道定位模块。 ◆每通道 4 个数字量输出用于电动机控制。 ◆增量或同步连续位置解码器
FM 352 （电子凸轮控制器）	◆极高速电子凸轮控制器。 ◆可以低成本地替代机械式凸轮控制器。 ◆32 个凸轮轨迹，13 个内置数字量输出用于动作的直接输出。 ◆增量或同步连续位置解码器

续表

定位控制及检测模块	说　明
FM 352-5 （高速布尔处理器）	◆可以进行快速的二进制控制以及提供最快速的切换处理（循环周期 15s）。 ◆可以用 LAD 或 FBD 编程。 ◆指令集包括位指令（STEP 7 指令的子集）、定时器、计数器、分频器、频率发生器和移位寄存器。 ◆集成 12DI/8DO。 ◆两种型号：源极和漏极数字量输出。 ◆一个通道用于连接 24V 增量编码器、5V 增量编码器（RS-422）或串口绝对值编码器。 ◆运行时需要一个微存储器卡
FM 353 （步进电动机定位模块）	◆在高速机械设备中使用的步进电动机定位模块。 ◆可用于点到点定位任务以及复杂的运动模式
FM 354 （伺服电动机定位模块）	◆在高速机械设备中使用的伺服电动机定位模块。 ◆可用于点到点定位任务以及复杂的运动模式
FM 357-2 （定位和连续路径控制模块）	◆用于最多 4 轴的路径和定位智能运动控制。 ◆从独立的单轴定位到多轴插补连续路径控制的广泛应用领域。 ◆用于控制步进电动机和伺服电动机。 ◆简单的参数化工具便于用户启动工作。 ◆使用等时-PROFIBUS 可以与 SIMODRIVE 611U 和 MASTERDRIVES MC 连接（不适用 FM 357-2H 和 HT6 组合使用）
FM STEPDRIVE （功率器件）	◆FM STEPDRIVE 单元可最大精度地驱动 SIMOSTEP 1FL3 系列步进电动机运动。 ◆可与 FM353 和 FM 357-2 功能模块组合使用，它可以执行高精度的定位任务，输出功率范围为 5～600W
SM338 （超声波编码器输入模块）	◆使用带启/停接口的超声波编码器进行位置检测。 ◆提供最多 3 个绝对值编码器（SSI）和 CPU 之间的接口。 ◆提供位置编码器数值用于 STEP 7 程序进一步处理。 ◆允许可编程控制器直接响应运动系统中的编码值

3. 闭环控制模块

S7-300 系统的闭环控制模块说明见表 11-10。

表 11-10　　　　　　　　　　　　　S7-300 系统的闭环控制模块说明

闭环控制模块	说　明
FM355 （闭环控制模块）	◆4 通道闭环控制模块，可以满足通用的闭环控制任务。 ◆用于温度、压力、流速、物位的闭环控制。 ◆方便用户在线自适应温度控制。 ◆预编程的控制器结构。 ◆两种控制算法。 ◆两种型号：①FM 355C 连续动作控制器；②FM 355S 步进或脉冲控制器。 ◆4 个模拟量输出（FM 355C）或 8 个数字量输出（FM 355S），用于控制通用类型的执行器。 ◆CPU 停机或故障后仍能进行控制任务

续表

闭环控制模块	说　明
FM 355-2 （闭环温度控制模块）	◆特别适合温度控制需要的 4 通道温度控制器。 ◆方便用户在线自适应温度控制。 ◆可实现加热、冷却以及加热冷却组合控制。 ◆预编程的控制器结构。 ◆两种型号：①FM 355-2C 连续动作控制器；②FM 355-2S 步进或脉冲控制器。 ◆4 个模拟量输出（FM 355-2C）或 8 个数字量输出（FM 355-2S）通常用于最终控制单元的直接控制。 ◆CPU 停机或故障后仍能进行控制任务

11.5.4　特殊模块

S7-300 系统的特殊模块有 SM374 仿真模块和 DM370 占位模块。S7-300 系统的特殊模块说明见表 11-11。

表 11-11　　　　　　　　　　　　　　　　S7-300 系统的特殊模块说明

特殊模块	说　明
SM374 （仿真模块）	◆用于在启动和运行时调试程序。 ◆通过开关仿真传感器信号。 ◆通过 LED 显示输出时信号状态
DM370 （占位模块）	◆特别适合温度控制需要的 4 通道温度控制器。 ◆用于给未参数化的信号模块保留插槽。 ◆当用一个信号模块替换时，将保持结构和地址分配

第12章

S7-300/400编程仿真软件（STEP7）的使用

12.1　STEP7 的安装与使用

STEP7 是用于对西门子 PLC 进行编程和组态（配置）的软件。STEP 7 主要有以下版本。

（1）STEP7 Micro/DOS 和 STEP 7 Micro/WIN：适用于 S7-200 系列 PLC 的编程和组态。

（2）STEP7 Lite：适用于 S7-300、C7 系列 PI. C、ET200X 和 ET200S 系列分布式 I/O 的编程和组态。

（3）STEP7 Basis：适用于 S7-300/S7-400、M7-300/M7-400 和 C7 系列 PLC 的编程和组态。

（4）STEP7 Professional：它除了包含 STEP 7 Basic 版本的标准组件外，还包含了扩展软件包，如 S7-Graph（顺序功能流程图）、S7-SCL（结构化语言）和 S7-PLCSIM（仿真）。

本书介绍的 STEP7 V5.4 SP5 软件属于 STEP 7 Basis 版本，如果需要在该软件中使用仿真功能和绘制顺序流程图，必须另外安装 S7-PLCSIM 和 S7-Graph 组件。

12.1.1　STEP 7 的安装与卸载

1. 安装要求

（1）硬件要求。在 PC 机（个人计算机）上安装 STEP7 V5.4 软件，对 PC 机的硬件要求如下。

1) CPU：主频为 600MHz 及以上。

2) 内存：至少为 256MB。

3) 硬盘的剩余空间：应在 300～600MB 以上，视安装选项不同而定。

4) 显示设备：显示器支持 1024×768 分辨率和 16 位以上彩色。

（2）软件要求。在安装 STEP 7 V5.4 软件时，PC 机应安装有以下某个操作系统。

1) Microsoft Windows 2000（至少为 SP3 版本）。

2) Microsoft Windows XP（建议 SP 1 或以上）。

3) Microsoft Windows Server 2003。

以上操作系统需要安装 Microsoft Internet Explorer 6.0 或以上版本。STEP7 V5.4 对 Microsoft Windows 3.1/95/98/ME/NT 都不支持，也不支持 Microsoft XP Home 版本。

2. 软件的安装

（1）安装前的准备。为了让安装过程能顺利进行，建议在安装 STEP7 软件前关闭 Windows 防火墙、杀毒软件和安全防护软件。Windows 防火墙的关闭方法如图 12-1 所示。打开"控制面板"，双击"Windows 防火墙"图标，弹出"Windows 防火墙"窗口，选择"关闭（不存储）"项，单击"确定"后即可关闭 Windows 防火墙。

（2）安装过程。将含有 STEP7 软件的光盘放入电脑光驱，为了使安装过程更加快捷，建议将 STEP7 软件复制到硬盘某分区的根目录下（如 D：\），注意文件夹名称不要包含中文字符，否则安装时可能会出错。打开 STEP7 软件文件夹，如图 12-2 所示。双击"Setup. exe"文件即开始安装 STEP7

图 12-1　在控制面板中关闭防火墙

软件。STEP7 软件安装过程中出现的对话框及说明见表 12-1。

图 12-2　双击 Setup.exe 文件开始安装 STEP7

表 12-1　STEP7 软件安装过程中出现的对话框及说明

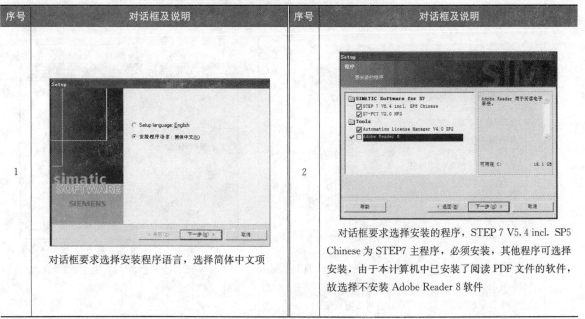

序号	对话框及说明	序号	对话框及说明
1	对话框要求选择安装程序语言，选择简体中文项	2	对话框要求选择安装的程序，STEP 7 V5.4 incl. SP5 Chinese 为 STEP7 主程序，必须安装，其他程序可选安装，由于本计算机中已安装了阅读 PDF 文件的软件，故选择不安装 Adobe Reader 8 软件

续表

序号	对话框及说明	序号	对话框及说明
3	对话框要求输入用户信息，包括用户名和组织名，这里按图输入	4	对话框要求选择安装类型和安装路径（位置），这里保持默认类型和路径，如果要更改软件安装位置，可以单击"更改"按钮来选择新的安装路径，注意路径中不能含有中文字符
5	对话框要求选择产品语言，这里选择"简体中文"	6	对话框要求选择密钥传送方式，如果无密钥，则 SETP7 软件只能使用 14 天，这里选择"以后再传送许可证密匙"，可以先试用或以后使用授权工具来安装密钥
7	对话框提示准备安装程序，并显示前面进行的选择和输入的信息，单击"安装"按钮即开始安装 SETP7 软件，安装需要较长的时间。在安装过程中，如果遇到无法继续安装的情况，可重启计算机后重新安装	8	对话框要求选择存储卡参数赋值方式，这里选择"无"，再单击"确定"按钮

序号	对话框及说明	序号	对话框及说明
9	对话框要求设置 PG/PC（编程器/个人计算机）通信的接口参数，安装好 STEP7 后，在 SIMATIC 管理器中执行菜单命令"选项"→"设置 PG/PC 接口"，也会出现上图所示的对话框，单击"取消"按钮，在以后需要时再进行设置	10	对话框提示软件已成功安装，选择立即重启计算机，再单击"完成"按钮，即可完成 STEP7 软件的安装

STEP7 软件安装完成后，在计算机桌面上会出现图 12-3 所示的三个图标。"Automation License Manager"为自动化许可证管理器，用来传送、显示和删除西门子软件的许可证密钥；"S7-PCT-Port Configuration Tool"为西门子 ET200 I/O-Link 主站的 S7-PCT 端口组态工具；

图 12-3　STEP7 安装后在桌面上出现的图标

"SIMATIC Manager"为 SIMATIC 管理器，用于将 STEP 7 标准组件和扩展组件集成在一起，并将所有数据和设置收集在一个项目中，双击"SIMATIC Manager"即可启动 STEP 7。

3. 软件的卸载

如果要卸载 STEP7 软件，可以打开控制面板，双击其中的"添加或删除程序"图标，打开"添加或删除程序"对话框，如图 12-4 所示。选择要删除的 STEP7 程序，单击"删除"按钮即可删除选中的程序。

图 12-4　卸载 STEP7 软件

12.1.2 STEP 7 的启动与新建项目

1. STEP7 的启动

在计算机桌面上双击"SIMATIC Manager"图标，启动 SIMATIC Manager，出现图 12-5 所示软件窗口。同时弹出 STEP7"新建项目"向导对话框，如果不使用向导来新建项目，则可以单击"取消"按钮，关闭该对话框，如图 12-6 所示。如果以前使用 SIMATIC Manager 建立过项目，则对话框关闭后，SIMATIC Manager 会自动打开上次关闭的项目。

图 12-5 SIMATIC Manager 窗口（含向导对话框）

图 12-6 SIMATIC Manager 窗口（向导对话框关闭）

2. 新建项目

在 SIMATIC Manager 中新建项目有两种方式：一是利用向导新建项目；二是采用常规方法新建项目。使用向导来新建项目特别适合初学者，下面介绍如何利用向导来新建项目。

启动 SIMATIC Manager 后会弹出图 12-7（b）所示的"新建项目"向导对话框，如果未出现该对话框，则可以选择 SIMATIC Manager 窗口中"文件"菜单下的"新建项目向导"，也会弹出图 12-7（b）所示的向导对话框，单击对话框中的"预览"按钮，下方会显示新建项目的结构与内容形式，如图 12-7（c）所示。单击"下一步"按钮，出现图 12-7（d）所示的对话框。在对话框中选择 CPU 型号，这里选择 CPU 型号为 CPU315-2 DP，预览栏内的 CPU 也换成了该型号，单击"下一步"按钮，出现图 12-7（e）所示的对话框。在对话框中选择项目要加载的组织块（组织块用于编写程序），这里选择默认加载组织块 OB1，程序语言选择 LAD（梯形图），单击"下一步"按钮，出现图 12-7（f）所示的对话框。在对话框显示已有的项目，并要求填写当前项目的名称，这里保持默认的项目名称"S7-Pro2"，单击"完成"按钮，即新建了一个名称为"S7-Pro2"的新项目，如图 12-7（g）所示。

(a)

(b)

图 12-7 利用向导新建项目（一）

图 12-7　利用向导新建项目（二）

从图 12-7（g）所示的新建项目窗口左方可以看出，该项目中有一个 S7-300 站点（SIMATIC 300 站点），该站点采用"CPU315-2 DP"，"CPU315-2 DP"包含"S7 程序"，"S7 程序"包含有"源文件"

和"块","块"中包含有组织块"OB1"（主程序，见窗口右方），双击"OB1"即可打开程序编辑窗口，在其中编写程序。

12.1.3　组态（配置）硬件

组态硬件是指在 STEP7 中为 S7-300/400 机架配置所需的模块，在软件中配置的模块要与实际机架上安装的模块型号相同。S7-300/400 有单机架和多机架之分，组态硬件也分为组态单机架和组态多机架。下面介绍 S7-300 单机架和多机架的组态方法。S7-400 机架组态方法与之基本相同。

1. 组态单机架体系

组态 S7-300/400 机架要用到硬件组态工具"HW Config"。组态单机架体系的操作过程见表 12-2。

表 12-2　　　　　　　　　　　　　　　　组态单机架系统的操作过程

序号	操作说明	操作图
1	在 STEP7 项目窗口的左方点击"SIMATIC 300 站点"，在窗口右方出现"硬件"图标，如右图所示，双击"硬件"图标，会弹出硬件组态工具"HW Config"窗口	
2	右图为硬件组态工具"HW Config"窗口，窗口左上方为机架放置区，"(0) UR"为中央机架，机架中有 11 个插槽，第 2 号插槽已放置了新建项目时选择的 CPU315-2 DP；窗口左下方为机架模块信息显示区，用来显示上方机架中各模块的有关信息；窗口右方为模块选择区，可以从中选择各种 S7-300/400 模块	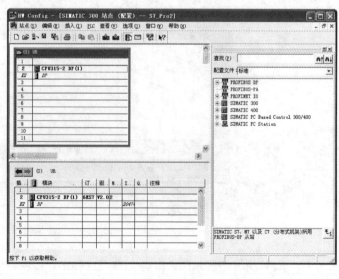

续表

序号	操作说明	操作图
3	在窗口右方的模块选择区，按顺序先展开"SIMATIC 300"，再在其中展开"PS 300"，选中"PS305 5A"电源模块，左上方机架的1号插槽背景变为绿色，表示该插槽可以放置选中的模块。 在模块选择区下方会显示上方选中 PS305 5A 模块的订货号及有关信息	
4	选中"PS305 5A"电源模块，按下鼠标不放，将其拖到左上方机架的1号插槽位置，松开鼠标，PS305 5A 电源模块即被放在1号插槽中	
5	用同样的方法将数字量输入模块 DI16×DC24V 和数字量输出模块 DO16×Rel AC120V/230V 拖放到4、5号插槽中，在拖放模块时，若鼠标为形状，则表示当前位置不能放置该模块。 配置单机架时通常不使用接口模块，故3号插槽空置	

续表

序号	操作说明	操作图
6	如果要删除某插槽中的模块，可以在该插槽的模块上单击鼠标右键，在弹出的菜单中选择"删除"命令，马上弹出对话框，询问是否删除该模块，单击"是"按钮即可将选中的模块删除。 　选中某插槽中的模块后，按下键盘上的 Delete 键也可将模块删除	
7	按需要配置好单机架系统后，执行菜单命令"站点"→"保存"，即可将机架配置信息保存下来	

2. 组态多机架系统

　　组态 S7-300/400 多机架　系统也使用硬件组态工具"HW Config"，在组态时，先在机架区放置多个机架，然后往各个机架上放置模块。组态多机架系统的操作过程见表 12-3。

表 12-3 组态多机架系统的操作过程

序号	操作说明	操作图
1	在 STEP7 项目窗口中双击"硬件"图标，弹出硬件组态工具"HW Config"窗口，窗口左上方的机架放置区只有一个中央机架 UR0，由于要放置多个机架，因此可用鼠标将机架区调大一些	
2	在 HW Config 窗口右方的模块选择区，按顺序先后展开"SIMATIC 300""RACK-300"目录，选中"Rail"（机架）	
3	选中 Rail 后，按下鼠标不放，将其拖到左上方机架区，松开鼠标，就放置了一个 UR1 机架	
4	用同样的方法，在机架区放置多个机架，并用鼠标调节机架位置和大小	

续表

序号	操作说明	操作图
5	给各机架放置电源模块和接口模块。由于各机架都使用 PS300 5A 电源模块，因此在放置时，先将模块选择区的"PS300 5A"模块拖放到 UR0 机架 1 号插槽，然后按下 Ctrl 键不放，将 UR0 机架上的 PS300 5A 模块拖放到 UR1、UR2、UR3 机架的 1 号插槽中，因为按下 Ctrl 键拖动具有复制功能，所以四个机架中都放置了相同的电源模块	
6	在中央机架 UR0 的 3 号插槽放置接口模块 IM360，在扩展机架 UR1、UR2、UR3 的 3 号插槽放置接口模块 IM361，接口模块放置好后，机架之间的接口模块自动用线连接起来	
7	在各机架上放置其他模块。模块放置完成后，执行菜单命令"站点"→"保存"，即可将多机架配置信息保存下来	

3. 机架的硬件模块属性设置

在组态单机架或多机架系统时，可以对机架上放置的模块进行属性设置。

（1）CPU 模块属性设置。如果要设置中央机架上 CPU 的属性，则可以在 HW Config 窗口的机架的 CPU 上单击鼠标右键，如图 12-8（a）所示；会弹出图 12-8（b）所示的属性设置对话框，在 CPU 上直接双击左键也会弹出该对话框，此对话框中有 10 个选项卡，对话框弹出时默认显示"常规"选项卡的内容，如果必要，可以切换到其他选项卡来设置CPU的有关属性。

(a)

(b)

图 12-8　CPU模块的属性设置

（2）数字量模块属性设置。在 HW Config 窗口中，双击中央机架 4 号插槽的数字量输入模块"DI16×AC120/230V"，马上会弹出图 12-9（a）所示的属性对话框，在常规选项卡中，显示模块简易

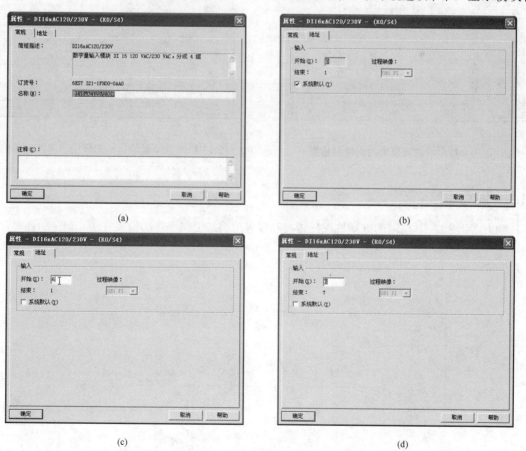

(a)

(b)

(c)

(d)

图 12-9　数字量输入模块的属性设置

描述信息、订货号和名称，其中名称可以更改。如果要查看或更改模块的地址，可以单击切换到地址选项卡，如图 12-9（b）所示。从对话框中可以看出，该模块占用 0、1 两个字节（IB0、IB1），系统默认输入地址编号为 I0.0～I0.7 和 I1.0～I1.7，如果要更改模块输入地址编号，则可以去掉"系统默认"前的勾，再在开始地址中输入 6，如图 12-9（c）所示。确定后关闭对话框，双击该模块再次打开对话框，如图 12-9（d）所示。会发现模块的地址变为 6、7 两个字节（IB6、IB7），输入地址编号变为 I6.0～I6.7 和 I7.0～I7.7。

双击中央机架 5 号插槽中的数字量输出模块"DO16×Rel AC120/230V"，弹出属性对话框，切换到"地址"选项卡，如图 12-10 所示。图 12-10 中显示该模块的占用 4、5 两个字节（QB4、QB5），即系统默认输出地址编号为 Q4.0～I4.7 和 Q5.0～Q5.7。

双击中央机架 6 号插槽中的数字量输入输出模块"DI16/DO16×24V/0.5A"，弹出属性对话框，切换到"地址"选项卡，如图 12-11 所示。图 12-11 中显示该模块的输入、输出均占用 8、9 两个字节（输入为 IB8、IB9；输出为 QB8、QB9），即系统默认的输入地址编号为 I8.0～I8.7 和 I9.0～I9.7，输出地址为 Q8.0～Q8.7 和 Q9.0～Q9.7。

图 12-10 数字量输出模块的属性对话框

图 12-11 数字量输入输出模块的属性对话框

12.1.4 编写程序

下面以编写图 12-12 所示的电动机正反转控制程序为例来说明程序的编写方法，程序的编写过程见表 12-4。

图 12-12 电动机正反转控制程序

表 12-4   程序的编写过程

序号	操作说明	操作图
1	在 STEP7 项目窗口的左方单击"块"，在窗口右方出现"OB1"图标，如右图所示，双击该图标，会打开 OB1 编辑器	
2	右上图为 OB1 编辑器，窗口左方为指令区，用于选择指令，右方为编辑区，用于输入程序。由于在新建项目时选择"LAD"（梯形图），故编辑区处于梯形图输入状态，如果要切换到指令表输入状态，可以执行菜单命令"视图"→"STL"。 在编辑区中有 OB1 和程序段 1 的注释框，分别用来给整个程序和程序段 1 添加注释，如果要取消注释区，可执行菜单命令"视图"→"显示方式"→"注释"，注释框便会消失。用这种方式取消注释后，下次打开 OB1 时注释框又会出现，最彻底的方法是执行菜单命令"选项"→"自定义"，会弹出右下图所示的"自定义"对话框，切换到"视图"选项卡，取消"块/程序段注释"，单击"确定"按钮后，关闭 OB1 编辑器，再打开 OB1 时，注释框便会消失	

续表

序号	操作说明	操作图
3	选中编辑区的横线，再在指令选择区打开位逻辑指令	
4	双击位逻辑指令中的常开触点，在编辑区输入一个常开触点，单击窗口工具栏上的 ⊣⊢ 按钮，也可以在编辑区输入常开触点	
5	连续单击工具栏上的 ⊣⊢ 按钮，在常开触点后面输入 4 个常闭触点，再单击 -( ) 输入一个输出线圈	

续表

序号	操作说明	操作图
6	选中梯形图左母线，左母线上出现粗背景条，单点击工具栏上的 ╫ 按扭，可另起一行输入一个常开触点	
7	选中第 2 行常开触点右方的箭头，按下鼠标左键不放，拉出一根线至上方某处，松开左键，即将下方的触点与第 1 行连接起来，用这种拉线的方法可将下方触点与上方任意可接线处连接起来。 使用工具栏上的 ↑ 按钮仅能将下方触点与正上方的线连接起来	
8	程序段 1 的程序输完后，在下方空白处单击鼠标右键，弹出右键菜单，选择其中的"插入程序段"，即可在下方生成一个程序段 2，执行菜单命令"插入"→"程序段"或点击工具栏上的 工具，同样可以插入一个新程序段	

续表

序号	操作说明	操作图
9	右图为新插入的程序段2	
10	在程序段2输入程序	
11	在程序段1的第一个触点上方的"???"单击,"???"变成输入框,输入I0.0,回车后即可将该触点地址定义为I0.0	

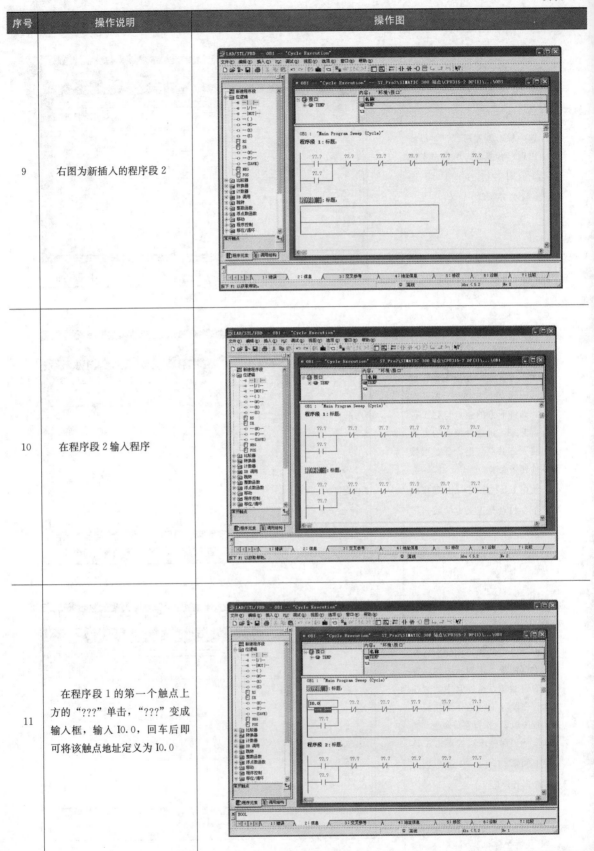

续表

序号	操作说明	操作图
12	用相同的方法对程序中其他的元件进行地址定义，地址定义完成的程序如右图所示。 点击工具栏上的 🖫 工具，或执行菜单命令"文件"→"保存"，将编写的程序保存下来	

12.1.5　定义符号地址

在前面编写的梯形图程序中，元件的地址采用字母和数字表示，如 I0.0、Q0.0，这样不易读懂程序。如果采用中文符号定义元件地址则会更加直观方便。STEP7 的符号编辑器具有定义符号地址的功能，下面使用符号编辑器对前面编写梯形图中的元件进行符号地址定义。图 12-13 所示为定义了符号地址的梯形图程序。给梯形图程序各元件定义符号地址的操作过程见表 12-5。

OB1： ″Main Program Sweep (Cycle)″
程序段 1：电动机正转时动作

```
    I0.0        I0.1        I0.2        I0.3       Q0.1       Q0.0
   正转控制时   反转控制时   停止时动作   过热时动作   电动机反转时  电动机正转时
    动作        动作        "停止"      "保护"      动作        动作
   "正转"      "反转"                             "电动机反转"  "电动机正转"
    ─┤├─        ─┤/├─       ─┤/├─       ─┤/├─       ─┤/├─       ─( )─

    Q0.0
   电机正转时
    动作
   "电动机正转"
    ─┤├─
```

程序段2：电动机反转时动作

```
    I0.1        I0.0        I0.2        I0.3       Q0.0       Q0.1
   反转控制时   正转控制时   停止控制时   过热时动作   电动机正转时  电动机反转时
    动作        动作        动作        "保护"      动作        动作
   "反转"      "正转"      "停止"                  "电动机正转"  "电动机反转"
    ─┤├─        ─┤/├─       ─┤/├─       ─┤/├─       ─┤/├─       ─( )─

    Q0.1
   电动机反转时
    动作
   "电动机反转"
    ─┤├─
```

图 12-13　定义了符号地址的梯形图

表 12-5   定义符号地址的操作过程

序号	操作说明	操作图
1	在 STEP7 项目窗口的左方点击"S7 程序"（1），在窗口右方出现"符号"图标，如右图所示，双击该图标，会打开符号编辑器	
2	右图为符号编辑器，默认将 OB1 符号定义为"Cycle Execution"	
3	在符号编辑器的第 2 行表格的符号列输入"正转"，在地址列输入"I0.0"，在数据类型列会自动生成"BOOL"（布尔型），再在注释列输入"正转控制时动作"	

续表

序号	操作说明	操作图
4	用同样的方法给梯形图中存在的 I0.1、I0.2、I0.3、Q0.0 和 Q0.1 定义中文符号和注释，如右图所示。如果要改变表格内容的上下排列顺序，可以在表格上方的"符号""地址""数据类型"或"注释"上进行单击，即可对本列内容进行升、降序排列。 符号地址定义完成后，点击工具栏上的 🖫 工具，将定义的符号地址保存下来	
5	在 STEP7 项目窗口双击该 OB1 图标，启动 OB1 程序编辑器，在启动过程中，会出现右图所示的对话框，提示"找到至少一个新的符号分配"，单击"确定"按钮后关闭该对话框，同时打开 OB1 编辑器	
6	如右图所示，在打开的 OB1 编辑器中，可以看见梯形图的元件被赋予了在符号编辑器中定义的符号地址和注释	

续表

序号	操作说明	操作图
7	如果希望梯形图中不显示符号地址，可以执行菜单命令"视图"→"显示方式"，取消"符号表表达式"和"符号信息"，梯形图元件只显示字母＋数字地址。 用这种方式取消显示符号地址后，下次打开 OB1 时符号地址又会出现，要彻底取消显示，可以执行菜单命令"选项"→"自定义"，在弹出的对话框中切换到"视图"选项卡，取消"符号表表达式"和"符号信息"项的选择，单击"确定"按钮后，关闭 OB1 编辑器，再打开 OB1 时，符号地址便会消失	

12.1.6 程序的下载与上传

程序的下载是指将编程计算机（或编程器）中的程序写入 PLC，程序的上传是指将 PLC 中的程序读入编程计算机（或编程器）。不管是程序的下载还是上传，均需要先将 PLC 与计算机连接起来。

1. 计算机与 PLC 的连接

（1）三种连接方式。计算机与 PLC 连接有三种方式：一是两者使用 PC/MPI 适配器连接；二是两者使用 USB/MPI 适配器连接；三是在计算机中安装通信卡（如 CP5611、CP5612、CP5613、CP5614、CP5621 等），计算机通过通信卡与 PLC 连接起来。如果计算机有 RS-232C 接口（又称 COM 口），则可以使用 PC/MPI 适配器连接 PLC；采用计算机安装通信卡的方式来连接 PLC 成本比较高，对于单台 PLC 不推荐使用，现在大多数计算机不带 RS-232C 接口，而将 USB 接口作为基本接口，故计算机与 PLC 的连接通常采用 USB/MPI 适配器连接。

（2）使用 USB/MPI 适配器连接计算机与 PLC。USB/MPI 适配器外形如图 12-14 所示。要使用 USB/MPI 适配器连接 PLC，必须在计算机中安装该适配器的驱动程序（PC Adapter USB）。驱动程序安装好后，用 USB/MPI 适配器将计算机的 USB 接口与 CPU 模块的 MPI 接口连接起来，如图 12-15 所示。

图 12-14　USB/MPI 适配器

图 12-15　使用 USB/MPI 适配器连接计算机和 PLC

（3）通信设置。使用 USB/MPI 适配器将计算机与 PLC 连接好后，还要在 STEP7 中进行通信设置，设置方法是：在"SIMATIC Manager"窗口中执行菜单命令"选项"→"设置 PG/PC 接口"，弹出图 12-16（a）所示的"设置 PG/PC 接口"对话框，选择其中的"PC Adapter（MPI）"项，再单击"属性"按钮，弹出图 12-16（b）所示的属性对话框。在对话框设置计算机的站号、与 PLC 建立连接的最长时间、与 PLC 的通信速率和网络中的最高允许站号，这里保持默认值，然后切换到"本地连接"选项卡，将连接端口设为 USB，确定后设置生效，如图 12-16（c）所示。

（a）   （b）

（c）

图 12-16　在 STEP7 中进行通信设置

（4）建立在线连接。计算机与 PLC 硬件连接完成并进行通信设置后，接下来要在"SIMATIC Manager"中对两者进行通信连接。在"SIMATIC Manager"窗口中执行菜单命令"视图"→"在线"，如图 12-17 所示。SIMATIC Manager 通过通信接口将计算机与 PLC 连接起来，在"SIMATIC Manager"中有两个项目窗口出现：一个是已存在的离线项目窗口；另一个是在线项目窗口。如果要断开 STEP7 与 PLC 的连接，可以执行菜单命令"视图"→"离线"。

2. 程序的下载与上传

（1）程序的下载。

1）下载整个站点。如果要将整个 STEP7 的某个 S7-300 站点内容（包括程序块 OB 和硬件组态信息等系统数据）下载到 CPU 中，则应先选中项目窗口中的某站点，然后执行菜单命令"PLC"→"下载"，如图 12-18 所示。也可在某站点上单击鼠标右键，在弹出的右键菜单中选择"PLC"→"下载"命令，还可在选中某站点后直接点击工具栏上的 工具，同样可以将所选站点的整个内容下载到 CPU 中。

2）下载程序块。如果仅下载项目中的某个（或某些）程序块，可以先选中该程序块，单击鼠标右

图 12-17　建立在线连接

图 12-18　下载整个站点作

键，在弹出的右键菜单中选择 "PLC" → "下载"，如图 12-19 所示，即可将选中的程序块下载到 CPU 中，下载程序块也可以使用前面介绍的菜单命令或下载工具。

（2）程序的上传。如果要编辑某站点 CPU 中的程序，可以先将该 CPU 中的程序读入 STEP7，然后进行编辑，再重新下载到 CPU 中。将 CPU 模块中的程序读入 STEP7 的操作方法是：在 SIMATIC Manager 中执行菜单命令 "PLC" → "将站点上传到"，如图 12-20 所示。系统马上弹出 "选择节点地址" 对话框，选择目标站点为 "本地"，单击 "显示" 按钮，与计算机连接的 CPU 信息将会在对话框中显示出来，选择 CPU 后再确定后，就会将该 CPU 中的内容上传到 STEP7 中，在 SIMATIC Manager 会自动插入一个站点名称，并且包含硬件组态和程序目录。选择该站点的硬件或程序，即可更改硬件组态或程序。

图 12-19 下载某个程序块

(a)

(b)

图 12-20 程序的上传

12.2 S7-PLCSIM 仿真组件的使用

在使用 STEP7 编程时，为了了解程序的实际运行效果，最好的方法是组建一个真实的 S7-300/400PLC 硬件系统，再将编写的程序下载到 PLC 的 CPU 中，通过实际的硬件系统来查看程序的运行效果。但是 S7-300/400 硬件系统价格昂贵，普通学习者不具备这方面的条件，为此西门子公司专门开发了 S7-PLCSIM 仿真组件，该组件可以模拟实际的 S7-300/400 硬件系统。在仿真时，只要将 STEP7 中即编写的程序下载到该组件中，在该组件窗口中即可查看到程序运行效果。

12.2.1 S7-PLCSIM 的安装

S7-PLCSIM 不属于 STEP7 软件的标准组件，在安装 STEP7 软件时并不会安装该组件。要使用仿真功能，就需要另外安装 S7-PLCSIM 组件。S7-PLCSIM 安装过程见表 12-6。

表 12-6   S7-PLCSIM 安装过程

序号	操作说明	操作图
1	打开 S7-PLCSIM 安装文件夹，找到其中的"Setup.exe"文件，双击该文件，弹出右图所示的对话框，选择安装语言为"中文（简体）"，单击"确定"按钮后开始安装	
2	在右图中，单击"下一步"按钮	
3	如果在安装过程中出现右图所示的对话框，则必须重新启动计算机，然后再运行"Setup.exe"文件，重新开始安装 S7-PLCSIM	
4	在右图中选择接受许可协议，再单击"下一步"按钮	

序号	操作说明	操作图
5	在出现的右图对话框中，输入用户名和组织，再单击"下一步"按钮	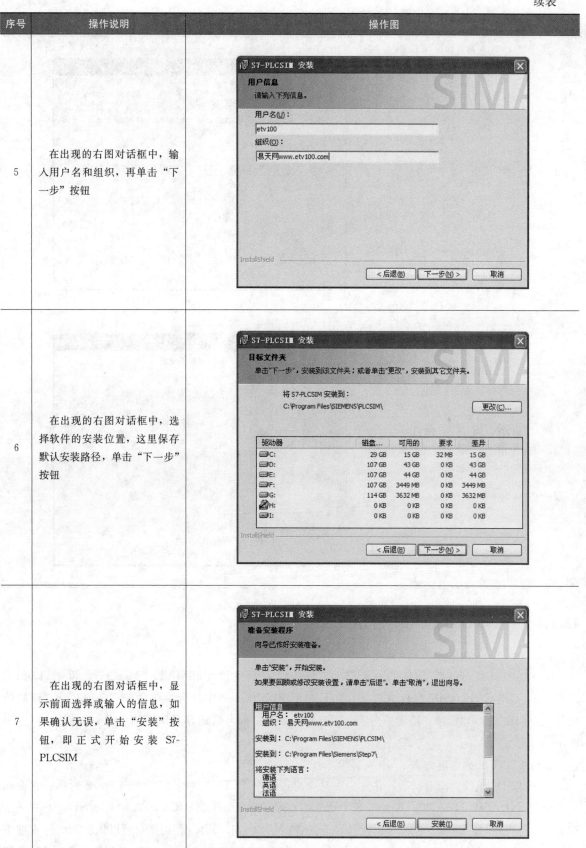
6	在出现的右图对话框中，选择软件的安装位置，这里保存默认安装路径，单击"下一步"按钮	
7	在出现的右图对话框中，显示前面选择或输入的信息，如果确认无误，单击"安装"按钮，即正式开始安装 S7-PLCSIM	

序号	操作说明	操作图
8	右图所示的对话框显示安装进程	
9	右图对话框提示 S7-PLCSIM 安装成，单击"完成"按钮，即可完成 S7-PLCSIM 的安装	

12.2.2 S7-PLCSIM 的启动及常用对象

1. S7-PLCSIM 的启动

S7-PLCSIM 是 STEP7 软件的一个组件，使用时需要先打开 SIMATIC Manager，再来启动 S7-PLCSIM。启动 S7-PLCSIM 操作方法是：在 SIMATIC Manager 中执行菜单命令"选项"→"模块仿真"，如图 12-21（a）所示；或者单击工具栏上的 工具，即可启动 S7-PLCSIM 组件，如图 12-21（b）所示。

2. S7-PLCSIM 的常用对象

S7-PLCSIM 组件首次启动后，在窗口中只会出现一个"CPU"对象框，如图 12-22 所示。它上面有 5 个指示灯（SF、DP、DC、RUN、STOP）、3 个运行模式选择项（RUN-P、RUN、STOP）和一个存储器复位按钮（MRES），依次单击工具栏上的 、 、 、 、 工具，可以依次调出输入继电器（IB）、输出继电器（QB）、辅助继电器（MB）、定时器（T）和计数器（C）对象框，如图 12-22 所

(a)

(b)

图 12-21　启动 S7-PLCSIM

示。另外，如果依次执行"插入"菜单下的"输入变量""输出变量""位存储器""定时器""计数器"
命令，也可调出这些常用的对象框，如果单击某工具多次，可以调出多个同类对象框。

图 12-22　S7-PLCSIM 的常用对象

12.2.3　仿真程序

S7-PLCSIM 是 STEP7 的一个仿真组件，在仿真时可以将它当作是一个 S7-300/400 硬件系统。使用 S7-PLCSIM 仿真程序的基本过程是：将编写好的程序下载到 S7-PLCSIM 中，然后在 S7-PLCSIM 中给程序一定的输入条件（如将某输入继电器置1），再查看在该输入条件下，程序运行后的输出结果（如输出继电器的状态），从而判断程序是否符合要求。

下面以仿真图 12-23 所示的 OB1 程序为例来说明使用 S7-PLCSIM 仿真程序的操作方法。

图 12-23 待仿真的 OB1 程序

图 12-24 未启动 S7-PLCSIM 时下载程序弹出的对话框

1. 下载程序

要在 S7-PLCSIM 中仿真程序，须先启动 S7-PLCSIM，再将程序下载到 S7-PLCSIM 中。下载程序的操作方法是：在 "SIMATIC Manager" 窗口中选中要仿真的 OB1 程序，单击鼠标右键，在弹出的菜单中选择 "PLC" → "下载" 命令，即可将选中的 OB1 程序下载到 S7-PLCSIM 中，如果下载程序前没有启动 S7-PLCSIM，将会出现图 12-24 所示对话框，单击 "确定" 按钮后关闭该对话框，启动 S7-PLCSIM 后再重新下载 OB1 程序。

2. 仿真程序

在 S7-PLCSIM 中仿真 OB1 程序的操作过程见表 12-7。

表 12-7 在 S7-PLCSIM 中仿真 OB1 程序的操作过程

序号	操作说明	操作图
1	程序下载到 S7-PLCSIM 后，切换到 S7-PLCSIM 窗口，由于 OB1 程序中只用到输入继电器和输出继电器，故在 S7-PLCSIM 窗口中只打开这两种继电器对话框，如右图所示。 对象框中的继电器编号可以更改，如将 IB0 改为 IB1，回车后更改即可生效	

续表

序号	操作说明	操作图
2	在 IB0 对象框内将 I0.0 置 1（即将位 0 选中），相当于让 OB1 程序中的 I0.0 常开触点闭合，然后在 CPU 对象框中将运行模式由 STOP 切换到 RUN，会发现 QB0 对象框中的 Q0.0 状态马上变为 1，相当于 Q0.0 线圈得电，如右图所示。 在 OB1 程序中，当 I0.0 常开触点闭合时，Q0.0 线圈得电，仿真结果与程序分析结果一致	
3	将 IB0 对象框中的 I0.0 清零，相当于让 I0.0 常开触点断开，会发现 QB0 对象框中的 Q0.0 状态仍为 1，说明 Q0.0 具有自锁功能，如右图所示。 在 OB1 程序中，I0.0 常开触点闭合时，Q0.0 线圈得电，Q0.0 常开自锁触点闭合，当 I0.0 触点由闭合转为断开时，由于 Q0.0 自锁触点处于闭合，因此 Q0.0 线圈仍得电，仿真结果与程序分析结果一致	
4	将 IB0 对象框中的 I0.1 置 1，相当于让 I0.1 常开触点闭合，会发现 QB0 对象框中的 Q0.0 状态变为 0，而 Q0.1 状态变为 1，相当于 Q0.0 线圈失电，Q0.1 线圈得电，如右图所示。 在 OB1 程序中，当 I0.1 常开触点闭合时，其常闭触点会断开，I0.1 常开触点闭合使 Q0.1 线圈得电，I0.1 常闭触点断开使 Q0.0 线圈失电，仿真结果与程序分析结果一致	
5	将 IB0 对象框中的 I0.1 清零，相当于让 I0.1 常开触点断开，会发现 QB0 对象框中的 Q0.1 状态仍为 1，说明 Q0.1 具有自锁功能，如右图所示。 在 OB1 程序中，I0.1 常开触点闭合时，Q0.1 线圈得电，Q0.1 常开自锁触点闭合，当 I0.1 触点由闭合转为断开时，由于 Q0.1 自锁触点处于闭合，故 Q0.1 线圈仍得电，仿真结果与程序分析结果一致	

续表

序号	操作说明	操作图
6	将 IB0 对象框中的 I0.2 置 1，相当于让 I0.2 常闭触点断开，会发现 QB0 对象框中的 Q0.1 状态变为 0，相当于 Q0.0 线圈失电，如右图所示。 在 OB1 程序中，两个 I0.2 常闭触点都断开时，Q0.0、Q0.1 线圈都会失电，仿真结果与程序分析结果一致	
7	将 IB0 对象框中的 I0.0、I0.1 都置 1，会发现 QB0 对象框中的 Q0.0、Q0.1 状态都为 0，如右图所示。 在 OB1 程序中，如果 I0.0、I0.1 常开触点闭合，则它们的常闭触点会断开，从而使 Q0.0、Q0.1 线圈都会失电，仿真结果与程序分析结果一致	

如果仿真完一个程序后需要再仿真另一个程序，可以单击 CPU 对象框中的"MRES"（存储器复位）按钮，则下载到 S7-PLCSIM 中的程序会被清除，然后切换到 SIMATIC Manager 窗口，将新的程序下载到 S7-PLCSIM 的 CPU 中，再对新程序进行仿真。如果不使用 MRES 按钮清除旧程序，可以将 CPU 运行模式切换到 STOP 或 RUN-P 模式（可下载程序的运行模式），然后在 SIMATIC Manager 窗口将新程序以覆盖的方式下载到 S7-PLCSIM 的 CPU 中。如果 CPU 工作模式处于 RUN 模式，新程序将无法下载到 S7-PLCSIM 中。

3. 带符号地址的程序仿真

带符号地址的程序仿真比较直观，在仿真时，变量对象框会出现编程时定义的符号地址。带符号地址的程序仿真操作过程见表 12-8。

表 12-8　　　　　　　　　　　带符号地址的程序仿真操作过程

序号	操作说明	操作图
1	在进行带符号地址程序仿真时，同样先要将仿真的程序 OB1 下载到 S7-PLCSIM 中，然后切换到 S7-PLCSIM，单击工具栏上的　（插入垂直位）两次，插入两个垂直变量对象框，如右图所示	

续表

序号	操作说明	操作图
2	在两个变量对象框中分别输入变量名 IB0、QB0，回车后，输入变量名即可生效，如右图所示	
3	在 S7-PLCSIM 中执行菜单命令"工具"→"选项"→"连接符号"，弹出右上图所示"打开"对话框，单击"浏览"按钮，弹出右中图所示"浏览"对话框，从中选择程序符号所在的项目，由于 OB1 程序和定义的符号地址都在 S7_Pro2 项目中，故选中"S7_Pro2"，确定后返回到上一个对话框，如右下图所示，展开 S7_Pro2 项目，找到"符号"，选中后确定，即将符号表中定义的符号地址与程序中的元件连接对应起来	

续表

序号	操作说明	操作图
4	从右图可以看出,程序中的元件已连接上了符号表中定义的符号地址	
5	将 CPU 的工作模式切换到 RUN 模式,然后在 IB0 对象框中将 I0.0(正转)置 1,会发现 QB0 对象框中的 Q0.0(电动机正转)状态马上变为 1,仿真结果与程序分析结果一致 其他情况读者可自行仿真	

12.2.4 在线监视程序

在仿真程序时,可以了解在设定输入条件下程序运行的输出结果,即仿真程序只能了解程序运行结果,而不能了解程序运行过程中的有关情况。在线监视程序不仅可以了解程序运行结果,还能了解程序运行过程情况。

在线监视程序的基本过程是:打开程序,将程序下载到 S7-PLCSIM,在程序编辑器中执行监视命令,让程序编辑器与 S7-PLCSIM 模拟的 PLC 建立联系通道,然后在 S7-PLCSIM 中设定输入条件,这样除了在 S7-PLCSIM 可以看到程序运行结果外,在程序编辑器中还可以观察到程序运行的过程情况。在线监视程序的操作过程见表 12-9。

表 12-9　　　　　　　　　　在线监视程序的操作过程

序号	操作说明	操作图
1	在线监视程序时,先打开 S7-PLCSIM,并将 CPU 的工作模式切换到 RUN-P 模式,再打开要监视的 OB1 程序,如右图所示,然后单击工具栏上的 🔽(下载)工具,将当前的 OB1 程序下载到 S7-PLCSIM 中	

续表

序号	操作说明	操作图
2	在程序编辑器中单击工具栏上的 66° （监视）工具，如右图所示，程序编辑器马上进入在线监视状态，标题栏背景颜色发生变化，同时窗口下方状态栏上的"离线"变为"RUN"，另外梯形图中的部分实线变为虚线，表示该线无能流通过，常闭触点变为绿色	
3	在 S7-PLCSIM 窗口中，将 IB0 对象框中的 I0.0 状态置 1，QB0 对象框中的 Q0.0 状态马上变为 1，同时程序编辑器的程序段 1 梯形图中的虚线变为绿色实线，常开触点和线圈都变为绿色，表示有能流流过它们，如右图所示	

续表

序号	操作说明	操作图
4	在 S7-PLCSIM 窗口中，将 IB0 对象框中的 I0.0 状态清零，QB0 对象框中的 Q0.0 状态仍为 1，同时程序编辑器的程序段 1 梯形图中的 I0.0 常开触点变为虚线（表示断开），由于 Q0.0 常开触点仍为绿色（表示闭合），故 Q0.0 线圈仍为绿色（有能流通过），如右图所示	
5	在 S7-PLCSIM 窗口中，将 I0.1 状态置 1，Q0.1 状态马上变为 1，同时程序编辑器的程序段 2 梯形图中的虚线变为绿色实线，常开触点和线圈都变为绿色，表示有能流流过它们，如右图所示	

序号	操作说明	操作图
6	如果在程序编辑器中选中程序段2，则程序段1的梯形图变成非监视状态，在S7-PLCSIM中将I0.0状态置1，Q0.0状态马上变为1，但程序编辑器程序段1梯形图中的线、触点和线圈均无变化。 也就是说，选中某程序段时，只能监视该程序段后面的程序，该程序段之前的程序不可监视	

第13章

S7-300/400 PLC应用系统的开发举例

13.1 S7-300/400 PLC应用系统的一般开发流程

S7-300/400 PLC应用系统的一般开发流程如图13-1所示。

图 13-1　S7-300/400 PLC应用系统的一般开发流程

13.2 S7-300/400 PLC应用系统的开发举例

S7-300和S7-400系列PLC应用系统开发过程基本相同,下面以开发一个电动机正反转控制的S7-300 PLC应用系统为例进行说明。

13.2.1 明确系统的控制要求

系统的控制要求如下。

(1) 采用3个按钮分别控制电动机连续正转、反转和停转。

(2) 采用热继电器对电动机进行过载保护。

(3) 具有软、硬件正反转连锁功能。

13.2.2 确定输入输出设备，并为其分配合适的 I/O 端子

系统要用到的输入输出设备及对应的 I/O 端子见表 13-1。

表 13-1　　　　　　　　　　　系统用到的输入输出设备和对应的 I/O 端子

输 入			输 出		
输入设备	对应 PLC 端子	功能说明	输出设备	对应 PLC 端子	功能说明
SB2	I0.0	正转控制	KM1 线圈	Q0.0	驱动电动机正转
SB3	I0.1	反转控制	KM2 线圈	Q0.1	驱动电动机反转
SB1	I0.2	停转控制			
FR 常开触点	I0.3	过载保护			

13.2.3 绘制系统控制线路图

由于 S7-300/400 系列 PLC 属于模块式结构，组建应用系统要使用多个模块，因此在绘制系统控制线路图时，可以不使用具体的模块，但要将一些关键部分（如输入端子、输出端子及电源类型）表示出来。图 13-2 所示为 S7-300PLC 控制电动机正、反转的线路图。图 13-2 中的 S7-300 PLC 相当于电源模块、CPU 模块、数字量输入模块和输出模块的组合体。

图 13-2　S7-300PLC 控制电动机正、反转的线路图

13.2.4 在 STEP7 中组态机架并编写控制程序

1. 新建项目

在计算机中启动 SIMATIC Manager，利用"新建项目"向导建立一个"电动机正反转控制"项目，如图 13-3 所示。

2. 组态（配置）机架

在 SIMATIC Manager "电动机正反转控制"项目窗口的左方单击"SIMATIC 300 站点"，再双击右方的"硬件"，启动硬件组态工具"HW Config"，选择合适模块配置一个电动机正反转控制的 S7-300 机架，组态的 S7-300 机架如图 13-4 所示。保存后关闭 HW Config 工具。

3. 编写控制程序

在 SIMATIC Manager "电动机正反转控制"项目窗口中双击 OB1 启动程序编辑器，编写电动机正反转控制程序，编写完成的程序如图 13-5 所示。

图 13-3　建立一个"电动机正反转控制"项目

图 13-4　在 HW Config 中组态的 S7-300 机架

图 13-5　编写完成的电动机正反转控制程序

13.2.5 选择安装硬件模块并接线

1. 选择安装模块

前面在 HW Config 中已经配置了机架上的模块，HW Config 中配置的硬件模块有：①PS307 5A（电源模块）；②CPU315-2-DP（CPU 模块）；③SM321 DI16×DC24V（数字量输入模块）；④SM322 DO16×AC120/230V/1A（数字量输出模块）。实际选用的硬件模块型号应与 HW Config 中配置的硬件模块型号相同。

将已选好后电源模块、CPU 模块、数字量输入模块和数字量输出模块安装在机架上，安装所需模块的 S7-300 机架如图 13-6 所示。

图 13-6 安装所需模块的 S7-300 机架

2. 模块接线

S7-300 机架上的模块接线主要包括电源模块接线、输入模块接线和输出模块接线，在接线时，需要打开模块接线端的保护盖。电动机正反转控制的 S7-300 机架模块接线如图 13-7 所示。主电路的接线可参照图 13-2 进行。

图 13-7 电动机正反转控制的 S7-300 机架模块接线

13.2.6 连接计算机（PC）与 PLC 并下载程序

1. 连接 PC 与 PLC

PC 与 PLC 的连接有三种方式，这里采用 USB/MPI 适配器将 PC 与 PLC 连接起来。在连接前，需要在 PC 中安装 USB/MPI 适配器配带的驱动程序，然后在 STEP7 中进行通信设置，将通信接口设为 USB。通信设置完成后，用 USB/MPI 适配器将 PC 的 USB 接口与 PLC 的 CPU 模块 MPI 接口连接起来，如图 13-8 所示。

图 13-8　用 USB/MPI 适配器连接 PC 与 PLC

2. 下载程序

在下载程序前，先将机架上 PS307 模块的电源开关打开，并将 CPU 模块的工作模式开关置于"STOP"模式，然后打开 SIMATIC Manager，在"电动机正反转控制"项目窗口的左方选中"SIMATIC 300 站点"，单击鼠标右键，在弹出的菜单中依次选择"PLC"→"下载"命令，如图 13-9（a）所示。系统会弹出图 13-9（b）所示的对话框，单击"是"按钮，将 CPU 模块中原数据删除，并将当前选中站点的数据（包含机架配置信息和编写的程序等内容）下载到 CPU 模块中。

(a)　　　　　　　　　　　　(b)

图 13-9　下载程序

（a）用右键菜单执行下载命令；（b）在对话框中单击"是"按钮

13.2.7 系统调试运行

程序下载到机架的 CPU 模块后，将 CPU 模块的工作模式开关切换到 RUN 模式，然后操作各个输入按钮，观察是否产生相应的输出。例如，按下 SB2 按钮，电动机会正转；按下 SB3 按钮，电动机会反转；按下 SB1 按钮，电动机应该停转。如果结果不正常，可以对硬件系统（机架模块、接线、输入按钮、输出接触器和主电路及电动机等）和程序进行检查。

系统调试正常后，可以试运行一段时间，若无问题发生则可以正式投入运行。